高职高专房地产类专业实用教材

第3版

建设工程招投标与合同管理实务

高群 张素菲 编著

U0345454

机械工业出版社
China Machine Press

图书在版编目（CIP）数据

建设工程招投标与合同管理实务 / 高群，张素菲编著. —3 版. —北京：机械工业出版社，2015.10
（高职高专房地产类专业实用教材）

ISBN 978-7-111-51832-7

I. 建… II. ① 高… ② 张… III. ① 建筑工程－招标－高等职业教育－教材 ② 建筑工程－投标－高等职业教育－教材 ③ 建筑工程－经济合同－管理－高等职业教育－教材 IV. TU723

中国版本图书馆 CIP 数据核字（2015）第 245364 号

　　本书依据相关的法律、法规和规范，结合工程实践编写而成，主要作为高职高专的房地产专业、建筑工程管理专业、建筑经济专业、工程造价专业的教学用书，旨在供欲投身房地产开发企业、建筑施工企业、招标代理机构、造价和监理等咨询机构的学生和社会在职人员学习与参考。本书主要特色是：以建设工程施工的招投标与合同管理为主，以勘察设计、监理和物资采购的招投标与合同管理为辅；以国内工程招投标与合同管理为主，以国际工程为辅；以教师指导学生实际动手为主，以教师理论教学为辅。通过对本书的学习，学生能够完成某特定工程的招投标文件的编制、合同书的签订，并具备初步工程谈判、案例分析和工程索赔的能力。

出版发行：机械工业出版社（北京市西城区百万庄大街 22 号　邮政编码：100037）
责任编辑：程　琨　　　　　　　　　　　　责任校对：董纪丽
印　　刷：北京瑞德印刷有限公司　　　　　版　　次：2016 年 1 月第 3 版第 1 次印刷
开　　本：170mm×242mm　1/16　　　　 印　　张：18.75
书　　号：ISBN 978-7-111-51832-7　　　 定　　价：30.00 元

前　言

本书自 2007 年出版以来，得到了高职高专同行的肯定，也受到了建筑业、房地产业同人的青睐。为了更加满足社会各界对本书的需要，基于高职高专"任务驱动、项目引导、工学结合"的办学思想，我们此次对本书做了大幅度的修订工作。

本次修订在总体框架上继续沿用第 2 版的写作思路和写作风格，但在部分内容上进行了重新调整。第 3 版主要变化如下：

（1）结合国家规范和企业实际，修改了部分内容，如 2013 版工程量清单等。

（2）引用最新投标报价控制办法，特别是对招标控制价进行了补充。

（3）新增案例和习题。通过更多案例分析和习题练习，旨在增强学生对招投标实践的认识，同时使学生间接接触实务，提高应用能力。

本书依据现行的《中华人民共和国招标投标法》《中华人民共和国合同法》等与工程建设相关的法律、法规和规范，结合工程实践编写而成，主要作为高职高专的房地产专业、建筑工程管理专业、建筑经济专业、工程造价专业的教学用书，旨在供欲投身房地产开发企业、建筑施工企业、大型建设单位的基建部门、招标代理机构、造价和监理等咨询机构的学生和社会在职人员学习与参考。

本书主要特色是：在招投标和合同管理的任务驱动下，以教师指导学生实际动手为主，以教师理论教学为辅。在内容上，以建设工程施工的招投标与合同管理为主，以勘察设计、监理和物资采购的招投标与合同管理为辅；以国内工程招投标与合同管理为主，以国际工程为辅。

本书培养目标是：通过本书的学习，首先使学生在老师和本书的指导下，借助其他在建或竣工工程资料，完成某特定工程的招标文件的编制、投标文件的编制、合同书的签订；其次是要求学生具备初步工程谈判、案例分析和工程索赔的能力。在招标文件的编制、投标文件的编制过程中，要求学生具备工程造价方面的专业技能。若在学习本书时，学生还不具备这项技能，那么招标文件的工程量清单和投标文件的投标报价，可暂不做要求。

与其他同类教材相比，本书更强调项目引导、工学结合，更强调学生实际操作能力的培养，特别是招标文件和投标文件的编制、合同的谈判和签订。在本书的第2、3、5章，安排了一个完整的贯穿全书的实训题，建议安排一两周的实训时间，让学生完成实训题。

教学建议

章 号	内 容	课堂讲授学时	课堂实践学时	实训学时	备 注
第1章	建设工程招投标概论	4	2（案例讨论）		
第2章	建设工程招标	8	2（案例讨论）	4天	重点
第3章	建设工程投标	8	2（案例讨论）	4天	重点
第4章	国际工程招投标概述 *	3			
第5章	建设工程合同与合同管理	8	2（案例讨论）	2天	重点
第6章	工程索赔	4	2（案例讨论）		难点
合 计		35	10	2周	

注：各章节根据不同专业的要求在课时浮动范围内调整课时。带 * 号的章节为选修内容。

本书第1章、第2章、第3章的第3.6节和第5章的前五节由高群编写，第3章的前五节、第4章、第5章的第5.6节、第6章由张素菲编写，全书由高群统稿。在编写过程中，得到了大连水产学院职业技术学院、辽宁商贸职业技术学院、徐州建筑职业技术学院、南京工业职业技术学院和南京同正项目管理有限公司的众多老师和同行的帮助与支持，在此表示感谢。同时，在编写过程中参考和引用了书后所列参考文献中的部分内容，在此表示深切谢意！

考虑到高职高专教材特点和篇幅所限，本书中还有许多遗憾之处，再加上编者水平有限，书中一定有错误和不当之处，敬请读者批评指正。

目 录

建设工程招投标概论

1.1 我国建设工程管理的发展概述

1.1.1 我国建国前的工程管理情况

我国最早的大型工程可以追溯到 2 000 多年前的万里长城，那时没有像今天这么先进的设备和技术，主要是靠原始的劳动力和充裕的时间来筑成的。鸦片战争后，外国的建筑承包商来到中国，包揽了当时清朝政府和私营土建工程，利用中国的廉价劳动力，并与清朝政府勾结，获取巨额利润。1880~1949 年，经营了近 70 年的上海杨瑞记营造厂，采用了国人自营和外资合营的经营模式，分布在全国各大城市，逐渐形成了沿袭资本主义管理模式的建筑承包业。其具体的管理手段可归结为四个方面：招投标制、合同管理制、责任制和质量监督制。1949 年，全国建筑业仅有营造厂和分散的个体劳动者，远远不能满足新中国成立后空前规模的中国社会主义建设的需求。

1.1.2　我国建国后至"十二五"的工程管理情况

1. 1949~1957 年

这个时期的工程管理方式主要推行承发包制，工程建设主要是由基本建设主管部门，按照国家计划，把建设单位的工程建设任务以行政指令方式分配给建筑企业承包。那时的承发包制和现在的承发包制有共同之处，但有本质上的区别：那时的承发包制是以行政手段分配工程建设任务，而现在是通过招投标来择优授标的。

新中国成立初期，建设任务极其庞大而施工力量又非常短缺，这时推行承发包制确有必要。在此期间，工程建设项目质量较好、工期较短，建筑业发展迅猛，技术水平不断提高，经济效益显著。

2. 1957~1976 年

1957 年后，在"左"倾思想的影响下，全国的建筑业大上大下、先上后下、计划多变，违反基建程序与规律，不搞经济核算而搞平均主义。建筑业经营管理混乱，工期拖延，经济效果差，企业亏损严重，国家经济遭受了不应有的损失。

3. 1976 年至今

粉碎"四人帮"以后，建筑业形势开始好转，特别在十一届三中全会确定了改革开放的基本方针之后，我国建筑业开始认真总结经验教训，加强经济立法，积极推行与社会主义市场相适应的招投标制度及合同管理制度等，使建筑业逐渐走上正轨，国民经济飞速发展，中国人民在政治、经济、文化、人民生活等方面取得了世界瞩目的进步。

在此期间，建立、推行并完善了以下四项工程建设基本制度：

（1）颁布和实施了《中华人民共和国建筑法》等法律法规，为建筑市场的发展提供了法治基础；

（2）把竞争机制引入建筑市场，推行招投标制；

（3）改革建设工程的管理体制，创建建设监理制；

（4）贯彻合同管理制度，制定和完善建筑工程合同示范文本。

目前，我国的工程项目管理已经进入了跨世纪的历史发展新时期，面对全球经济一体化的浪潮，中国正进入 WTO 的竞争态势和国际大承包商的发展趋势，作为以工程项目管理为运行主体的我国建筑业，必须着眼于长远发展，坚持以创新为主线，认真研究新时期工程项目管理的发展方向、发展态势和发展措施，抢占国内和国际市场竞争的制高点，迎接新的挑战。可以预料，"十二五"期间，我国的建设工程项目管理发展将会大大加快，也会很快从组织、标准和水平上同国际项目管理的发展接轨。

1.2 建设工程招投标概述

1.2.1 建设工程招标投标的历史

招标投标在国际建筑工程承包市场上已经走过了两个世纪的漫长历程。英国是世界上第一个采用招标投标这种交易方式的国家。1782年，英国政府出于对自由市场的宏观调控，通过招标投标来规范政府采购行为。继英国之后，世界上许多国家陆续成立了专门机构，许多国家还通过立法来确定招标采购及专职招标机构的重要地位，并在招投标的发展运行过程中强化制约机制。招投标在世界经济发展中，经历了由简单到复杂、由自由到规范、由国内到国际，对世界经济的发展起到了巨大的作用。

党的十一届三中全会以后，国际招标与投标的有效经验被引入我国。1980年，国务院在《关于开展和保护社会主义竞争的暂行规定》中指出："对一些适宜于承包的生产建设项目和经营项目，可以试行招标投标的办法。"1983年6月，国家城乡建设环境保护部颁布了《建筑安装工程招标投标暂行规定》，这标志着我国建筑市场开展招标投标工作的正式启动。

为了规范招标投标活动，保护国家利益、社会公共利益和招标投标活动当事人的合法权益，提高经济效益，保证项目质量，1999年8月30日，中华人民共和国第九届全国人民代表大会常务委员会第十一次会议通过并颁布了《中华人民共和国招标投标法》，并于2000年1月1日起施行。该法包括了招标、投标、开标、评标和定标等内容，标志着我国的招标投标制度进入了全面实施的新阶段。

1.2.2 建设工程招标投标的概念和理论基础

建设工程招标投标是运用于建设工程交易的一种方式。它的特点是由建设单位设定包括以建设工程的质量、价格、工期为主的标的，邀请若干个具有相应资质的承包单位通过秘密报价竞标，由建设单位选择优胜者后，与其达成交易协议并签订建设工程承包合同，然后按工程承包合同实现标的的竞争过程。

建设工程招标是指建设单位对拟建的工程发布公告，通过法定的程序和方式吸引建设项目的承包单位参加竞争并从中选择条件优越者来完成工程建设任务的法律行为。建设工程招标包括建设单位开展招标活动的全部过程，包括可行性研究、勘察、设计、施工、监理、材料设备供应、咨询等内容，其中最普遍的是建设工程施工招标。

建设工程投标是指通过特定资格审查而获得投标资格的承包单位，通过法定的程序并按照招标文件的要求，向建设单位填报投标书，并争取中标的法律行为。建设工程投标包括承包单位进行投标活动的全过程，投标单位依据建设单位的招标信息，做出是否参加投标的决策，如果决定投标，立即做好准备并申请投标，在投标资格被建设单位确认以后，购买招标文件并迅速按招标文件的要求编制投标书，并在规定期限内向建设单位递交投标书和投标保证金（或开户银行出具的保函），经过开标、评标、定标，如未中标，在收到落标通知和退回的投标保证金（或保函）后，投标单位退还有关技术资料（如图纸），投标活动即告结束；如中标，即和建设单位谈判并签订工程承包合同。

建设工程招标投标制是在市场经济条件下产生的，因而必然受到市场经济的三大属性，即竞争机制、价值（格）规律和供求关系的制约。

1. 竞争机制

竞争是商品经济的普遍规律，竞争的结果是优胜劣汰。竞争机制不断促进企业经济效益的提高，从而推动本行业乃至整个社会生产力的不断发展。

招标投标制体现了商品供给者之间的竞争以及商品供给者和商品需求者之间的竞争。

在建设工程的招标投标制中，商品供给者之间的竞争是建筑市场竞争的主体。为了争夺和占领有限的市场份额，在竞争中处于不败之地，投标者力图从质量、价格、交货期限等方面提高自己的竞争能力，尽可能将其他投标者挤出市场。因而，这种竞争的实质是投标者之间，经营实力、科学技术、商品质量、服务质量、经营思想、合理定价、投标策略等方面的竞争。

2. 价值（格）规律

实行招标投标的建设工程，同样受到价格机制的作用。其表现为，以本行业的社会必要劳动量为指导，制定合理的标底价格，通过招标选择报价合理、社会信誉高的投标者为中标单位，完成商品交易活动。因此，由于价格竞争成为重要内容，生产同样建筑产品的投标者，为了提高中标率，必然会自觉运用价值规律，以低而合理的报价取胜。

3. 供求关系

供求关系是市场经济的主要经济规律。供求规律在提高经济效益和保障社会生产平衡发展方面起到了积极作用。实行招标投标制是利用供求规律解决建筑商品供求问题的一种方式。利用这种方式，必须建立供略大于求的买方市场，使建筑商品招标者在市场上处于有利地位，对商品或商品生产者有较充裕的选择范围。其特点表现为：招标者需要什么，投标者就生产什么；需要多少就生产多少；要求何种质量，就按什么质量等级生产。

实行招标投标制的买方市场，是招标者导向的市场。其主要表现为：商品的价格由市场价值决定。因而，投标者必须采用先进的技术、管理手段和管理方法，努力降低成本，以较低的报价中标，并有较好的经济效益。另外，在买方市场的条件下，由于招标者对投标者有充分的选择余地，市场能为投标者提供广泛的需求信息，从而对投标者的经营活动起到了导向作用。

我国的招投标事业有深刻的内涵：中国经济正处于转轨过程之中，但计划经济中的一些消极因素仍对我们的经济生活和观念产生影响。为了解决这些问题，招投标事业在政府与企业、企业与企业、中国市场与世界市场之间提供了服务，起到了桥梁、纽带和催化剂的作用。市场经济从无序的自由竞争向规范的有序竞争的转化过程孕育了招标投标，它在市场机制调节和政府推动下不断完善与发展。

1.2.3 建设工程招标投标法律依据

1.《中华人民共和国民法通则》

1986年4月12日，第六届全国人民代表大会第四次会议通过了《中华人民共和国民法通则》，并自1987年1月1日起施行，它是我国现行的民法基本法律。我国民法是调整平等主体的公民之间、法人之间、公民与法人之间的财产关系和人身关系的法律规范的总称。《中华人民共和国民法通则》主要对我国民法的基本原则、民事主体、民事权利、民事责任、民事法律行为、诉讼时效等做出了规定，反映了社会主义经济制度的特点和要求，为保护和促进以公有制为主体的多种经济成分的共同发展，规范民事行为，保护民事主体的合法权益提供了法律依据。它是订立和履行合同以及处理合同纠纷的法律基础。

2.《中华人民共和国民事诉讼法》

1991年4月9日，第七届全国人民代表大会第四次会议通过了《中华人民共和国民事诉讼法》，并自该日起施行。民事诉讼是指人民法院和一切诉讼参与人，在审理民事案件过程中所进行的各种诉讼活动，以及由此产生的各种诉讼关系的总和。诉讼参与人包括原告、被告、第三人、证人、鉴定人、勘验人等。《中华人民共和国民事诉讼法》就是规定人民法院和一切诉讼参与人，在审理民事案件和经济纠纷案件过程中所进行的各种诉讼活动，以及由此产生的各种诉讼关系的法律规范的总和。它是为了使民事案件和经济纠纷案件得到正确处理，保证当事人行使诉讼权利，保证人民法院查明事实、分清是非、正确适用法律，及时审理民事案件、经济纠纷案件和制裁民事违法行为，保护当事人的合法利益，维护社会和经济秩序，保障社会主义建设事业顺利进行。

3.《中华人民共和国建筑法》

1997 年 11 月 1 日，第八届全国人民代表大会常务委员会第二十八次会议通过了《中华人民共和国建筑法》（以下简称《建筑法》），并自 1998 年 3 月 1 日起施行。该法是调整我国建筑活动的基本法律，它以规范建筑市场行为为出发点，以建筑工程质量和安全为主线，包括总则、建筑许可、建筑工程发包与承包、建筑工程监理、建筑安全生产管理、建筑工程质量管理、法律责任、附则等内容，并确定了建筑活动中的一些基本法律制度。《建筑法》是建筑业的基本法律，它是为了加强对建筑业活动的监督管理，维护建筑市场秩序，保障建筑工程质量和安全，促进建筑业健康有序的发展。

建筑法有狭义和广义之分。狭义的建筑法系指《建筑法》；广义的建筑法，除《建筑法》之外，还包括所有调整建筑活动的法律规范。建筑活动是指各类房屋及其附属设施的建造和与其配套的线路、管道、设备的安装活动。这些法律规范分布在我国的法律、行政法规、部门规章、地方性法规、地方规章以及国际惯例之中。这些不同法律层次的调整建筑活动的法律规范即是广义的建筑法。更为广义的建筑法是指调整建设工程活动的法律规范的总称。

4.《中华人民共和国合同法》

1999 年 3 月 15 日，第九届全国人民代表大会第二次会议通过了《中华人民共和国合同法》（以下简称《合同法》），并自 1999 年 10 月 1 日起施行，同时废止了《中华人民共和国经济合同法》《中华人民共和国涉外经济合同法》《中华人民共和国技术合同法》。我国《宪法》规定，"国家实行社会主义市场经济"，制定统一的《合同法》是我国社会主义法制建设的一件大事。《合同法》是规范我国社会主义市场交易的基本法律，是民商法的重要组成部分。《合同法》第一条对制定《合同法》的目的做了明确规定："为了保护合同当事人的合法权益，维护社会经济秩序，促进社会主义现代化建设，制定本法。"《合同法》除了对合同的订立、效力、履行、变更和转让、合同的权利义务的终止和违约责任有规定外，对买卖合同，供用水、电、气、热力合同，赠与合同，信贷合同，租赁合同，承揽合同，建设工程合同，运输合同，技术合同，保管合同，仓储合同，委托合同，行纪合同和居间合同也有具体的规定。

在我国发展社会主义市场经济过程中，《合同法》是建立在以社会主义公有制经济为主体，多种经济成分并存的基础上，为发展和保护社会主义市场经济服务的法律工具。它调整合同当事人之间的法律关系，保护其合法权益，维护社会主义市场经济秩序，开拓国际市场经济贸易，促进社会生产力发展，提高全社会的经济效益，保障国民经济和社会发展计划的执行，推动社会主义现代化建设事业的顺利进行。

5.《中华人民共和国招标投标法》

1999 年 8 月 30 日，第九届全国人民代表大会常务委员会第十一次会议通过了《中华人民共和国招标投标法》(以下简称《招标投标法》)，并自 2000 年 1 月 1 日施行。《招标投标法》的颁布施行，对于规范招标投标活动，保护国家利益、社会公共利益和招标投标活动当事人的合法权益，提高经济效益和保证工程项目质量等，具有深远意义。

《招标投标法》共分六章。

（1）总则，共分七条，规定了《招标投标法》制定的目的、适用范围，必须进行招标投标的项目，招标投标活动应遵循的原则以及对招标投标活动的行政监督管理规定等。

（2）招标，共分十七条，包括招标人和招标项目的规定，招标方式的规定，招标代理机构资格、工作内容的规定，招标过程中招标人行为的规定，招标文件内容及其澄清、修改的规定以及招标截止时间的规定等内容。

（3）投标，共七条，包括对投标人条件的界定，投标人投标行为的规定，投标文件内容的规定，另外，还包括成立联合体投标的具体规定和禁止投标活动中非法行为的规定等内容。

（4）开标、评标和中标，共十五条，规定了开标的时间、参加人员、开标程序，评标委员会的组成、评标的要求，成为中标人的条件，中标通知书的发布，承包合同的签订等内容。

（5）法律责任，共十六条，包括对招标人、招标代理机构、投标人、评标委员会、中标人、招标投标行政管理机构在招投标过程中所承担的法律责任的规定和违法行为的处分等内容。

招标投标是市场经济条件下进行大宗货物的买卖、工程建设项目的发包与承包，以及其他项目的采购与供应时，所采用的一种商品交易方式。建筑产品也是商品，工程项目的建设以招标投标的方式选择施工企业（承包商），是运用竞争机制来体现价值规律的科学管理模式。工程招标，是指招标人用招标文件将委托的工程内容和有关要求告知有兴趣参与竞争的投标人，让他们按规定条件提出实施计划和价格，然后通过评审比较选出信誉可靠、技术能力强、管理水平高、报价合理的可信赖单位（设计单位、监理单位、施工单位、供货单位），以合同形式委托其完成。工程投标，是指各投标人依据自身能力和管理水平，按照工程招标文件规定的统一要求递交投标文件，争取获得实施资格。属于要约和承诺特殊表现形式的招标与投标是合同的形成过程，通过招标与投标，招标人与投标人签订明确双方权利义务的合同。招标投标是实现项目法人责任制的重要保障措施。

6.《中华人民共和国仲裁法》

1994 年 8 月 31 日，第八届全国人民代表大会常务委员会第九次会议通过了《中华人民共和国仲裁法》，并自 1995 年 9 月 1 日起施行。制定本法的目的是为保证公正、及时地仲裁经济纠纷，保护当事人的合法权益，保障社会主义市场经济健康发展。该法的主要内容包括仲裁委员会和仲裁协会、仲裁协议、仲裁程序、申请和受理、仲裁庭的组成、开庭和裁决、申请撤销裁决、执行和涉外仲裁的特别规定等。

1.2.4 建设工程招标投标的类别

建设工程招投标的类别可按照其性质不同分类，如图 1-1 所示。

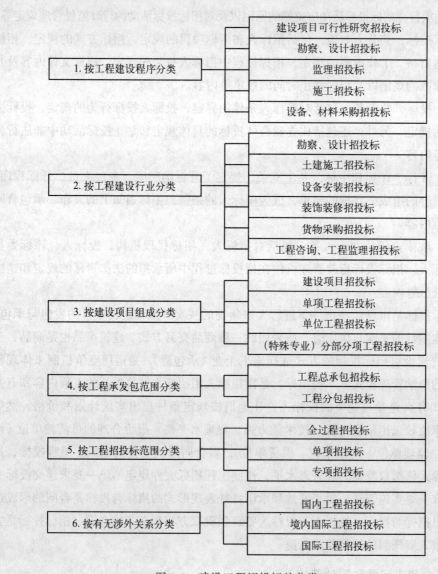

图 1-1 建设工程招投标的分类

1.2.5　建设工程招标投标的特点

招标投标是在市场经济条件下进行建设工程、货物买卖、财产租售和中介服务等经济活动的一种竞争和交易形式，其特征是引入竞争机制以求达成交易协议和（或）订立合同，它兼有经济活动和民事法律行为两种性质。建设工程招标投标的目的则是在工程建设中引入竞争机制，择优选择勘察、设计、设备安装、施工、装饰装修、监理、材料设备供应和工程总承包等单位，以保证缩短工期、提高工程质量和节约建设投资。招标投标具有以下几个特点：

（1）通过竞争机制，实行公开交易；

（2）鼓励竞争、防止垄断、优胜劣汰，能较好地实现投资效益；

（3）通过科学合理和规范化的监管机制和运作程序，可有效地杜绝不正之风，保证交易的公正和公平。

由于各类建设工程招标投标的内容不尽相同，所以它们各有自己不同的招标投标意图和侧重点，在具体操作上也有差别，呈现出不同的特点。

1.2.6　建设工程招标投标的基本原则

《招标投标法》第五条规定："招投标活动应当遵循公开、公平、公正和诚实信用的原则。"

（1）公开原则。公开是指招标投标活动应有较高的透明度，具体表现在建设工程招标投标的信息公开、条件公开、程序公开和结果公开。

（2）公平原则。招标投标属于民事法律行为，公平是指民事主体的平等。所以，应当杜绝一方把自己的意志强加于对方，招标压价或订合同前无理压价以及投标人恶意串通、提高标价损害双方利益等违反平等原则的行为。

（3）公正原则。公正是指在建设工程招标投标活动中，按招标文件中规定的统一标准，实事求是地进行评标和决标，不偏袒任何一个投标人。

（4）诚实信用原则。诚实是指真实和合法，不能歪曲或隐瞒真实情况去欺骗对方。违反诚实原则的行为是无效的，并应对由此造成的损失和损害承担责任。信用是指遵守承诺、履行合约，不得见利忘义、弄虚作假，不得损害他人、国家和集体的利益。诚实信用原则是市场经济的基本前提，是建设工程招标投标活动的重要道德规范，在社会主义经济条件下，一切民事权利的行使和民事义务的履行，均应遵循这一原则。

1.2.7　建设工程招标投标的意义

实行建设工程招标投标制，是我国建筑业和固定资产投资管理体制改革的主要内容之一，是我国建筑市场规范化和完善化的重要举措之一，其最显著的特征是将竞争机制引入了交易过程，与计划经济时期的供求双方"一对一"直接交易方式等非竞争性的交易方式相比，具有明显的优越性，主要表现在以下几个方面。

（1）有利于打破垄断、开展竞争、促进企业转变经营机制，提高企业的管理水平。实行建设工程招投标制，打破了部门、地区、城乡和所有制的界限，发包单位和承包单位必须进入市场，使双方都有选择的余地。这就要求企业必须依靠自身的能力在市场上进行竞争，并谋求长远发展。

（2）促进建设工程按程序和客观规律办事，克服建筑市场的混乱现象，保证承发包工作的公平和公正。建设工程实行招投标制可从根本上促进建设项目按程序和客观规律办事，因为建设工程招标要求参与者必须依照《招标投标法》的规定进行，才能合法有效。这种依法进行的结果，不仅克服建筑市场的混乱现象，而且可以避免承发包过程中不公平竞争及腐败行为的发生。

（3）招标人可以通过对各投标竞争者的报价、工期和其他条件进行综合比较，从中选择报价低、工期短、技术力量强、质量保障体系可靠、具有良好信誉度的承包商、供应商、监理单位和设计单位等作为中标者，与其签订承包合同、采购合同、咨询合同，有利于节省和合理使用资金，保证招标项目的质量。

（4）促进经济体制的改革和市场经济体制的建立。建设工程实行招标投标制，涉及计划、价格、物资供应和劳动工资等诸多方面，在积极推行招标投标制的过程中，对那些不能适应招标投标制需要的现行的计划体制、价格体制、物资供应体制和劳动工资制等进行配套改革，这对其他行业的改革有一定的启示作用，从而促进整个市场经济体制的建立和发展。

（5）促进我国建筑企业进入国际市场，参与国际市场竞争。随着我国对外开放的不断扩大，我国建筑业要积极参与国际竞争和国际合作。国际工程承包和国际工程咨询是一个巨大的市场，而这些项目都要通过竞争性招标投标才能取得。建设工程实行招标投标制，我国的建筑企业要不断提高自身素质，才有可能进入国际市场，才能在国际工程承包中获得收益。

当然，招标方式与直接采购方式相比，也有程序复杂、费时较多、费用较高等缺点，因此，有些发包标的物价值较低或采购时间紧迫的交易行为，可不采用招投标方式。

1.3　建设工程承发包

1.3.1　建设工程承发包的概念

建设工程发包是指建设单位（发包方）采用一定的方式方法，在政府行政管理部门的监督下，遵循公开、公平、公正竞争的原则，择优选定咨询、勘察、设计、监理和施工等单位（承包方），并将工程建设任务交给它们实施的活动。建设工程发包是建设单位从众多竞争者中选择工程建设任务托付对象、办理托付手续的活动。建设工程承包是指承包方（咨询、勘察、设计、监理和施工等单位）在发包方（建设单位）按时提供必需的技术文件、资料、报酬和其他工作条件时，按时、按质、按量完成与发包方约定的特定工程项目，并按时验收竣工。承发包双方之间存在着经济上的权利和义务关系，这是双方通过签订合同或协议予以明确的，并且具有法律效力。

1.3.2 建设工程承发包的内容

建设工程承发包的内容非常广泛，可以对工程项目的项目建议书、可行性研究、勘察、设计、材料及设备采购供应、监理、施工等阶段进行阶段性承发包，也可以对工程项目建设的全过程进行总承发包。

1. 项目建议书

项目建议书（又称立项申请）是项目建设筹建单位或项目法人，根据国民经济的发展、国家和地方中长期规划、产业政策、生产力布局、国内外市场、所在地的内外部条件，提出的某一具体项目的建议文件，是对拟建项目提出的框架性的总体设想。

项目建议书的内容包括：

（1）项目提出的必要性和依据；

（2）产品方案、拟建规模和建设地点的初步设想；

（3）资源情况、建设条件、协作关系和设备技术引进国别、厂商的初步分析；

（4）投资估算、资金筹措及还贷方案设想；

（5）项目的进度安排；

（6）经济效果和社会效益的初步估计，包括初步的财务评价和国民经济评价；

（7）环境影响的初步评价，包括治理"三废"措施、生态环境影响的分析；

（8）结论；

（9）附件。

项目建议书可由建设方自行编制，也可委托咨询机构编制。

2. 可行性研究

项目建议书是项目发展周期的初始阶段，对于工艺技术复杂、涉及面广、协调量大的大中型项目，还要编制可行性研究报告。

可行性研究是指"项目实现的可能性探讨"，是基本建设程序的主要环节，建设前期工作的重要步骤。可行性研究分两个阶段进行，即"初步可行性研究"和"可行性研究"两个阶段。这两个阶段的内容基本类同，但研究深度不同。可行性研究应根据经过审查的初步可行性研究和审批的项目建议书进行工作。

可行性研究应包括以下基本内容：

（1）项目提出的目的和依据；

（2）需求预测和拟建规模；

（3）资源、原材料、燃料供应及公用设施情况；

（4）建设条件和地点选择方案；

（5）设计方案和设备选型；

（6）环境保护、防震、防空要求；

（7）生产组织和劳动定员；

（8）建设工期和实施进度；

（9）投资估算和资金筹措方式；

（10）经济效果和社会效益分析论证。

可行性研究可由建设方自行编制，也可委托咨询机构编制。

3. 勘察设计

勘察包括工程测量、水文地质勘察和工程地质勘察，目的是查明工程建设地点的地形地貌、地层土壤岩性、地质构造、水文条件等自然地质条件，为工程项目的选址、设计和施工提供科学的依据。设计是从技术和经济上对拟建工程进行全面规划的工作。

勘察工作可以单独发包，也可与设计一起发包。比较而言，勘察与设计一起发包较为有利。设计发包分为以下两种：

（1）一般施工图设计招标。技术复杂及缺乏经验的项目增加技术设计招标，初步方案设计由上述招标的中标人承担。

（2）设计方案竞选。大中型项目的设计分三个阶段：方案设计、初步设计和施工图设计。

4. 物资采购供应

工程建设物资包括材料和设备两大类，招投标采购方式主要适用于大宗材料、定型批量生产的中小型设备、大型设备和特殊用途的大型非标准部件等的采购，各类物资的招标采购都具有各自的特点。建筑材料的采购供应一般采用公开招标、询价报价和直接采购等；设备的采购供应一般采用委托承包、设备包干和招标投标等。

5. 建设工程监理

工程管理过去的状况是：建设单位自管，管理机构临时组成，管理人员不能稳定，管理经验不能积累，投资效益不能提高。工程监理机构就是接受建设单位的委托，对建设项目的全过程或阶段实行监督管理。监理招标的标的是"监理服务"，通常采用邀请招标方式。

6. 建筑安装工程施工

建筑安装工程施工是把设计图纸付诸实施的决定性阶段，是把设计图纸转变成物质产品的过程。建筑安装工程承包招标是指招标人（业主）在施工图设计完成后，为选择建筑安装工程施工承包人所进行的招标。这种招标其承包范围仅包括工程项目的建筑安装工程施工活动，不包括工程项目的建设前期准备、勘察设计及生产准备等。此阶段采用招标投标的方式进行工程的承发包。

1.3.3 建设工程承发包的方式

工程承发包方式是指工程承发包双方之间经济关系的形式。受承发包内容和具体环境的影响，承发包方式多种多样。建设工程承发包方式可按承发包范围、承包人所处的地位、获得承包任务的途径、合同计价方式分类（见图1-2）。

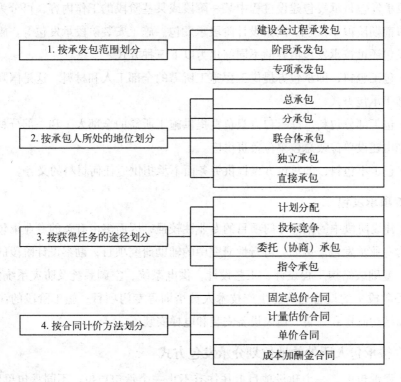

图 1-2　建设工程承发包方式

1.3.3.1　按承发包范围划分承发包方式

按工程承发包范围即承发包内容划分的承发包方式，有建设全过程承发包、阶段承发包和专项承发包。

1. 建设全过程承发包

建设全过程承发包方式在建筑法中称为总承包，按其范围大小又可分为统包（也叫"一揽子承包""交钥匙合同"）和施工阶段全过程承发包。统包是指建设单位一般只提出使用要求和竣工期限，承包方对项目建议书、可行性研究、勘察、设计、设备询价与选购、材料订货、工程施工、生产职工培训直至竣工投产实行全面的总承包，并负责对各项分包任务进行综合管理和监督。施工阶段全过程承发包也称为"设计—施工连贯模式"。承包方在明确项目使用功能和竣工期限的前提下，完成工程项目的勘察、设计、施工、安装等环节。这种方式使设计与施工、安装密切配合，有利于施工项目管理。

2. 阶段承发包

阶段承发包是承发包建设过程中某一阶段或某些阶段的工作内容，可分为：建设工程项目前期阶段承发包、勘察设计阶段承发包、施工安装阶段承发包等。施工安装阶段承发包还可按承发包内容的不同细化为以下三种方式。

（1）包工包料，即承包方提供工程施工所需的全部工人和材料。这是国际上普遍采用的施工承包方式。

（2）包工部分包料，即承包方只负责提供施工所需的全部人工和一部分材料，其余部分则由建设单位或总包单位负责供应。

（3）包工不包料，即承包方仅提供劳务而不承担供应任何材料的义务。

3. 专项承发包

由于建设阶段中的某些专门项目的专业性较强，因而多由有关的专业承包单位承包，称为专业承发包。例如，可行性研究中的辅助研究项目；勘察设计阶段的工程地质勘察、基础或结构工程设计、工艺设计，供电系统、空调系统及防灾系统的设计；建设准备阶段中的设备选购和生产技术人员培训等专门项目；施工阶段的深基础施工，金属结构制作和安装，通风设备安装和电梯安装等。

1.3.3.2　按承包人所处的地位划分承发包方式

在工程承包中，一个建设项目上往往有不止一个承包单位。不同承包单位之间、承包单位和建设单位之间的关系不同、地位不同，就形成了不同的承发包方式。

1. 总承包

总承包是指一个建设项目建设全过程或其中某个或某几个阶段的全部工作，由一个承包人负责组织实施。这个承包人可以将若干专业性工作分包给不同的专业承包人去完成，并统一协调和监督他们的工作。在一般情况下，建设单位（业主）仅与这个承包人发生直接关系，而不与各专业承包人发生直接关系。该承包人叫作总承包人，或简称总包，通常为咨询公司、勘察设计单位、施工企业或设计施工一体化的大建筑公司等。它是目前建筑企业采用最多的一种工程承包模式。

2. 分承包

分承包简称分包，是相对总承包而言的，即承包人不与建设单位发生直接关系，而是从总承包单位承包范围内分包某一分项工程（例如土方、模板、钢筋等）或某种专业工程（例如钢结构制作安装、电梯安装、卫生设备安装等），在现场由总包单位统筹安排其活动，并对总包负责。分包单位通常是专业工程公司，例如设备安装公司、装饰工程公司等。分承包主要有两种情形：一种是由建设单位指定分包单位，并与总承包单位签订分包合同；一种是总承包单位自行选择分包单位签订分包合同。

3. 独立承包

独立承包是指承包人依靠自身力量自行完成承包的任务而不实行分包的承包方式。它通常仅适用于规模较小、技术要求比较简单的工程项目。

4. 联合体承包

联合体承包是相对于独立承包而言的，即由两个或两个以上承包单位联合起来承包一项工程任务，参加联合的各单位统一分别与建设单位签订合同、共同对建设单位负责、共同对建设单位承担连带责任。参加联合的各单位仍是独立经营的企业，只是在共同承包的工程项目上，根据预先达成的协议承担各自的义务和分享共同的收益，包括资金的投入、人工和管理人员的派遣、机械设备和临时设备的费用分摊、利润的分享以及风险的分担等。采用联合体承包，可以资源互补，资金更雄厚，技术和管理上可以取长补短，发挥各自的优势，有能力承包大规模的工程任务，增加了中大标、中好标、获取更丰厚利润的机会。

5. 直接承包

直接承包就是在同一工程项目上，不同承包单位分别与建设单位签订承包合同，各自直接对建设单位负责。各承包单位之间不存在总承包、分承包的关系，现场上的协调工作由建设单位自己去做，也可委托一个承包单位牵头去做，还可聘请专门的项目经理来管理。直接承包也叫平行式承包。建设单位可把施工任务按照工程的构成特点划分成若干个可独立发包的单元、部位或专业，分别进行招标承包。各施工单位分别与建设单位签订承包合同，独立组织施工，施工承包企业相互之间为平行关系。

1.3.3.3　按获得任务的途径划分承发包方式

1. 计划分配

在计划经济体制下，由中央和地方政府的计划部门分配建设工程任务，由设计、施工单位与建设单位签订承发包合同。改革开放后这种承发包方式已不多见。

2. 投标竞争

通过投标竞争，优胜者获得工程任务，与建设单位签订承发包合同。这是国际上通用的获得承包任务的主要方式。

3. 委托承包

委托承包也称协商承包，即不需经过投标竞争，建设单位直接与承包商协商，签订委托其承包某项工程任务的合同，主要用于投资限额以下的小型项目。

4. 指令承包

指令承包就是由政府主管部门依法指定工程承包单位。这是一种具有强制性的行政措施，仅适用于某些特殊情况。如偏僻地区的工程，投标企业不愿投标者，可由项目主管部门或当地政府指定承包单位。

1.3.3.4　按合同计价方法划分承发包方式

根据工程项目的条件和承包内容，合同和计价方法往往有不同类型。在实践中，合同类型和计价方法成为划分承包方式的主要依据。

1. 固定总价合同

固定总价合同又称总价合同，就是按商定的总价承包工程项目。它的特点是以施工图纸及工程说明书等技术资料为依据，明确承包内容和计算承包价，并一次包死。在执行过程中，除非建设单位要求变更原定的承包内容，承包人一般不得要求变更承包价。这种承发包方式对于发包人比较有利；对承包人来说，如果遇到项目的内容和范围不够明确、地质条件和气候变化较大、材料涨价等较多不确定因素时，承担的风险就会增大。这种承发包方式一般适用于规模较小、风险不大、技术简单、工期较短的工程项目。

2. 计量估价合同

计量估价合同是以工程量清单和单价表为依据计算承包报价。通常的做法是由发包人或委托中介咨询机构提出工程量清单，列出各分部分项工程量，并由承包人填报单价，再算出总造价，实施中按每月实际完成的工程量由建设单位支付工程款。这种承发包方式单价不变，工程量按实际结算。

3. 单价合同

单价合同是指双方在不清楚工程量的情况下，就施工项目的单价达成协定，并按实际完成并能够确认的工程量支付工程款。

这种承发包方式适用于以下两种情况：没有施工详图就需开工；虽有施工图但工程的某些条件尚不完全清楚的情况下，既不能比较准确地计算工程量，又要避免让任何一方承担较大的风险。这种承发包方式又可分为以下两种情况。

（1）按分部分项工程单价承包。这种承发包方式的具体做法是由建设单位列出分部分项工程名称和计量单位，由承发包双方磋商确定承包单价，然后签订合同，并定期根据实际完成的工程量，按此单价计算工程价款。这种方式主要适用于没有施工图纸、工程量不明即开工的紧急工程。

（2）按最终产品单价承包。这种承发包方式是按每一平方米住宅、每一千米道路等最终产品的单价承包，其报价方式与按分部分项工程单价承包相同。这种方式通常适用于采用标准设计的住宅和通用厂房等工程。

4. 成本加酬金合同

成本加酬金合同又称成本补偿合同，是指按工程实际发生的直接成本（直接费），加上商定的企业管理费（间接费）、利润和税金来确定工程总造价。它主要适用于在签订合同时对工程的情况和内容尚不清楚、工程量不详（如采用设计和施工连贯式的承包方式，签约时尚无施工图纸及详细设计文件）的情形，如紧急工程、抢险救灾工程、国防工程等。

这种承包方式的承包价有以下几种计算方法。

（1）成本加固定百分比。计算公式为：

$$C = C_d(1+P)$$

式中　　C——工程总造价；

　　　　C_d——实际发生的工程成本；

　　　　P——发包方与承包方事先商定的固定百分数。

这种方式的特点是总造价和承包方的酬金部分随直接成本的增加而增加，显然不利于降低成本和缩短工期。采用这种计价承包方式时，建设单位必须加强施工现场的管理工作，以保证合理的投资。

（2）成本加固定酬金。计算公式为：

$$C = C_d + F$$

式中　　C——工程总造价；

　　　　C_d——实际发生的工程成本；

　　　　F——发包方与承包方事先商定的固定酬金。

这种做法是直接成本实报实销，但酬金是事先商定的一个固定数目，虽然不能鼓励承包商降低成本，但可促使承包商关心工期。因为若不缩短工期，企业管理费用会随工期延长而增加，而酬金是固定的，于是承包商为早日获得酬金而缩短工期。

（3）成本加浮动酬金。这种承包方式是由合同当事人双方事先商定一个工程预期成本（或称目标成本）和酬金，如果实际成本正好等于预期成本，工程总造价就是实际成本加固定酬金；如果实际成本低于预期成本，就增加酬金；如果实际成本高于预期成本，就减少酬金。计算公式为：

$$C_d = C_0 \text{ 时，} C = C_d + F$$
$$C_d < C_0 \text{ 时，} C = C_d + F + \Delta F$$
$$C_d > C_0 \text{ 时，} C = C_d + F - \Delta F$$

式中　　C——工程总造价；

　　　　C_d——实际发生的工程成本；

　　　　C_0——预期成本（或称目标成本）；

　　　　F——发包方与承包方事先商定的固定酬金；

　　　　ΔF——浮动酬金（可以是一个百分数，也可以是一个固定数值）。

这种合同有时用一个算式表达，又称为目标成本加奖罚：

$$C = C_d + P_1 C_0 + P_2 (C_0 - C_d)$$

即签约时，发包方与承包方事先商定一个预期成本（或称目标成本），同时确定一个固定酬金系数 P_1，从而确定固定酬金 $F = P_1 C_0$；又商定节支或超支后承包方承担奖罚的系数 P_2，则浮动酬金为 $P_2(C_0 - C_d)$。节支时 $C_0 - C_d > 0$，体现为奖；超支时 $C_0 - C_d < 0$，体现为罚。

这种成本加浮动酬金合同承包方式可以促使承包方努力降低成本和缩短工期，但事先估算预期成本比较困难，需要承发包双方都具有丰富的经验。

1.4   建筑市场

1.4.1   建筑市场的概念和管理体制

建筑市场是进行建筑商品和相关要素交换的市场。建筑市场的形成是市场经济的产物，由有形建筑市场和无形建筑市场两部分构成，例如，建设工程交易中心即是有形市场，包括建设信息的收集与发布，办理工程报建手续，订立承发包合同，委托质量、安全监督和建设监理，提供政策法规及技术经济等咨询服务等。无形市场是在建设工程交易中心之外的各种交易活动及处理各种关系的场所。

建筑市场是工程建设生产和交易关系的总和。建筑市场交易贯穿于建筑产品生产的全过程，在这个过程中，不仅存在建设单位和承包商之间的交易，还有承包商与分包商、材料供应商之间的交易，建设单位还要和设计单位、材料设备供应单位、咨询单位进行交易，并且包括与工程建设相关的商品混凝土供应、构配件生产、建筑机械租赁等活动。因此，参与建筑生产交易过程的各方即构成建筑市场的主体，作为不同阶段的生产成果和交易内容的各种形态的建筑产品、工程设施与设备、构配件以及各种图纸和技术报告等非物化的劳动则构成建筑市场的客体。建筑市场的主要竞争机制是招标投标，法律法规和监管体系保证市场秩序，保护市场主体的合法权益。

建筑市场管理体制会因社会制度和国情的不同而各有差异，其管理内容也各具特色。很多发达国家建设主管部门对建筑业的管理主要是通过政府引导、法律规范、行业自律、市场调节、专业组织部门辅助管理等来实现的。我国的建设市场管理体制是建立在社会主义公有制基础之上的。在计划经济时期，建设单位、施工单位等各个建设参与单位均隶属于不同的政府管理部门，各个政府主管部门主要是通过行政手段管理企业。改革开放以来，随着社会主义市场经济体制的逐步形成，政府在机构设置上进行了很大的调整，仅保留了少量的行业主管部门，撤销了众多的专业政府部门，并将企业和政府脱钩，使原来的部门管理逐步向行业管理转变。

1.4.2　建筑市场的主体和客体

市场主体是指在市场中从事交换活动的当事人，包括组织和个人。按照参与交易活动的目的不同，当事人可分为卖方、买方和中介机构等。建筑市场的主体是指参与建筑市场交易活动的各方，即建设单位、施工单位、工程咨询服务机构、设备材料供应机构、金融机构和市场组织管理者等。建筑市场的客体是指建筑市场的交易对象，即有形的建设产品（如：建筑物、构筑物等）和无形的建设产品（如咨询、监理等智力型服务）。这构成了完整的建筑市场体系（见图1-3）。

1.4.2.1　建筑市场的主体

限于篇幅，下面仅对涉及建设合同的建设单位、施工单位和工程咨询服务机构做简短说明。

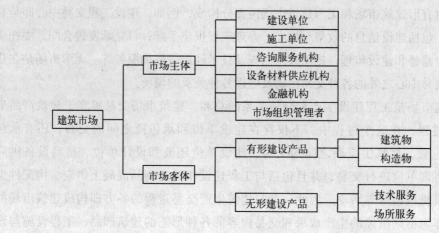

图 1-3 建筑市场体系

1. 建设单位（即业主）

建设单位是指既有某项工程建设需求，又具有该项工程的建设资金和各种准建证件，在建筑市场中发包工程项目建设任务，并最终得到建筑产品达到其投资目的的政府部门、企事业单位和自然人。它们可以是学校、医院、工厂、房地产开发公司，或是政府及政府委托的资产管理部门，也可以是个人。我国工程建设合同中常将建设单位称为甲方。

在我国市场经济体制条件下，根据我国公有制部门占主体的情况，为了建立投资责任约束机制、规范项目法人行为，提出了项目法人责任制（又称为业主责任制），由项目法人对项目建设全过程负责管理，主要包括进度控制、质量控制、投资控制、合同管理和组织协调等内容。

目前国内工程项目的建设单位可归纳为以下类型。

（1）建设单位即原企业或单位。企业或机关、事业单位投资的新建、改建、扩建工程，则该企业或单位即为项目业主。

（2）建设单位是联合投资董事会。由不同投资方参股或共同投资的项目，则建设单位是共同投资方组成的董事会或管理委员会。

（3）建设单位是各类开发公司。开发公司自行融资或由投资方协商组建或委托开发的工程公司。

（4）除上述建设单位以外的建设单位。

2. 施工单位（即承包商）

施工单位是指拥有一定数量的建筑装备、流动资金、工程技术经济管理人员等生产能力，取得相应的建设资质证书和营业执照的，能够按照业主的要求提供不同形态的建筑产品并最终得到相应工程价款的施工企业。我国工程建设合同中常将施工单位称为乙方。

施工单位按其所从事的专业不同可分为土建、水电、道路、铁路、冶金、市政工程等专业公司；按其承包方式不同可分为施工总承包企业、专业承包企业、劳务分包企业。在我国，施工单位通过政府的指令或投标获得承包合同。具备下述条件的施工单位才能在政府许可的工程范围内承包工程：

（1）有符合国家规定的注册资本；

（2）有与其从事的建设活动相适应的具有法定执业资格的专业技术人员；

（3）有从事相应建设活动所应有的技术装备；

（4）经资格审查合格，取得资质证书和营业执照。

3. 工程咨询服务机构

工程咨询服务机构是指具有一定注册资金和工程技术、经济管理人员等相应的专业服务能力，取得建设咨询资质证书和营业执照，能对工程建设提供估算测量、管理咨询、建设监理等智力型服务并获取相应费用的企业。

在国际上，工程咨询服务机构一般称为咨询公司。在我国，工程咨询服务机构包括勘察设计、工程造价（测量）、工程管理、招标代理、工程监理等多种业务的企业。这类服务企业主要是向建设单位提供工程咨询和管理服务，受建设单位委托或聘用，与建设单位订有协议或合同，弥补建设单位对工程建设过程不熟悉的缺陷。

1.4.2.2 建设市场的客体

建设市场的客体一般称作建设产品，它包括有形的建设产品（各种建设物体）和无形的建设产品（各种服务）。客体凝聚着承包商的劳动，建设单位以投入资金的方式取得它的使用价值。在不同的生产交易阶段，建设产品表现为不同的形态，它可以是中介机构提供的咨询报告、咨询意见或其他服务，可以是勘察设计单位提供的设计方案、设计图纸、勘察报告，也可以是生产厂家提供的混凝土构件、非标准预制件等产品，还可以是施工企业提供的最终产品—各种各样的建筑物和构筑物等。

1. 建设产品的特点

（1）建设生产和交易的统一性。从工程的勘察、设计、施工任务的发包，到工程的竣工，发包方与承包方、咨询方所进行的各种生产和交易活动交织在一起，并且建设产品的生产和交易过程均包含于建筑市场之中。

（2）建设产品的固定性和生产过程的流动性。建设产品与土地相连而不可移动，这就要求施工人员和施工机械等生产要素不断流动，体现出施工管理的多变性和复杂性。

（3）建设产品的单件性。由于建设单位对建设产品的用途、性能要求不同，以及建设地点的差异，决定了多数建设产品不能批量生产，建设市场的买方只能通过选择单位建设产品的生产来完成交易。

（4）建设产品的整体性和分部分项工程的相对独立性。随着经济的发展和建设技术的不断进步，施工生产的专业性越来越强。在建设生产中，由各种专业施工企业分别承担工程的土建、安装、装饰、劳务分包等，有利于施工生产技术和效率的提高。

（5）建设生产的不可逆性。建设产品一旦进入生产阶段，其产品就不可能退换，也难以重新建造，否则双方都将承受极大的损失。

（6）建设产品的社会性。建设产品具有相当广泛的社会性，涉及环境等公众的利益和生命财产的安全。政府作为公众利益的代表，应加强对建设产品的建设过程和市场行为的监督和审查。

2. 建设产品的商品属性

改革开放以来，市场竞争代替了计划经济时期的行政分配任务，建设产品价格也逐步走向以市场形成价格的价格机制，建设产品的商品属性的观念成为建设市场发展的基础，并推动了建设市场的价格机制、竞争机制和供求机制的形成，实现资源的优化配置，提高了全社会的生产力水平。

3. 工程建设标准的法定性

建设产品的质量不仅关系到建设市场主体各方的利益，也关系到国家和社会的利益，正是介于建设产品的这种特殊性，其质量标准是以国家标准和规范等形式颁布实施的。从事建设产品生产必须遵守国家的标准和规范，否则将受到国家法律的制裁。

工程建设的标准包括建筑、交通、水利、电力、通信、石油化工、采矿、市政等工程建设的各个方面，是指对勘察、设计、施工、验收等各个环节的技术要求。

1.4.3　建设市场的资质管理

我国《建筑法》规定，对从事建筑工程的勘察设计单位、施工单位、工程监理和其他有关工程咨询单位实行资质管理。建筑市场中的资质管理包括两类：一类是对从业企业的资质管理；另一类是对专业人员的资格管理。本节主要介绍投标资质管理。

1.4.3.1　从业企业资质管理

1. 勘察设计单位的资质管理

我国建设工程勘察、设计资质分为工程勘察资质、工程设计资质。

工程勘察资质分为工程勘察综合资质、工程勘察专业资质、工程勘察劳务资质。工程勘察综合资质只设甲级；工程勘察专业资质根据工程性质和技术特点设立类别和级别；工程勘察劳务资质不分级别。取得工程勘察综合资质的企业，承接工程勘察业务范围不受限制；取得工程勘察专业资质的企业，可以承接同级别相应专业的工程勘察业务；取得工程勘察劳务资质的企业，可以承接岩土工程治理、工程钻探、凿井工程勘察劳务工作。

工程设计资质分为工程设计综合资质、工程设计行业资质、工程设计专项资质。工程设计综合资质只设甲级；工程设计行业资质和工程设计专项资质根据工程性质和技术特点设立类别和级别。取得工程设计综合资质的企业，其承接工程设计业务范围不受限制；取得工程设计行业资质的企业，可以承接同级别相应行业的工程设计业务；取得工程设计专项资质的企业，可以承接同级别相应的专项工程设计业务。取得工程设计行业资质的企业，可以承接本行业范围内同级别的相应专项工程设计业务，不需再单独领取工程设计专项资质。

2. 建筑业企业（承包商）的资质管理

建筑业企业，是指从事土木工程、建筑工程、线路管道设备安装工程、装修工程的新建、扩建、改建活动的企业。建筑业企业应当按照其拥有的注册资本、净资产、专业技术人员、技术装备和已完成的建筑工程业绩等资质条件申请资质，经审查合格，取得相应等级的资质证书后，方可在其资质等级许可的范围内从事建筑活动。国务院建设行政主管部门负责全国建筑业企业资质的归口管理工作。国务院铁道、交通、水利、信息产业、民航等有关部门配合国务院建设行政主管部门实施相关资质类别建筑业企业资质的管理工作。

建筑业企业资质分为施工总承包、专业承包和劳务分包三个序列。获得施工总承包资质的企业，可以对工程实行施工总承包或者对主体工程实行施工承包。承担施工总承包的企业可以对所承接的工程全部自行施工，也可以将非主体工程或者劳务作业分包给具有相应专业承包资质或者劳务分包资质的其他建筑业企业。获得专业承包资质的企业，可以承接施工总承包企业分包的专业工程或者建设单位按照规定发包的专业工程。专业承包企业可以对所承接的工程全部自行施工，也可以将劳务作业分包给具有相应劳务分包资质的劳务分包企业。获得劳务分包资质的企业，可以承接施工总承包企业或者专业承包企业分包的劳务作业。

施工总承包序列特级和一级企业、专业承包序列一级企业资质经省级建设行政主管部门审核同意后，由国务院建设行政主管部门审批；其中铁道、交通、水利、信息产业、民航等方面的建筑业企业资质，由省级建设行政主管部门商同级有关部门审核同意后，报国务院建设行政主管部门，经国务院有关部门初审同意后，由国务院建设行政主管部门审批。审核部门应当对建筑业企业的资质条件和申请资质提供的资料审查核实。施工总承包序列和专业承包序列二级及二级以下企业资质，由企业注册所在地省、自治区、直辖市人民政府建设行政主管部门审批；其中交通、水利、通信等方面的建筑业企业资质，经同级有关部门初审同意后，由省级建设行政主管部门审批。劳务分包序列企业资质由企业所在地省、自治区、直辖市人民政府建设行政主管部门审批。

关于建筑业企业类别的划分、资质等级的划分和承包范围的划分详见国家有关规定。

3. 工程监理企业的资质管理

工程监理企业应当按照其拥有的注册资本、专业技术人员和工程监理业绩等资质条件申请资质，经审查合格，取得相应等级的资质证书后，方可在其资质等级许可的范围内从事工程监理活动。国务院建设行政主管部门负责全国工程监理企业资质的归口管理工作。国务院铁道、交通、水利、信息产业、民航等有关部门配合国务院建设行政主管部门实施相关资质类别工程监理企业资质的管理工作。

工程监理企业的资质等级分为甲级、乙级和丙级，并按照工程性质和技术特点划分为若干工程类别。甲级工程监理企业可以监理经核定的工程类别中一、二、三等工程；乙级工程监理企业可以监理经核定的工程类别中二、三等工程；丙级工程监理企业可以监理经核定的工程类别中三等工程。

甲级工程监理企业资质，经省、自治区、直辖市人民政府建设行政主管部门审核同意后，由国务院建设行政主管部门组织专家评审，并提出初审意见；其中涉及铁道、交通、水利、信息产业、民航工程等方面工程监理企业资质的，由省、自治区、直辖市人民政府建设行政主管部门商同级有关专业部门审核同意后，报国务院建设行政主管部门，由国务院建设行政主管部门送国务院有关部门初审，国务院建设行政主管部门根据初审意见审批。乙、丙级工程监理企业资质，由企业注册所在地省、自治区、直辖市人民政府建设行政主管部门审批；其中交通、水利、通信等方面的工程监理企业资质，由省、自治区、直辖市人民政府建设行政主管部门征得同级有关部门初审同意后审批。

4. 其他工程咨询单位的资质管理

我国对工程咨询单位也实行资质管理。目前，已明确资质等级评定条件的有：勘察设计、工程监理、工程造价、招标代理等咨询机构。勘察设计和工程监理在前面已做过介绍。

工程造价咨询单位，是指接受委托，对建设项目工程造价的确定与控制提供专业服务，出具工程造价成果文件的中介组织或咨询服务机构。工程造价咨询单位应当取得《工程造价咨询单位资质证书》，并在资质证书核定的范围内从事工程造价咨询业务。工程造价咨询单位资质等级分为甲级、乙级。甲级工程造价咨询单位在全国范围内承接各类建设项目的工程造价咨询业务；乙级工程造价咨询单位在本省、自治区、直辖市范围内承接中小型建设项目的工程造价咨询业务。申请甲级工程造价咨询单位资质的，由国务院建设行政主管部门认可的特殊行业主管部门或者省、自治区、直辖市人民政府建设行政主管部门进行资质初审，初审合格后报国务院建设行政主管部门审批。申请乙级工程造价咨询单位资质的，由省、自治区、直辖市人民政府建设行政主管部门商同级有关专业部门审批。

工程招标代理，是指对工程的勘察、设计、施工、监理以及与工程建设有关的重要设备（进口机电设备除外）、材料采购招标的代理。从事工程招标代理业务的机构，必须依法取得国务院建设行政主管部门或者省、自治区、直辖市人民政府建设行政主管部门认定的工程招标代理机构资格。工程招标代理机构资格分为甲、乙两级。甲级工程招标代理机构资格按行政区划，由省、自治区、直辖市人民政府建设行政主管部门初审，报国务院建设行政主管部门认定。乙级工程招标代理机构资格由省、自治区、直辖市人民政府建设行政主管部门认定，报国务院建设行政主管部门备案。国务院建设行政主管部门负责全国工程招标代理机构资格认定的管理。省、自治区、直辖市人民政府建设行政主管部门负责本行政区域内的工程招标代理机构资格认定的管理。工程招标代理机构可以跨省、自治区、直辖市承担工程招标代理业务。

1.4.3.2　专业人员的资格管理

在建筑市场中，把具有从事工程咨询资格的专业工程师称为专业人员。专业人员在建筑市场管理中起着非常重要的作用。由于他们的工作水平对工程项目建设成败具有重要的影响，因此对专业人员的资格条件要求很高。从某种意义上说，政府对建筑市场的管理，一方面要依靠国家的建筑法规，另一方面要依靠专业人员。

由于各国情况不同，专业人员的资格有的由学会或协会负责（以欧洲一些国家为代表）授予和管理，有的由政府负责确认和管理。比如：英国、德国政府不负责专业人员的资格管理，咨询工程师的执业资格由专业学会考试颁发并由学会进行管理。美国有专门的全国注册考试委员会，负责组织专业人员的考试，通过基础考试并经过数年专业实践后再通过专业考试，即可取得注册工程师资格。

我国专业人员制度是近几年才从发达国家引入的。目前，已经确定和将要确定的专业人员有建筑师、结构工程师、监理工程师、造价工程师和建造工程师等。资格和注册条件为：大专以上的专业学历；参加全国统一考试，成绩合格；相关专业的实践经验。我国专业人员制度还处于起步阶段，随着建筑市场的不断完善，对其管理也会进一步规范化和制度化。

1.4.4　建设工程交易中心

建设工程交易中心是我国近几年来在改革中出现的使建筑市场有形化的管理方式，这种管理方式在世界上是独一无二的。我国是社会主义公有制为主体的国家，政府部门、国有企事业单位投资在社会投资中占有主导地位，这种公有制占主导地位的特性，决定了对工程承发包管理不能照搬发达国家的做法，既不能像对私人投资那样放任不管，也不可能由某一个或几个政府部门来管理。因此，把所有代表国家或国有企事业单位投资的业主请进建设工程交易中心进行招标，设置专门的监督机构，就成为我国解决国有建设项目交易透明度差的问题和加强建筑市场管理的一种独特方式。

1. 建设工程交易中心的性质

建设工程交易中心是依据国家法律法规成立，为建设工程交易活动提供相关服务，依法自主经营、独立核算、自负盈亏，具有法人资格的服务性经济实体。建设工程交易中心是一种有形建筑市场。在这个市场中，虽没有存放建筑商品，但在此可以收集和发布工程建设信息，办理工程建设的有关手续，提供和获取政策法规及技术经济咨询服务。建设工程交易中心为建设工程（建筑商品）交易提供了固定的交易场所。

2. 建设工程交易中心应具备的功能

建设工程交易中心作为有形建筑市场，应具备下述功能（见表1-1）：

（1）场所服务功能。为建设工程交易活动提供固定的场所和设施，使建设市场成为有形市场。中心设有信息发布厅、开

表1-1　建设工程交易中心的功能

功　能	场所或内容
场所服务	1. 信息发布厅 2. 开标室 3. 洽谈室 4. 会议室
信息服务	1. 工程招标 2. 建材价格 3. 工程造价 4. 咨询单位信息 5. 专业人士信息 6. 法律法规
集中办公	1. 工程报建 2. 招标方式的确定 3. 招标监督 4. 安全报建 5. 颁发施工许可证
咨询服务	技术、经济、法律等中介咨询服务

标室、洽谈室、会议室和有关设施，以满足业主、承包商、分包商、设备材料供应商等相互交易的需要。

（2）信息服务功能。收集、发布和存储工程信息、造价信息、建材价格、法律法规、承包商信息、咨询单位和专业人士信息等与建设工程交易和工程建设活动有关的各类信息。

（3）集中办公功能。建设工程交易中心可以为工程报建、招标登记、承包商资质审查、合同登记、质量报监、申领施工许可证等相关管理部门在此集中办公提供场所，有利于建设行政主管部门提供更好的服务和实施监督与管理。

（4）咨询服务功能。为建设工程承发包交易活动等提供各类技术、经济、法律等中介咨询服务。

3. 建设工程交易中心的管理

省辖市、地区和县级市以及固定资产投资规模较大和工程数量较多的县，应建立建设工程交易中心。建设工程交易中心要逐步建成包括建设项目、工程报建、招标投标、承包商、中介机构、材料设备价格和有关法律法规等的信息中心。

各级建设行政主管部门依法对建设工程交易活动进行管理，并协调有关职能管理部门进驻建设工程交易中心联合办公，维护交易中心正常秩序，查处建设工程交易活动中的违法违规行为。各级建设工程招标投标监督管理机构负责建设工程交易中心的具体管理工作。

新建、改建、扩建的限额以上建设工程，包括各类房屋建筑、土木工程、设备安装、管道线路铺设、装饰装修和水利、交通、电力等专业工程的施工、监理、中介服务、设备材料采购，都必须在有形建设市场进行交易。凡应进入建设工程交易中心而在场外交易的，建设行政主管部门不得为其办理有关工程建设手续。

1.5 建设工程招标代理

在市场经济中，中介服务机构是指受当事人的委托，向当事人提供有偿服务，以代理人的身份，为委托方（即被代理人）与第三方进行某种活动的社会组织，如监理公司、造价师事务所、律师事务所等。建设工程招标投标中为当事人提供有偿服务的社会中介代理机构包括各种招标公司、招标代理中心、标底编制单位等。它们必须是依法成立的法人或经济组织并取得建设行政部门核发的招标代理、标底编制、监理等资质证书等。

1.5.1　建设工程招标代理的概念

建设工程招标代理是指建设工程招标人（即建设单位、业主）将建设工程招标事务委托给相应的中介服务机构，由该中介服务机构在招标人委托授权的范围内，以委托的招标人的名义，同他人独立进行建设工程招标投标活动，由此产生的法律效果直接归属于委托的招标人。此时，代替他人进行建设工程招标活动的中介服务机构称为代理人；委托他人代替自己进行建设工程招标活动的招标人称为被代理人；与代理人进行建设工程招标活动的人称为"第三人"。

1.5.2　建设工程招标代理机构的特征

建设工程招标代理机构具有以下几个特征：

（1）招标代理人必须以被代理人的名义办理招标事务；

（2）招标代理人应具有独立进行意思表示的职能；

（3）招标代理人的行为应在委托授权的范围内实施；

（4）建设工程招标代理行为的法律效果由被代理人承担。

1.5.3　建设工程招标代理机构的权利和义务

1. 建设工程招标代理机构的权利

（1）组织和参与招标活动；

（2）依据招标文件的要求，审查和报送投标人的资质；

（3）按规定标准收取代理费用，代理费用的收费标准一般按工程造价、标底、合同价或中标价的一定百分率确定；

（4）招标人授予的其他权利。

2. 建设工程招标代理机构的义务

（1）遵守国家法律法规和方针政策；

（2）维护委托的招标人的合法权益；

（3）组织编制、解释招标文件，对代理过程中提出的技术方案、数据和分析计算、建议和决策等的科学性和正确性负责；

（4）接受招标投标管理机构的监督管理及行业协会的指导；

（5）履行依法约定的其他义务。

1.6　建设工程招投标监管

建设工程招标投标涉及各行各业和部门，如房屋建筑、水电、铁路、石油化工等，如果部门、地区和行业彼此各自为政，必然使建设工程交易市场混乱无序，无从管理。为了维护建筑市场的统一性、竞争的有序性和开放性，国家必须明确指定一个统一归口的建设行政主管部门，即建设部，它是全国最高的招标投标管理机构，在建设部的统一监管下，实行省、市、县三级建设行政主管部门对所辖行政区内的建设工程招标投标实行分级管理。

案例 1-1　建筑施工企业无效投标的案例

某年 5 月，某制衣公司准备投资 600 万元兴建一幢办公兼生产大楼。该公司按规定公开招标，并授权由有关技术、经济等方面的专家组成的评标委员会直接确定中标人。招标公告发布后，共有 6 家建筑单位参加投标。其中一家建筑工程总公司报价为 480 万元（包工包料），在公开开标、评标和确定中标人的程序中，其他 5 家建筑单位对该建筑工程总公司报送 480 万元的标价提出异议，一致认为该报价低于成本价，属于以亏本的报价排挤其他竞争对手的不正当竞争行为。评标委员会经过认真评审，确认该建筑工程总公司的投标价格低于成本，违反了《招标投标法》的有关规定，否决其投标，另外确定中标人。

点评

《招标投标法》的颁布为建设工程企业带来了一缕阳光，为维护建筑业市场正常的竞争秩序提供了法律保障，而个别企业为得到建设工程项目，恶意压价，以低于成本的报价竞标。这是一起因投标人以低于成本的报价竞标而被确认无效的实例。招标投标是在市场经济条件下进行大宗货物的买卖、工程建设项目的发包与承包以及服务项目的采购与提供时所采用的一种交易方式。为维护正常的投标竞争秩序，《招标投标法》第 33 条规定："投标人不得以低于成本的方式投标竞争。"这里所讲的低于成本，是指低于投标人为完成投标项目所需支出的"个别成本"。由于每个投标人的管理水平、技术能力与条件不同，即使完成同样的招标项目，其个别成本也不可能完全相同。管理水平高、技术先进的投标人，生产、经营成本低，有条件以较低报价参加投标竞争，这是其竞争实力强的表现。招标的目的，正是为了通过投标人之间的竞争，特别在投标报价方面的竞争，择优选择中标者。因此，只要投标人的报价不低于自身的个别成本，即使是低于行业平均成本，也是完全可以的。

《招标投标法》第 41 条规定：中标人的投标应当符合下列条件之一：

（一）能够最大限度地满足招标文件中规定的各项综合评价标准；

（二）能够满足招标文件的实质性要求，并且经评审的投标价格最低，但是投标价格低于成本的除外。

据此，《招标投标法》禁止投标人以低于其自身完成投标项目所需成本的报价进行投标竞争。法律做出这一规定的主要目的有二：

一是为避免出现投标人在以低于成本的报价中标后，再以粗制滥造、偷工减料等违法手段不正当降低成本，挽回其低价中标的损失，最终给工程质量造成危害。

二是为了维护正常的投标竞争秩序，防止投标人以低于成本的报价进行不正当竞争，损害其他以合理报价进行竞争的投标人的利益。

案例1-2　江苏某公司经理在竞标中行贿被捕

当江苏省A市建筑安装工程总公司六公司、北郊建筑工程公司副经理施如元接到判决书时，他才真正弄明白：给别人送钱也是犯罪。

47岁的施如元的确是个"能人"。他小学毕业后，在A市老家当了一名小瓦工，但他聪明能干，没几年便混了个包工头的角色，在农村盖房子搞些小工程。随着口袋里票子的增多，他开始将目光投向市建筑工程公司，凭着他灵活的交际，很快引起了A市建筑工程总公司领导的注意。40岁那年，施在总公司六公司当上了副经理，主持公司在B市方面的工作。

施如元是个聪明人，他深知在异地工作首先要站稳脚跟。自从主持B市方面的工作之后，他感受到了建筑行业激烈的竞争和无奈，也很快悟出了其中的"道道"。1996年初，施如元得到这样一个消息，B市第三中学综合实验教学楼、中华中学商住楼、三中沿街综合楼工程将要招标，工程总造价1 500余万元。他还得知，三项工程评标领导小组组长，是B市教育委员会的正处级调研员兼B市洪宇房地产开发公司总经理郭进良。他想，这个对自己极为有利的人千万不能放过。1996年6月，施如元得知郭进良要去厦门考察工程用的瓷砖，他便自费跟着郭一同去了厦门。一路上，施使出浑身解数将郭照顾得十分周到，几天下来，当他们一同住进厦门宾馆时，两人已是无话不谈。当晚，在半推半就之间，施将1万元现金塞进了郭进良的包里。又过了几天，施如元得知B市城镇开发公司二分公司的洪武南路工程也在招标，便通过朋友找到B市城镇建设开发（集团）总公司总经理卢连生。在卢的办公室里，施又拿出1万元现金，提出要接洪武南路工程。面对这种赤裸裸的金钱交易，卢连生皱了皱眉头还是答应了，他还当着施的面给二分公司打了电话。施为今后的路更好走，之后又分三次给卢连生送去2.5万元。

施如元知道，进庙门见菩萨都得烧香。当他得知在中华中学工地做现场管理工作的施工员是郭进良的手下徐敬，便想到只要与徐敬拉上关系，自然会在以后的工程中少去许多麻烦。1996 年 10 月，施陪着徐敬来到本市一家摩托车商店，亲自为徐选了一辆摩托车，并抢先将车款 1.82 万元付清。1997 年 9 月，施又将 4.8 万元现金送给了徐。在以后的工程中，施如元果然做得十分顺利，他知道这都亏了徐敬的关照。

参加投标要经过筛选，筛选过的单位才有权进行投标，如果事先摸清了标底再参加竞标，中标就十拿九稳了。为此，施如元又盯上了中国建设银行 B 市分行某事务所的程建。不久，程在接过施的 1 万元后，将三中综合楼的标底拿了出来。于是，施在竞标中毫不费力地中了标，且一切进行得天衣无缝。

有了第一次，便有第二次。中标没几天，施如元又给程建打电话，询问中华中学的标底。接着，施如元又如愿以偿地中了标。两项工程下来，施如元知道再烧一把火便万无一失了。他将程建叫到自己的工地，将 1 万元现金交给了他。随后，施又来到郭进良家中，一出手又是 5 万元。

据施如元事后交代，郭在竞标过程中给施如元打分，每次都明显高于其他工程公司，而别人又难以察觉。正由于他们的照顾，施如元与其他几家公司已不在一条起跑线上，这哪还有公平可言？但是，若要人不知，除非己莫为。随着一封封举报信，几人相继落入法网。

不久前，郭进良因同时收受 C 市建筑工程公司 B 市分公司给的好处费 10 万元，被 B 市玄武区法院以受贿罪判处有期徒刑 12 年，没收财产 10 万元。

程建，因受贿 2 万元，被 B 市鼓楼区法院判处有期徒刑两年零 6 个月，缓刑 3 年。

徐敬，因受贿 5.8 万元、某型摩托车一辆，被 B 市玄武区法院判处有期徒刑 5 年零 6 个月。

卢连生仍在审理起诉之中。

在看守所里，施如元这样对笔者说：现在在外面做工程实在太难了，特别是我们外地人，不向别人送钱根本捞不到工程。他们一旦拿了我们的钱就变了，不敢不办事，这也成了公开的秘密。日前，施如元因行贿罪被 B 市鼓楼区法院判处有期徒刑 1 年零 6 个月，缓刑两年。

点评

《招标投标法》第二十二条规定："招标人设有标底的，标底必须保密。"第三十二条规定："投标人不得与招标人串通投标，损害国家利益、社会公共利益或者他人的合法权益。禁止投标人以向招标人或者评标委员会成员行贿的手段谋取中标。"第四十四条规定："评标委员会成员应当客观、公正地履行职务，遵守职业道德，对所提出的评审意见承担个人责任。评标委员会成员不得私下接触投标人，不得收受投标人的财物或者其他好处。"第五十三条和第五十六条规定了相关的法律责任。

建设工程实行招投标制，是为了有利于创造公平竞争的市场环境，促进企业间公平竞争。采用招投标制，对于供应商、承包商来说，只能通过在价格、质量、售后服务等方面展开竞争，以尽可能充分地满足招标人的要求，取得商业机会，体现了在商机面前人人平等的原则。招标投标活动要依照法定程序公开、公平、公正地进行，这是为了遏制承包活动中行贿受贿等腐败和不正当竞争行为。本案例中施、郭、程、卢等人，无视国家法律，扰乱建筑市场秩序，以身试法，必然受到法律的制裁。

▦ 本章小结

1. 我国颁布和实施了《招标投标法》《建筑法》等法律法规，积极推行了招标投标制、建设监理制和合同管理制。

2. 建设工程招标是建设单位开展招标活动的全部过程，包括可行性研究、勘察、设计、施工、监理、材料设备供应、咨询等内容，其中最普遍的是建设工程施工招标。

3. 建设工程招标投标制是在市场经济条件下产生的，它的理论基础是竞争机制、价值（格）规律和供求关系。

4. 招标投标活动应当遵循公开、公平、公正和诚实信用的原则。

5. 施工、监理和物资是最常见的建设工程承发包内容。

6. 投标竞争和计量估价合同是最常见的建设工程承发包方式。

7. 建筑市场中的资质管理包括企业的管理和人的管理。

▦ 思考题

1. 简述建设工程招标投标的概念。

2. 建设工程招标投标的理论基础是什么？

3. 建设工程招标投标的法律依据是什么？

4. 按工程建设程序分，建设工程招标投标包含哪些内容？

5. 简述建设工程招标投标的基本原则。

6. 实行建设工程招标投标制有什么重要意义？

7. 建设工程承发包的内容包括哪些？

8. 建设工程承发包方式如何分类？

9. 简述建筑市场的主体和客体体系。

10. 简述建设工程资质管理的概念和分类。

11. 建设工程交易中心的功能包括哪些？

12. 建设工程招标代理机构的权利和义务是什么？

第 2 章

建设工程招标

学习重点

建设工程施工招标。

学习难点

建设工程招标文件的编制。

技能要求

1. 能够编制建设工程施工招标文件；
2. 初步具备评标的基本能力。

2.1 建设工程招标概述

2.1.1 建设工程招标范围

建设工程招标包括建设工程勘察设计招标、建设工程监理招标、建设工程施工招标和建设工程物资采购招标等。《招标投标法》第三条规定："在中华人民共和国境内进行下列工程建设项目包括项目的勘察、设计、施工、监理以及与工程建设有关的重要设备、材料等的采购，必须进行招标：（一）大型基础设施、公用事业等关系社会公共利益、公众安全的项目；（二）全部或者部分使用国有资金投资或者国家融资的项目；（三）使用国际组织或者外国政府贷款、援助资金的项目。前款所列项目的具体范围和规模标准，由国务院发展计划部门会同国务院有关部门制定，报国务院批准。法律或者国务院对必须进行招标的其他项目的范围有规定的，依照其规定。"

凡属于国家计划发展委员会制定的《工程建设项目招标范围和规模标准规定》内

的建设项目，都必须进行招投标。

1. 关系社会公共利益、公众安全的基础设施项目的范围

（1）煤炭、石油、天然气、电力、新能源等能源项目；

（2）铁路、公路、管道、水运、航空以及其他交通运输业等交通运输项目；

（3）邮政、电信枢纽、通信、信息网络等邮电通信项目；

（4）防洪、灌溉、排涝、引（供）水、滩涂治理、水土保持、水利枢纽等水利项目；

（5）道路、桥梁、地铁和轻轨交通、污水排放及处理、垃圾处理、地下管道、公共停车场城市设施项目；

（6）生态环境保护项目；

（7）其他基础设施项目。

2. 关系社会公共利益、公众安全的公用事业项目的范围

（1）供水、供电、供气、供热等市政工程项目；

（2）科技、教育、文化等项目；

（3）体育、旅游等项目；

（4）卫生、社会、福利等项目；

（5）商品住宅，包括经济适用住房；

（6）其他公用事业项目。

3. 使用国有资金投资项目的范围

（1）使用各级财政预算资金的项目；

（2）使用纳入财政管理的各种政府专项建设基金的项目；

（3）使用国有企业事业单位自有资金，并且国有资产投资者实际拥有控制权的项目。

4. 国家融资项目的范围

（1）使用国家发行债券所筹资金的项目；

（2）使用国家对外借款或者担保所筹资金的项目；

（3）使用国家政策性贷款的项目；

（4）国家授权投资主体融资的项目；

（5）国家特许的融资项目。

5. 使用国际组织或者外国政府资金的项目的范围

（1）使用世界银行、亚洲开发银行等国际组织贷款资金的项目；

（2）使用外国政府及其机构贷款资金的项目；

（3）使用国际组织或者外国政府援助资金的项目。

6. 本规定第二条至第六条规定范围内的各类工程建设项目

包括项目的勘察、设计、施工、监理以及与工程有关的重要设备、材料等的采购，达到下列标准之一的，必须进行招标：

（1）施工单项合同估算价在 200 万元以上的；

（2）重要设备、材料等货物的采购，单项合同估算价在 100 万元以上的；

（3）勘察、设计、监理等服务的采购，单项合同估算价在 50 万元以上的；

（4）单项合同估算价低于第（1）、（2）、（3）项规定的标准，但项目总投资额在 3 000 万元以上的。

7. 建设项目的勘察、设计，采用特定专利或者专有技术的，或者其建筑艺术造型有特殊要求的，经项目主管部门批准，可以不进行招标

我国允许各地区自行确定本地区招标项目的具体范围和规模，但不得缩小国家发展计划委员会所确定的必须招标范围。在此范围以外的项目，建设单位本着自愿的原则，决定是否招标，但建设行政主管部门不得拒绝其招标要求。

另外，实际上，必须依法采用招标采购方式的项目，并不仅限于《招标投标法》所列项目，例如《招标投标法》规定以外的属于政府采购范围内的其他大额采购，也应纳入强制招标的范围，因篇幅所限，在这不再多述，可详见《中华人民共和国政府采购法》。

2.1.2　建设工程招标条件

为了建立和维护建设工程招标秩序，建设单位必须在正式招标前做好必要的准备来满足招标条件。建设工程招标的主要条件有以下几个方面：

1. 已经履行审批手续

按照国家规定需要履行项目审批手续的，已经履行审批手续，通常包括：

（1）立项批准文件和固定资产投资许可证；

（2）已经办理该建设工程用地批准手续；

（3）已经取得规划许可证。

2. 工程所需资金或资金来源已经落实

3. 有满足招标需要的技术资料

4. 法律、法规、规章规定的其他条件

根据建设工程的招标内容的不同，招标条件也有所不同。建设工程的勘察设计招

标条件侧重于：设计任务书或可行性研究报告已获批准；具有可靠的设计基础资料等。建设工程监理招标条件侧重于：设计任务书或初步设计已获批准；工程建设的主要技术和工艺要求已确定。建设工程施工招标条件侧重于：建设项目已列入年度投资计划；建设资金已到位；施工前期工作基本完成；有施工图纸等技术资料。建设工程物资采购招标条件侧重于：建设项目已列入年度投资计划；建设资金到位；具有批准的物资采购所需的设计图纸和技术资料。

2.1.3　建设工程招标方式和方法

2.1.3.1　建设工程招标方式

《招标投标法》第十条规定，招标分为公开招标和邀请招标，取消了议标。但对于有些工程，目前还采用议标方式，所以本节仍然对议标予以简单介绍。

1. 公开招标

公开招标又称无限竞争性招标，是指招标单位以招标公告的方式邀请不特定的法人或者其他组织投标。招标单位应在招投标管理部门指定的公众媒介（报刊、广播、电视、场所等）发布招标公告，愿意投标的单位（如设计院、监理公司、承包商、供应商等）都可参加资格审查，资格审查合格的单位都可参加投标。

（1）公开招标方式的优点。公开招标方式为投标单位提供了公平竞争的机遇，同时使建设单位有较大的选择余地，有利于降低工程造价，缩短工期和保证工程质量。

（2）公开招标方式的缺点。采用公开招标方式时，投标单位多且参差不齐，招标工作量大，所需时间较长，组织工作复杂，需投入较多的人力、物力。因此采用公开招标方式时对投标单位进行严格的资格预审就特别重要。

（3）公开招标方式的适用范围。法定的公开招标方式适用范围是：全部使用国有资金投资，或国有资金投资占控制地位或主导地位的项目，应当实行公开招标。因此，投资额度大、工艺或结构复杂的较大型工程建设项目，实行公开招标较为合适。

2. 邀请招标

邀请招标又称有限竞争性招标、选择性招标，是指招标单位以投标邀请书的方式邀请特定的法人或者其他组织投标，即由招标单位根据自己的经验和信息资料，选择并邀请有实力的投标单位来投标的招标方式。一般邀请5~10家投标单位参加投标，最少不得少于3家。

（1）邀请招标方式的优点。招标工作量小，目标集中，招标的组织工作较容易，被邀请的投标人的中标概率较高。

（2）邀请招标方式的缺点。由于参加的投标单位较少，竞争性差，招标人择优的余地较小，有可能找不到合适的承包单位。如果招标单位在选择邀请单位前所掌握的信息资料不足，则会失去发现最适合承担该项目的承包单位的机会。

（3）邀请招标方式的适用范围。全部使用国有资金投资，或国有资金投资占控制地位或主导地位的项目，必须经国家发展计划委员会或者省级人民政府批准方可实行邀请招标；其他工程建设单位可自行选用邀请招标方式或公开招标方式。

公开招标和邀请招标都必须按规定的招标程序进行，必须按招标文件的规定进行投标。

3. 议标

议标是一种谈判性采购，指建设单位指定少数几家承包单位，分别就承包范围内的有关事宜进行协商，直到与某一承包商达成协议，将工程任务委托其去完成。对于一些小型项目（如小型新建项目、改造维修、装潢装饰工程等）来说，采用议标方式目标明确、省时省力。但采用议标方式容易发生幕后交易。为了规范建筑市场的行为，议标方式仅适用于不宜公开招标或邀请招标的特殊工程或特殊条件下的工作内容，而且必须报请建设行政主管部门批准后才能采用。参加议标的单位一般不应少于两家，只有在限定条件下才能只与一家议标单位签订合同。议标通常适用的情况包括以下几种：

（1）军事工程或保密工程；

（2）专业性强，需要专门技术、经验或特殊施工设备的工程，以及涉及使用专利技术的工程，此时只能选择少数几家符合要求的承包商；

（3）与已发包工程有联系的新增工程（承包商的劳动力、机械设备都在施工现场，既可以减少初期费用和缩短准备时间，又便于现场的协调管理工作）；

（4）性质特殊、内容复杂，发包时工程量或者生产技术细节尚难确定的紧急工程（如灾后维修等）；

（5）工程实施阶段采用新技术或新工艺，承包商从设计阶段就已经参与工作，实施阶段还需要其继续合作的工程。

几种招标方式在选择承包商的程序上有较大差异，公开招标和邀请招标在程序上的差异：一是承包商获得招标信息的方式不同；二是对投标人资格审查的方式不同。但这两种招标方式均要通过招标、开标、评标、定标等程序选择实施单位，最后与之签订承包合同；而议标则没有开标、评标程序，建设单位与投标人进行协商，双方意见达成一致即可签订承包合同。

2.1.3.2 建设工程招标方法

1. 一次性招标

一次性招标指建设工程建筑用地、设计图纸、工程概算、建设许可证等均已具备,整个工程只招一次标就能建立全部的承发包关系的方法。采用一次性招标的方法,整个招标工作一次性完成,便于管理,但招标前须做好各项准备工作,前期准备时间较长,特别是大型工程,若采用一次性招标,投资见效期就要推延。

2. 多次性招标

多次性招标就是对建设项目实行分阶段招标,可按单项工程、单位工程分阶段招标,也可按分部工程招标,例如,按基础、主体、装修、室外工程等分别进行招标。多次性招标法适用于特大型建设项目。由于分段招标,设计图纸、工程概算等技术经济文件可以分批供应,所以能够争取时间提前开工,缩短建设周期,投资早,见效快。但多次性招标法常常边设计、边施工,容易造成施工脱节,引起矛盾。

3. 一次两段式招标

一次两段式招标就是指在设计图纸尚未完成之前,先邀请数个投标单位进行意向性招标,按约定的评标办法,择优选择一个承包单位,待设计图纸完成以后再按图纸要求签订合同。一次两段式招标先由投标单位根据概念设计或性能规格编制技术建议书,招标投标双方进行技术和商务的澄清和调整,再对招标文件进行修订,最后由建设单位选定承包单位。

4. 两次报价招标

两次报价招标就是指建设单位在第一次公开招标后选择几个较满意的投标单位再进行第二次投标报价。此法适用于建设单位对建设项目不太熟悉的情况下,第一次属摸底性质,第二次作为正式报价。

2.1.4   建设工程招标程序

建设工程招标包括建设工程勘察设计招标、建设工程监理招标、建设工程施工招标和建设工程物资采购招标等。由于招标的内容不同,所以招标的程序也不尽相同。一般分为三个阶段:

(1)招标准备阶段,从办理招标申请开始,到发出招标公告或邀请招标函为止的时间段;

(2)招标阶段,也是投标单位的投标阶段,从发布招标公告之日起到投标截止之日的时间段;

(3)决标成交阶段,从开标之日起到与中标人签订合同为止的时间段。

在建设工程的勘察设计、监理、施工和物资采购等招标中,建设工程施工招标的程序最为复杂和规范,本书重点介绍建设工程施工招标程序,可参见 2.2 节。

2.1.5 建设工程招标文件的编制

建设工程招标文件是建设工程招标投标活动中最重要的法律文件之一，它不仅规定了完整的招标程序，而且提出了各项技术标准和交易条件，拟列了合同的主要条款。招标文件既是投标单位编制投标书的依据，也是招标阶段招标单位的行为准则；既是评标委员会评审的依据，也是签订承发包合同的基础，它将构成合同双方履约的依据。

在建设工程的勘察设计、监理、施工和物资采购等招标中，由于招标的内容不同，所以招标文件的编制也不尽相同。本书重点介绍建设工程施工招标文件，可参见 2.4 节。

2.2 建设工程施工招标

2.2.1 建设工程施工招标的条件

2.2.1.1 招标单位应具备的条件

（1）招标单位是法人或依法成立的其他组织；

（2）有与招标工程相适应的经济、技术、管理和法律咨询人员；

（3）有组织编制招标文件的能力；

（4）有审查投标单位资质的能力；

（5）有组织开标、评标、定标的能力。

招标单位自行组织招标，必须符合上述条件，并设立专门的招标机构，经招投标行政管理机构审查合格后发给招标组织资格证书。若招标单位不具备上述某些条件时，可以委托具有相应资质的招标代理机构组织招标。

2.2.1.2 招标工程应具备的条件

（1）建设项目已批准立项；

（2）向建设行政主管部门履行了报建手续，并获得批准；

（3）建设资金能满足建设工程的要求，符合规定的资金到位率；

（4）建设用地已依法取得，并领取了建设工程规划许可证；

（5）施工图纸等技术资料能满足招标投标的要求；

（6）法律、法规、规章规定的其他条件。

2.2.2 建设工程施工招标程序

建设工程施工招标程序是对有关法律、法规所规定的招标程序的具体细化，可以用图 2-1 表示。

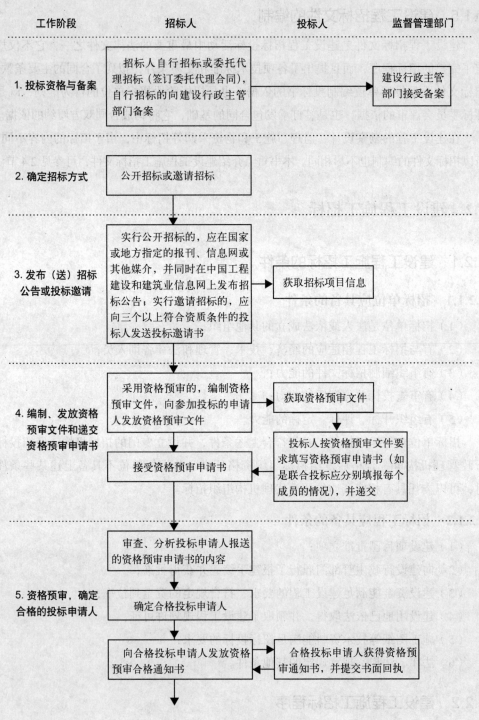

图 2-1 施工招标程序流程图

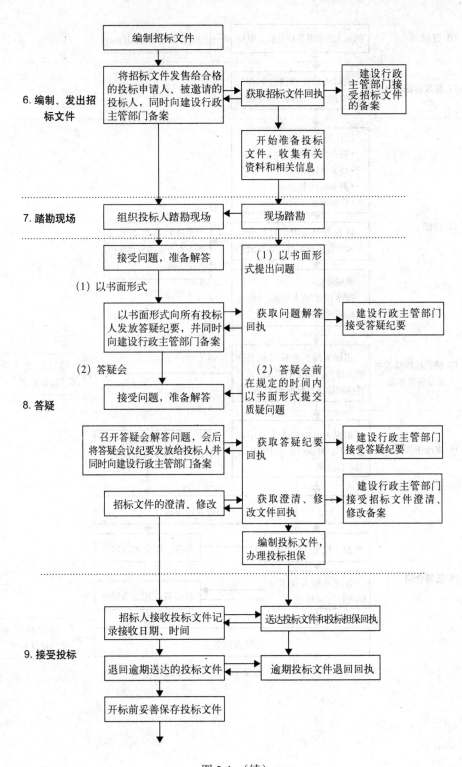

图 2-1 （续）

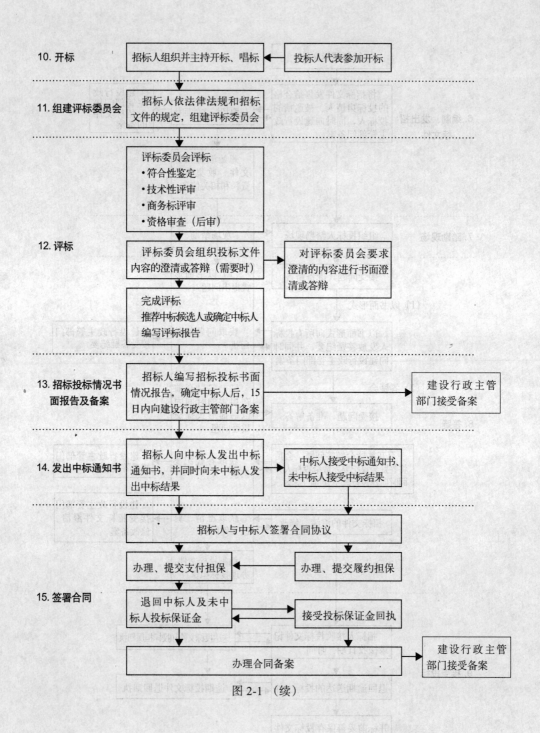

图 2-1（续）

2.2.3 建设工程施工招标的主要工作

2.2.3.1 建设工程项目报建

建设工程项目报建是工程项目招标活动的前提。建设工程项目的立项批准文件或年度投资计划下达后，按照规定，须向建设行政主管部门的招标投标行政监管机关报建备案。

（1）建设工程项目报建范围：各类房屋建筑（包括新建、改建、扩建、翻修等）、土木工程（包括道路、桥梁、房屋基础打桩等）、设备安装、管道线路铺设和装饰装修等建设工程。属于招标范围的工程项目都必须报建。

（2）建设工程项目报建的主要内容：工程名称、建设地点、投资规模、资金来源、工程概况、发包方式、计划开竣工日期和工程筹建情况等。

（3）办理工程报建时应交验的文件资料：立项批文或年度投资计划、固定资产投资许可证、建设工程规划许可证、资金证明等。

2.2.3.2 确定招标方式和发布招标信息

1. 公开招标：发布招标公告

发布招标公告是公开招标最显著的特征之一，也是公开招标的第一个环节。招标人应在指定的报刊、电子网站或其他媒体上发布招标公告。招标公告采用何种媒介发布，直接决定了招标信息的传播范围，从而影响到招标的竞争激烈程度和招标效果。

2. 邀请招标：发出招标邀请书

邀请招标（也称选择性招标）是指由招标人根据供应商或承包商的资信和业绩，选择特定的、具备资格的法人或其他组织（不能少于三家），向其发出投标邀请书。

采用邀请招标方式的前提条件是，对市场供给情况比较了解，对供应商或承包商的情况比较了解。还要考虑招标项目的具体情况：一是招标项目的技术新而且复杂或专业性很强，只能从有限范围的供应商或承包商中选择；二是招标项目本身的价值低，招标人只能通过限制投标申请人数来达到节约和提高效率的目的。

招标公告或投标邀请书应当载明招标人的名称和地址、招标项目的性质、数量、实施地点和时间以及获取招标文件的办法等事项。

2.2.3.3 资格审查

1. 资格审查的意义

招标人可以根据招标项目本身的要求，在招标公告或者投标邀请书中，要求投标申请人提供有关资质证明文件和业绩情况，并对投标申请人进行资格审查，招标人不得以不合理的条件限制或者排斥潜在的投标申请人，不得歧视任何投标申请人。

对投标申请人的资格进行审查，是为了在招标过程中剔除那些资格条件不适合承担招标工程的投标申请人。采用资格审查，可以缩减招标人评审和比较投标文件的数量，节约费用和时间。因此，对投标申请人进行资格审查，既是招标人的一项权利，也是大多数招标活动中经常采用的一道程序。资格审查，对保障招标人的利益，促进招标活动的顺利进行具有非常重要的意义。

2. 资格审查方式

资格审查方式可分为资格预审和资格后审。资格预审是在投标前对投标申请人进行的资格审查；资格后审一般是在评标时对投标申请人进行的资格审查。招标人应根据工程规模、结构复杂程度或技术难度以及对投标申请人的了解程度等具体情况，决定对投标申请人采取资格预审方式还是资格后审方式。

目前，招标人在招标活动中经常采用的是资格预审方式。资格预审的目的是有效地控制招标过程中的投标申请人数量，确保招标人选择到满意的投标申请人来实施工程建设。实行资格预审方式的工程，招标人应当在招标公告或投标邀请书中载明资格预审的条件和获取资格预审文件的时间、地点等事项。投标申请人有隐瞒事实、伪造相关资料等弄虚作假行为的，招标人应当拒绝其参加投标。在资格预审合格的投标申请人过多时，招标人一般可以从中选择不少于五家资格预审合格的投标申请人参加投标。

对于一些工期要求比较紧，工程技术、结构不复杂的项目，为了争取早日开工，可不进行资格预审，而进行资格后审，即在招标文件中加入资格审查的内容，投标人在报送投标文件的同时还应报送资格审查资料。评标机构在正式评标前先对投标人进行资格审定，淘汰不合格的投标人，对其投标文件不予评审。

3. 资格审查内容

根据《招标投标法》规定，招标人可以根据招标项目本身的要求，在招标公告或招标邀请书中，要求潜在投标人提供有关资质证明文件和业绩情况，并对潜在投标人进行资格审查。无论是资格预审还是资格后审，都是主要审查投标申请人是否符合下列条件：

（1）具有独立订立合同的权利；

（2）具有很好地履行合同的能力，包括专业、技术资格和能力，资金、设备和其他设施状况，管理能力，经验、信誉和相关的工作人员；

（3）以往承担类似项目的业绩情况；

（4）没有处于被责令停业和财产被接管、冻结、破产状态；

（5）在最近几年内（如最近三年内）没有与合同有关的犯罪或严重违约、违法行为。

此外，如果国家对投标申请人的资格条件另有规定的，投标人必须依照其规定，不得与这些规定相冲突或低于这些规定的要求。在不损害商业秘密的前提下，投标申请人应向招标人提交能证明上述有关资格和业绩情况的法定证明文件或其他资料。

2.2.3.4　招标文件编制与发放

招标文件是招标人向投标申请人发出的，旨在向其提供为编写投标文件所需的资料并向其通报招标投标将依据的规则和程序等项目内容的书面文件，是招标投标过程中最重要的文件之一。一般情况下，在发布招标公告或发出投标邀请书前，招标人或其委托的招标代理机构就应根据招标项目的特点和要求编制招标文件。

1. 招标文件的内容

招标文件应当包括招标项目的技术要求、对投标申请人资格审查的标准、投标报价要求和评标标准等所有实质性要求和条件以及拟签订合同的主要条款。国家对招标项目的技术、标准有规定的，招标人应当按照其规定在招标文件中提出相应要求。招标项目需要划分标段、确定工期的，招标人应当合理划分标段、确定工期，并在招标文件中载明。

一般情况下，招标文件应当包括下列内容。

（1）投标须知，包括：工程概况，招标范围，资格审查条件，工程资金来源或者落实情况（包括银行出具的资金证明），标段划分，工期要求，质量标准，现场踏勘和答疑安排，投标文件编制、提交、修改、撤回的要求，投标报价要求，投标有效期，开标的时间和地点，评标的方法和标准等。

（2）招标工程的技术要求和设计文件。技术要求主要说明工程现场的自然条件、施工条件及工程施工技术要求和采用的技术规范。

1）工程现场的自然条件。说明工程所处的位置、现场环境、地形、地貌、地质与水文条件、地震烈度、气温、雨雪、风向、风力等。

2）施工条件。说明建设用地面积，建筑物占地面积，场地拆迁及平整情况，施工用水、用电、通信情况，现场地下埋设物及其有关勘探资料等。

3）施工技术要求。主要说明施工的工期、材料供应、技术质量标准等有关规定，以及工程管理中对分包、各类工程报告、测量、试验、施工机械、工程记录、工程检验、施工安装、竣工资料的要求等。

4）技术规范。一般可采用国际国内公认的标准及施工图中规定的施工技术要求。技术规范是检验工程质量的标准和质量管理的依据，招标人对这部分文件的编写应特别地重视。

（3）采用工程量清单招标的，应当提供工程量清单。

（4）投标函的格式及附录。

（5）拟签订合同的主要条款。

（6）要求投标申请人提交的其他材料。

关于招标文件的编制可参见 2.4 节。

2. 招标文件的发出

根据上述规定，招标人应向合格的投标申请人发出招标文件。发出招标文件时，可适当收取工本费和设计文件押金。投标申请人收到招标文件、图纸和有关资料后，应认真核对，核对无误后，应以书面形式予以确认。

《招标投标法》规定，招标人不得向他人透露已获取招标文件的潜在投标人的名称、数量以及可能影响公平竞争的有关招标投标的其他情况。

2.2.3.5　编制工程标底

1. 标底的概念

标底是指招标人根据招标项目的具体情况，依据国家统一的工程量计算规则、计价依据和计价办法计算出来的工程造价，是招标人对建设工程的预期价格。标底可由招标人自行编制或委托具有标底编制资格和能力的代理机构编制。招标人设有标底的，在开标前必须保密。工程标底是招标人控制投资、掌握招标项目造价的重要手段，工程标底在计算时要力求做到科学合理、计算准确。一个招标工程只能编制一个标底。评标委员会应当按照招标文件确定的评标标准和方法，对投标文件进行评审和比较，并对评标结果签字确认；设有标底的，应当参考标底。

2. 标底的作用

（1）标底是投资方和上级主管部门核实建设规模的依据；

（2）标底是衡量投标单位报价的准绳；

（3）标底是评标的重要尺度。

3. 编制标底应遵循的原则

（1）根据设计图纸及有关资料、招标文件，参照国家规定的技术、经济标准定额及规范，确定工程量和编制标底；

（2）标底价格应由成本、利润、税金组成，一般应控制在批准的总概算及投资包干的限额内，标底的计价内容、计价依据应与招标文件一致；

（3）标底价格作为建设单位的期望计划价格，应力求与市场的实际变化吻合，要有利于实现竞争和保证工程质量；

（4）标底应考虑人工、材料、机械等变动因素，还应包括施工不可预见费和措施费等；

（5）根据我国现行的工程造价计算方法，并考虑到向国际惯例靠拢，提倡优质优价；

（6）一个工程只能编制一个标底；

（7）标底必须经招标投标办事机构审定；

（8）标底审定后必须及时妥善封存、严格保密、不得泄露。

4. 编制标底的依据

（1）经有关方面审批的初步设计和概算投资等文件；

（2）已经批准的招标文件；

（3）工程施工图纸、工程量计算规则；

（4）施工现场的水文、地质、地上情况的资料；

（5）施工方案或施工组织设计；

（6）现行的工程预算定额（或计价表）、工期定额、工程项目计价类别和取费标准；

（7）国家和地方有关价格调整的文件规定；

（8）招标时建筑安装材料和设备的市场价格。

5. 标底文件的内容

（1）标底的综合编制说明：主要说明编制依据、标底包括和不包括的内容、其他费用（如包干费、技术费、分包工程项目交叉作业费等）的计算依据、需要说明的其他问题等。

（2）标底价格审定书、标底价格计算书、带有价格的工程量清单、现场因素、各种施工措施费的测算明细以及采用固定价格工程的风险系数测算明细。

（3）主要材料用量：包括钢材、木材、水泥等主要材料的总用量及单方用量。

（4）标底附件：如交底纪要、材料和设备的价格来源、现场的水文地质资料、编制标底价格所依据的施工方案或施工组织设计。

6. 标底的编制方法

（1）工料单价法：是根据施工图纸及技术说明，按照预算定额规定的分部分项工程子目，逐项计算出工程量，再套用相应项目定额（或单位估价表）单价确定定额直接费，然后按照规定的费用定额确定其他直接费、现场经费、间接费、计划利润和税金，还要加上材料调价系数和适当的不可预见费，汇总后即可作为工程标底价格的基础。

（2）综合单价法：按工料单价法中的工程量计算方法计算出工程量后，应确定其各分项工程的单价，其包括人工费、材料费、机械费、管理费、材料调价、利润、税金以及采用固定价格的风险金等全部费用，即称之为综合单价。综合单价确定后，再与各分项工程量相乘汇总，加上设备总价、现场因素、措施费等，即可得到标底价格。如发包人要求增报保险费和暂定金的，标底中应包含。

7. 标底审核

标底编制完成后必须报经招标投标办事机构审核、确定、批准。核准后的标底文件及标底总价，由招标投标办事机构负责向招标人进行交底，密封后，由招标人取回保管。核准后的标底总价为招标工程的最终标底价，未经招标投标办事机构同意，任何人无权改变。标底文件及标底总价，自编制之日起至公布之日应严格保密。

2.2.3.6 编制招标控制价

1. 招标控制价的概念

招标控制价是指招标人根据国家或省级行业建设主管部门颁发的有关计价依据和办法，以及拟定的招标文件和招标工程量清单，结合工程具体情况编制的招标工程的最高投标限价。国有资金投资的工程建设项目应实行工程量清单招标，并应编制招标控制价。

2. 招标控制价的编制原则

（1）中国对国有资金投资项目的投资控制实行的是投资概算审批制度，国有资金投资的工程原则上不能超过批准的投资概算。因此，在工程招标发包时，当编制的招标控制价超过批准的概算，招标人应当将其报原概算审批部门重新审核。

（2）国有资金投资的工程进行招标，根据《中华人民共和国招标投标法》的规定，招标人可以设标底。当招标人不设标底时，为有利于客观、合理的评审投标报价和避免哄抬标价，造成国有资产流失，招标人应编制招标控制价。《中华人民共和国招标投标法实施条例》第二十七条规定："招标人可以自行决定是否编制标底。一个招标项目只能有一个标底。标底必须保密。 接受委托编制标底的中介机构不得参加受托编制标底项目的投标，也不得为该项目的投标人编制投标文件或者提供咨询。招标人设有最高投标限价的，应当在招标文件中明确最高投标限价或者最高投标限价的计算方法。招标人不得规定最低投标限价。"

（3）国有资金投资的工程，招标人编制并公布的招标控制价相当于招标人的采购预算，同时要求其不能超过批准的概算，因此，招标控制价是招标人在工程招标时能接受投标人报价的最高限价。国有资金中的财政性资金投资的工程在招标时还应符合《中华人民共和国政府采购法》相关条款的规定。如该法第三十六条规定："在招标采购中，出现下列情形之一的，应予废标……（三）投标人的报价均超过了采购预算，采购人不能支付的。"所有国有资金投资的工程，投标人的投标报价不能高于招标控制价，否则，其投标将被拒绝。

3. 招标控制价的作用

（1）招标人有效控制项目投资，防止恶性投标带来的投资风险。

（2）增强招标过程的透明度，有利于正常评标。

（3）利于引导投标方投标报价，避免投标方无标底情况下的无序竞争。

（4）招标控制价反映的是社会平均水平，为招标人判断最低投标价是否低于成本提供参考依据。

（5）可以为工程变更新增项目确定单价提供计算依据。

（6）作为评标的参考依据，避免出现较大偏离。

（7）投标人根据自己的企业实力、施工方案等报价，不必揣测招标人的标底，提高了市场交易效率。

（8）减少了投标人的交易成本，使投标人不必花费人力、财力去套取招标人的标底。

（9）招标人把工程投资控制在招标控制价范围内，提高了交易成功的可能性。

2.2.3.7　踏勘现场和答疑

1. 踏勘现场

踏勘现场是指招标人组织投标申请人对工程现场场地和周围环境等客观条件进行的现场勘察，招标人根据招标项目的具体情况，可以组织投标申请人踏勘项目现场。投标人到现场调查，可进一步了解招标人的意图和现场周围的环境情况，以获取有用的信息并据此做出是否投标或投标策略以及投标报价。招标人应主动向投标申请人介绍所有施工现场的有关情况。

投标申请人对影响工程施工的现场条件进行全面考察，包括经济、地理、地质、气候、法律、环境等情况，对工程项目一般应至少了解下列内容：

（1）施工现场是否达到招标文件规定的条件；

（2）施工的地理位置和地形、地貌、管线设置情况；

（3）施工现场的地质、土质、地下水位、水文等情况；

（4）施工现场的气候条件，如气温、湿度、风力等；

（5）现场的工作条件，如交通、供水、供电、污水排放等；

（6）临时用地、临时设施搭建等，即工程施工过程中临时使用的工棚，堆放材料的库房等，以及这些设施所占的地方等。

投标人在踏勘现场中如有疑问，应在招标人答疑前以书面形式向招标人提出，以便于得到招标人的解答。投标人踏勘现场发现的问题，招标人可以书面形式答复，也可以在投标预备会上解答。

2. 答疑

答疑一般采取书面形式进行，必要时也可召开招标文件答疑会。投标人对招标文件的疑问，勘察现场的疑问等，都可以在答疑会上得到澄清。答疑会结束后，由招标人整理会议记录和解答内容（包括会上口头提出的询问和解答），并以书面形式将所有问题及解答内容在投标截止日 15 天前向所有获得招标文件的投标人发放。

2.2.3.8 投标文件的签收

投标文件的编制参见第 3 章。

投标人应当在招标文件要求提交投标文件的截止时间前，将投标文件密封并送达招标文件规定的地点。招标人收到投标文件后，应当向投标人出具标明签收人和签收时间的凭证，并妥善保存投标文件。在开标前，任何单位和个人均不得开启投标文件。在招标文件要求提交投标文件的截止时间后送达的投标文件，为无效的投标文件，招标人应当拒收。

为了保证充分竞争，对于投标人少于 3 个的，必须重新招标。

2.2.3.9 开标、评标与定标

1. 开标

所谓开标，就是投标人提交投标截止时间后，由招标人主持，邀请所有投标人参加。招标人依据招标文件规定的时间和地点，开启投标人提交的投标文件，公开宣布投标人的名称、投标价格及投标文件中的其他主要内容。开标应当在招标文件确定的提交投标文件截止时间的同一时间公开进行，开标地点也应当为招标文件中预先确定的地点。

开标时，由投标人或者其推选的代表检查投标文件的密封情况，也可以由招标人委托的公证机构检查并公证；经确认无误后，由工作人员当众拆封，宣读投标人名称、投标价格和投标文件的其他主要内容。招标人在招标文件要求提交投标文件的截止时间前收到的所有有效投标文件，开标时都应当当众予以拆封、宣读。开标过程应当记录，并存档备查。

在开标时，投标文件出现下列情形之一的，应当作为无效投标文件，不得进入评标：

（1）投标文件未按照招标文件的要求予以密封的；

（2）投标文件中的投标函未加盖投标人的企业及企业法定代表人印章的，或者企业法定代表人委托代理人没有合法、有效的委托书（原件）及委托代理人印章的；

（3）投标文件的关键内容字迹模糊、无法辨认的；

（4）投标人未按照招标文件的要求提供投标保函或者投标保证金的；

（5）组成联合体投标的，投标文件未附联合体各方共同投标协议的。

2. 评标

评标应由招标人依法组建的评标委员会负责。对于依法必须进行招标的项目，评标委员会由招标人代表和有关技术、经济等方面的专家组成。专家成员人数为五人以上单数，其中技术、经济方面的专家不得少于成员总数的2/3。省、自治区、直辖市和地级以上城市（包括地、州、盟）建设行政主管部门，应当在建设工程交易中心建立评标专家库。评标专家须由从事相关领域工作满八年，并具有高级职称或者具有同等专业水平的工程技术、经济管理人员担任，并实行动态管理。评标专家库应当拥有相当数量符合条件的评标专家，并可以根据需要，按照不同的专业和工程分类设置专业评标专家库。一般招标项目的评标委员会专家可采取随机抽取方式，特殊项目由招标人直接确定。工程招标投标监督管理机构依法实施监督。专家评委与该工程的投标单位不得有隶属或者其他利害关系。专家评委在评标活动中有徇私舞弊、显失公正行为的，应当取消其评委资格。

评标可以采用合理低标价法和综合评议法。具体评标方法由招标单位决定，并在招标文件中载明。对于大型或者技术复杂的工程，可以采用技术标、商务标两阶段评标法。评标委员会可以要求投标单位对其投标文件中含义不清的内容做必要的澄清或者说明，但其澄清或者说明不得更改投标文件的实质性内容。任何单位和个人不得非法干预或者影响评标的过程和结果。

招标人应当采取必要的措施，保证评标在严格保密的情况下进行。任何单位和个人不得非法干预、影响评标的过程和结果。评标委员会应当按照招标文件确定的评标标准和方法，对投标文件进行评审和比较。评标分为初步评审和详细评审两个阶段进行，对投标文件审查分为重大偏差和细微偏差。评标委员会完成评标后，应当向招标人提出书面评标报告。评标报告应包括下列主要内容：

（1）招标情况，包括工程概况、招标范围和招标的主要过程；

（2）开标情况，包括开标的时间、地点、参加开标会议的单位和人员，以及唱标等情况；

（3）评标情况，包括评标委员会的组成人员名单，评标的方法、内容和依据，对各投标文件的分析论证及评审意见；

（4）对投标人的评标结果排序，并提出中标候选人的推荐名单。

评标报告须经评标委员会全体成员签字确认。

3. 定标

招标人应当根据评标委员会的评标报告，从其确定的中标候选人名单中确定中标人，也可以授权评标委员会直接定标。实行合理低标价法评标的，在满足招标文件各项要求的前提下，投标报价最低的投标人应当为中标人，但评标委员会可以要求其对保证工程质量和降低工程成本拟采用的技术措施等做出说明，并据此提出评价意见，供招标人定标时参考；实行综合评议法评标的，得票最多或者得分最高的投标人应当为中标人。

招标人未按照推荐的中标候选人排序确定中标人的，应当在其招标投标情况的书面报告中说明理由。评标委员会经评审，认为所有的投标都不符合招标文件要求的，可以否决所有投标。依法须进行招标的项目的所有投标被否决的，招标人应当重新招标。在确定中标人前，中标人不得与投标人就投标价格、投标方案等实质性内容进行谈判。

在评标委员会提交评标报告后，招标人应当在招标文件规定的时间内完成定标。定标后，招标人必须向中标人发出《中标通知书》。《中标通知书》的实质内容应当与中标人投标文件的内容相一致。

2.2.3.10　签订合同

招标人和中标人应当自中标通知书发出之日起30日内，按照招标文件和中标人的投标文件订立书面合同，合同价应当与中标价相一致，招标人和中标人不得再行订立背离合同实质性内容的其他协议。

签订合同应依据《中华人民共和国合同法》、有关法律法规和招标文件、中标的投标文件，以及中标通知书。招标人与中标人不得通过合同谈判改变原招标文件、投标文件的实质性内容，或含有与国家现行的法律法规相抵触的内容。招标人和中标人合同谈判的洽谈纪要（如有时）应作为工程施工合同的组成部分。

招标文件要求中标人提交履约担保的，中标人应在规定的时间内按招标文件的规定提交；同时，招标人应向中标人提交同等数额的工程款支付担保。提交履约担保后，招标人将中标结果通知所有未中标的投标人，并退回投标保证金（无息，投标保证金一般定为投标报价的2%）。因违反规定被没收的投标保证金不予退回（如有时）。

中标后，除不可抗力外，中标人不与招标人订立合同的，投标保证金不予退还并取消其中标资格，给招标人造成的损失超过投标保证金数额的，应当对超过部分予以赔偿；没有提交投标保证金的，应当对招标人的损失承担赔偿责任。招标人拒绝与中标人签订合同的，应当双倍返还其投标保证金，并赔偿相应的损失。

2.3　建设工程其他项目招标

2.3.1　建设工程勘察设计招标

2.3.1.1　建设工程勘察设计招标概述

1. 建设工程勘察设计招标范围

（1）设计招标。

1）一般是施工图设计招标。对技术条件复杂而又缺乏设计经验的项目，可根据实际情况在初步设计阶段后再增加技术设计阶段。招标单位可以将某一阶段的设计任务或几个阶段的设计任务通过招标方式发包，委托选定的设计单位实施。

2）设计方案竞选。大中型项目的设计分三个阶段：方案设计、初步设计和施工图设计。城市建筑设计实行方案竞选制。

（2）勘察招标。勘察工作可以单独发包，也可与设计一起发包。相对而言，勘察与设计一起发包较为有利。

2. 建设工程勘察设计招标条件

（1）具有经过审批机关批准的设计任务书或项目建议书。

（2）具有国家规划部门划定的项目建设地点、平面布置图和用地红线图。

（3）具有开展设计必需的可靠的基础资料，包括：建设场地的工程地质、水文地质初步勘察资料或有参考价值的场地附近的工程地质、水文地质详细勘察资料；水、电、燃气、供热、环保、通信、市政道路等方面的基础资料；符合要求的地形图等。

（4）成立了专门的招标工作机构，并有指定的负责人。

（5）有设计要求说明等。

3. 建设工程勘察设计招标方式

建筑工程勘察设计招标可以采取公开招标或者邀请招标方式。

公开招标方式，即由招标单位通过报刊、广播、电视等媒体公开发布招标广告。邀请招标方式，即由招标单位向有能力、具备资质条件的勘察设计单位直接发出招标通知书。公开招标和邀请招标都必须在三个以上的投标单位中进行。

一般的民用建筑或中小型工业项目都采用通用的规范设计，为了提高设计水平，可以打破地域和部门界限，采用公开招标方式。而对专业性较强的大型工业建筑设计，限于专业特点和生产工艺流程等要求，以及对目前国内外先进技术的了解等方面的要求，则只能在行业内的勘察设计单位中通过邀请招标的方式选择实施单位。对于少数特殊工程或偏僻地区的小工程，一般勘察设计单位不愿参与竞争时，可以由项目主管部门或当地政府指定投标单位，以议标的方式委托勘察设计任务。

4. 建设工程勘察设计招标程序

根据工程项目规模以及招标方式不同，各建设项目勘察设计招标的程序繁简程度也不尽相同。国家有关建设相关法规规定了如下公开招标程序，采用邀请招标方式时可以根据具体情况进行适当变更或酌减。

（1）招标人编制招标文件；

（2）招标人发布招标广告或发出招标邀请书；

（3）投标人购买或领取招标文件；

（4）投标人报送申请书；

（5）招标人对投标人进行资质条件审查；

（6）招标人组织投标人踏勘现场，解答招标文件中的问题；

（7）投标人确定设计主导思想、进行设计方案的编制、编写投标文件；

（8）投标人按规定时间密封报送投标书；

（9）招标人当众开标，组织评标，确定中标人，发出中标通知书；

（10）招标人与投标人签订合同。

2.3.1.2 建设工程勘察设计招标的主要工作

1. 建设工程勘察设计招标的准备

招标人决定进行勘察设计招标后，首先要成立招标组织机构，具体负责办理招标工作的有关事宜。如果招标人不具备独立组织招标活动的能力，可委托具有与工程项目相适应的资质条件的专业咨询机构代理。采取这种做法可使招标人节省大量的人力和时间。招标组织机构内，除了必要的一般工作人员外，还应包括懂法律、技术和经济的有关专家，由他们来组织和领导招标工作的进行。

2. 建设工程勘察设计招标文件的编制

勘察设计招标文件是指导勘察设计单位进行正确投标的依据，也是对投标人提出要求的文件。招标文件一旦发出，招标人不得擅自修改。如果确需修改时，应以补充文件的形式将修改内容在提交投标文件截止日期 15 日前，书面通知每个招标文件收受人。补充文件与招标文件具有同等的法律效力。若因修改招标文件给投标人造成经济损失时，招标人还应承担赔偿责任。

（1）招标文件的主要内容。

1）投标须知。包括工程名称、地址、竞选项目、占地范围、建筑面积和竞选方式等；

2）依据的文件。包括经过批准的设计任务书、项目建议书或可行性研究报告及有关审批文件的复印件；

3）项目说明书。包括对工程内容、勘察设计范围或深度、图纸内容、张数和图幅、建设周期和设计进度等方面的内容，并告知工程项目建设的总投资限额；

4）拟签订合同的主要条款和要求；

5）基础资料。包括可供参考的工程地质、水文地质、工程测量等建设场地勘察成果报告；供水、供电、供气、供热、环保、市政道路等方面的基础资料；城市规划管理部门确定的规划控制条件和用地红线图；设计文件的审查方式；

6）招标文件答疑、组织现场踏勘和召开标前会议的时间和地点；

7）投标文件送达的截止时间；

8）投标文件编制要求及评标原则；

9）未中标方案的补偿办法；

10）招标可能涉及的其他有关内容。

（2）设计要求文件的编制。

在招标文件中，最重要的文件是对项目的设计提出明确要求的"设计要求文件"或"设计大纲"。"设计要求文件"通常由咨询机构（含监理公司）从技术、经济等方面考虑后具体编写，作为设计招标的指导性文件。文件内容大体包括以下内容：

1）设计文件编制的依据；

2）国家有关行政主管部门对规划方面的要求；

3）技术经济指标要求；

4）平面布置要求；

5）结构形式的要求；

6）结构设计的要求；

7）设备设计的要求；

8）特殊工程方面的要求；

9）有关其他方面的要求，如环境、防火等。

由咨询机构准备的设计要求文件须经招标人的批准。如果不满足要求，应重新核查设计原则，修改设计要求文件。设计要求文件的编制应兼顾以下三个方面：

1）严格性。文字表达应清楚，不被误解；

2）完整性。任务要求全面，不遗漏；

3）灵活性。为设计单位设计发挥创造性留有充分的自由度。

3. 资格审查

根据招标方式和招标内容的不同，招标人对投标人资格审查的方式也不同。如采用公开招标时，一般可采取资格预审的方式，由投标人递交资格预审文件，招标人通过综合对比分析各投标人的资质、信誉、经验等，确定出候选人参加勘察设计的投标工作。如采用邀请招标，则会简化以上过程，由投标人将资质状况反映在投标文件中，与投标书共同接受招标人的评判。但无论是公开招标时对投标人的资格预审，还是邀请招标时对投标人的资格后审，审查内容是基本相同的，一般包括对投标人的资质审查、能力审查和经验审查三个方面。

（1）资质审查。资质审查主要是检查投标人的资质等级和可承接项目的范围，检查投标人所持有的勘察和设计资质证书等级是否与拟建工程项目的级别相一致，不允许无资格证书或低资格单位越级承接工程勘察、设计业务。

（2）能力审查。能力审查包括投标单位设计人员的技术力量和所拥有的技术设备两方面的审查。设计人员的技术力量主要考察设计负责人的资质能力和各类设计人员的专业覆盖面、人员数量、各级职称人员的比例等是否满足完成工程设计任务的需要。设备能力主要审查开展正常勘察或设计任务所需的器材和设备，在种类和数量等方面是否满足要求。

（3）经验审查。通过审查投标人报送的最近几年所完成的工程项目设计一览表，包括工程名称、规模、标准、结构形式、设计期限等内容，评定其设计能力和设计水平。重点考察已完成过的设计项目与招标工程在规模、性质、形式等方面是否相适应，即判断投标人有无类似工程的设计经验。

招标人对其他关注的问题，也可以要求投标申请人报送有关材料，作为资格预审的内容。资格预审合格的申请单位可以参加设计投标竞争。对不合格者，招标人也应及时发出通知。

4. 评标、定标

招标人邀请有关部门的代表和专家组成评标委员会，通过对各标书的评审写出综合评标报告，向招标人推荐 1~3 个中标候选人，并排出顺序。招标人根据评标委员会的评标报告和推荐的中标候选人，在签订合同前，与推荐的中标候选人进行会谈，就评标时发现的问题探讨改正或补充原投标方案，或将其他投标人的某些设计特点融入该设计方案中的可能性等问题进行探讨协商，最终确定中标人。为了保护非中标人的权益，如果使用非中标人方案的部分设计成果时，须先征得其同意后实行有偿转让。

设计评标时侧重考虑以下几个方面：

（1）设计方案的优劣。设计方案评审的内容主要包括：

1）设计指导思想是否正确；

2）设计方案是否反映了国内外同类工程项目较先进的水平；

3）总体布置的合理性和科学性，场地利用系数是否合理；

4）设备选型的适用性；

5）主要建筑物、构筑物的结构是否合理，选型是否美观大方，是否与环境相协调；

6）"三废"治理方案是否有效；

7）其他有关问题。

（2）投入产出和经济效益的好坏。

1）建设标准是否合理；

2）投资估算是否超过投资限额；

3）先进工艺流程可能带来的投资回报；

4）实现该方案可能需要的外汇估算等。

（3）设计进度的快慢。评价投标书内的设计进度计划，能否满足招标人制定的项目建设总进度计划要求。大型复杂的工程项目为了缩短建设周期，初步设计完成后进行施工招标，在施工阶段陆续提供施工详图。此时，应重点审查设计进度是否能满足施工进度要求，避免延误施工。

（4）设计资历和社会信誉。没有设置资格预审的邀请招标，在评标时还要对设计人的设计资历和社会信誉进行评审，作为对各投标人的比较内容之一。

（5）报价的合理性。在方案水平相当的投标人之间再进行设计报价的比较，不仅评定总价，还应审查各分项取费的合理性。

自发出招标文件到开标的时间，最长不得超过半年。自开标、评标至确定中标人的时间，一般不得超过半个月。确定中标人后，双方应在1个月内签订设计合同。

勘察投标书的评审主要评审以下几个方面：勘察方案是否合理；勘察技术水平是否先进；各种所需的勘察数据能否准确可靠；报价是否合理。

2.3.2 建设工程监理招标

2.3.2.1 建设工程监理招标概述

1. 建设工程监理招标的概念

1988年7月25日，建设部颁发的《关于开展建设监理工作的通知》，标志着我国工程建设监理的起步。经过十多年的努力，建设工程监理已成为我国工程建设项目普遍采用的管理方式，逐步实现了产业化、标准化和规范化，并快速向国际监理水准迈进。

建设工程监理常简称为建设监理。监理就是有关执行者根据一定的行为准则，对某些或某种行为进行监督和管理、约束和协调，使这些行为符合原则的要求并协助行为主体实现其行为目的。构成监理需要具备基本条件，即应当有"执行者"——监理的组织；应当有"准则"——实施监理的依据；应当有明确的被监理"行为"——监理的具体内容；应当有明确的"行为主体"——监理的对象；应当有明确的监理目的——行为主体和监理执行者共同的最终追求；应当有监理的方法和手段，否则监理就无法组织实施。建设工程监理是指具有相应资质的监理单位受工程项目建设单位的委托，依据国家有关工程建设的法律、法规，经建设主管部门批准的工程项目建设文件、建设工程委托监理合同及其他建设工程合同，对工程建设实施的专业化监督管理。实行建设工程监理制度，目的在于提高工程建设的投资效益和社会效益，使工程项目能够在预定的投资、进度和质量目标内完成。

2. 建设工程监理招标的特点

监理招标的标的是"监理服务"，与工程项目建设中其他各类招标的最大区别表现为监理单位不承担物质生产任务，只是受招标人委托对生产建设过程提供监督、管理、协调、咨询等服务。鉴于标的的特殊性，招标人选择中标人的基本原则是"基于能力的选择"。

（1）招标的宗旨是对监理单位能力的选择。监理服务是监理单位的高智能投入，服务工作完成得好坏不仅依赖于监理业务是否遵循了规范化的管理程序和方法，更多地取决于参与监理工作人员的业务专长、经验、判断力、创新力，以及风险防范意识。因此，监理招标鼓励的是能力竞争，而不是价格竞争。如果对监理单位的资质和能力不给予足够的重视，只依据价格高低确定中标人，就忽视了高质量服务，报价最低的投标人不一定是最能胜任工作者。

（2）报价在选择中居于次要地位。工程项目的施工和物资供应招标选择中标人的原则是，在技术上达到要求标准的前提下，主要考虑价格的竞争性。而监理招标对能力的选择放在第一位，因为当价格过低时监理单位很难把招标人的利益放在第一位，为了维护自己的经济利益采取减少监理人员数量或多派业务水平低、工资低的人员，其后果必然给工程项目带来损害。另外，监理单位提供高质量的服务，往往能使招标人获得节约工程投资和提前投产的实际效益，因此，过多考虑报价因素得不偿失。但从另一角度来看，服务质量与价格之间应有相应的平衡关系，所以招标人应在能力相当的投标人之间再进行价格比较。

（3）邀请投标人较少。选择监理单位一般采用邀请招标，且邀请数量以 3 ~ 5 家为宜。因为监理招标是对知识、技能和经验等方面综合能力的选择，每一份标书内都会提出具有独特见解或创造性的实施建议，但又各有长处和短处。如果邀请过多投标人参与竞争，不仅要增大评标工作量，而且定标后还要给予未中标人以一定补偿费，与在众多投标人中好中求好的目的比较，往往产生事倍功半的效果。

3. 建设工程监理招标的范围

建设监理制度是我国基本建设领域的一项重要制度，目前属于强制推行阶段。根据国务院颁布的《建设工程质量管理条例》和建设部颁布的《建设工程监理范围和规模标准规定》，下列工程必须实施建设监理。

（1）国家重点建设工程。指依据《国家重点建设项目管理办法》所确定的对国民经济和社会发展有重大影响的骨干项目。

（2）大中型公用事业工程。指项目总投资额在 3 000 万元以上的供水、供电、供气、供热等市政工程项目，科技、教育、文化等项目，体育、旅游、商业等项目，卫生、社会福利等项目，其他公用事业项目。

（3）成片开发建设的住宅小区工程。建筑面积在 5 万平方米以上的住宅建设工程必须实行监理，5 万平方米以下的住宅建设工程可以实行监理，具体范围和规模标准，由建设行政主管部门规定，对高层住宅及地基、结构复杂的多层住宅应当实行监理。

（4）利用外国政府或者国际组织贷款、援助资金的工程。指使用世界银行、亚洲开发银行等国际组织贷款资金的项目，或使用国外政府及其机构贷款资金的项目，或使用国际组织或者国外政府援助资金的项目。

（5）国家规定必须实行监理的其他工程。指项目总投资额在 3 000 万元以上的关系社会公共利益、公众安全的基础设施项目和学校、影剧院、体育场馆项目。

《工程建设项目招标范围和规模标准规定》要求，监理单位监理的单项合同估算价在 50 万元以上的，或单项合同估算价低于规定的标准，但项目总投资额在 3 000 万元以上的项目必须进行监理招标。

4. 建设工程监理招标的方式

建设工程监理招标一般实行公开招标或邀请招标两种方式。招标人采用公开招标方式的，应在当地建设工程交易中心或指定的报刊等媒介上发布招标公告。招标人采用邀请招标方式的，应当向三个或三个以上具备资质条件的特定监理单位发出邀标通知书。

招标公告和邀标通知书应当载明招标人的名称和地址、招标项目的性质和数量、实施地点和时间以及获取招标文件的办法等事项。

5.建设工程监理招标的程序

（1）招标人组建项目管理机构，确定委托监理的范围，若自行办理招标事宜的，应在招标投标办事机构办理备案手续；

（2）编制招标文件；

（3）发布招标公告或发出邀标通知书；

（4）招标人向投标人发出投标资格预审通知书，对投标人进行资格预审；

（5）招标人向投标人发售招标文件，投标人组织编写投标文件；

（6）招标人组织必要的答疑、现场勘察、解答投标人提出的问题，编写答疑文件或补充招标文件等；

（7）投标人递送投标书，招标人接受投标书；

（8）招标人组织开标、评标、定标；

（9）招标人确定中标单位后，向招标投标管理机构提交招标投标情况的书面报告；

（10）招标人向投标人发出中标或者未中标通知书；

（11）招标人与中标人进行谈判，订立委托监理书面合同；

（12）投标人报送监理规划，实施监理工作。

2.3.2.2 建设工程监理招标的主要工作

1.选择委托监理的内容和范围

由于建设监理发包的工作内容和范围遍布整个项目建设的全过程，因此，在选择监理单位前，应首先确定委托监理的工作内容和范围，既可以将整个项目的建设过程委托给一个监理单位来完成，也可以按不同阶段的工作内容或不同合同的内容分别交给几个监理单位来完成。在划分合同包的工作内容和范围时，通常应考虑以下几方面的因素：

（1）工程规模。中小型工程项目，有条件时可将全部监理工作委托一个单位；大型或复杂工程，则应按设计、施工等不同阶段和工作内容的专业性分别委托给几家监理单位。

（2）工程项目的专业特点。不同的施工内容对监理人员的素质、专业技能和管理水平的要求也不同，所以在大型或复杂工程的建设阶段，划分监理工作范围时应充分考虑不同工作内容的要求，如将土建与安装工程分开招标。若有特殊专业技能要求时，如特殊基础处理工程，可将其工作从土建中分离出去单独招标。

（3）合同履行的难易程度。由于建设期间，招标人与有关承包商或材料供应商所签订的经济合同较多，对于较易履行的合同，监理工作可并入某项监理工作的委托内容之中，或者不必委托监理，如一般建筑材料供销合同的履行监督、管理等可并入施工监理的范围内；而设备制造加工合同需委托专门的监理单位。

（4）招标人的管理能力。当招标人的技术能力和管理能力较强时，项目实施阶段的某些工作内容也可以由自己来承担，如施工前期的现场准备工作等。

2. 建设工程监理招标文件的编制

监理招标实际上是征询投标人实施监理工作的方案建议。为了指导投标人正确编制投标书，招标文件的编制应包括几个方面内容，并提供必要的资料。

（1）投标须知。

1）工程项目综合说明。包括项目的主要建设内容、规模、工程等级、地点、总投资、现场条件、开工竣工日期；

2）委托的监理范围和监理业务；

3）投标文件的格式、编制、递交；

4）无效投标文件的规定；

5）投标起止时间、开标、评标、定标时间和地点；

6）招标文件、投标文件的澄清与修改；

7）评标的原则等。

（2）合同条件。包括监理费报价、投标人的责任、对投标人的资质和现场监理人员的要求以及招标人的交通、办公和食宿条件等。

（3）招标人提供的现场办公条件。包括交通、通信、住宿、办公用房等。

（4）对监理单位的要求。包括对现场监理人员、检测手段、工程技术难点等方面的要求。

（5）有关技术要求。

（6）必要的设计文件、图纸和有关资料。

（7）其他事项。

3. 资格预审

招标人根据项目的特点确定了委托监理工作范围后，即应开始选择合格的监理单位。监理单位受招标人委托进行工程建设的监理工作，通过自己的知识和技能为建设单位提供技术咨询和服务工作，这与设计、施工等承包经营活动有本质的区别。因此，衡量监理单位能力的标准应该是技术第一，其他因素从属于技术标准。

目前国内监理招标大多采用邀请招标，招标人的项目管理机构在招标时根据项目的需要和对有关监理公司的了解，初选3~10家公司，分别邀请它们来进行委托监理任务的意向性洽谈，重要项目和大型项目才会核发资格预审文件。洽谈时，首先向对方介绍拟建项目的简单概况、监理服务的要求、监理工作范围、拟委托的权限和要求达到的目的等情况，并听取对方就该公司业务情况的介绍，然后请其对该监理公司资质证明文件中的有关内容作进一步的说明。

监理招标的资格预审的目的是总体考察监理单位资质和能力是否与拟建设项目特点相适应，审查的重点应侧重于投标人的资质、能力和资源、经验、社会信誉等方面。

（1）资质审查。资质审查主要是检查投标人的资质等级和可承接项目的范围，检查投标人所持有的监理资质证书等级是否与拟建工程项目的级别相一致，不允许无资格证书或低资格单位越级承接工程监理业务。还需审查监理单位的营业执照和注册范围，监理单位与施工单位和材料供应商是否有行政隶属关系和其他经济合作关系。

（2）能力和资源审查。能力和资源审查包括投标单位监理人员的技术力量、所拥有的技术设备和计算机信息化管理能力等方面的审查。监理人员的技术力量主要考查技术负责人和总监的资质能力和各类技术人员的专业覆盖面、人员数量、各级职称人员的比例等是否满足完成工程监理任务的需要。设备能力主要审查开展正常监理任务所需的检测仪器和设备，在种类和数量等方面是否满足要求。计算机信息化管理能力主要审查已拥有的计算机管理软件是否先进，能否满足监理工作的需要。

（3）经验审查。通过审查投标人报送的最近几年所完成和正在完成的工程监理项目一览表，包括工程名称、规模、标准、结构形式、建设周期等内容，评定其监理能力和水平。重点考察已完成过的监理项目与招标工程在规模、性质、形式等方面是否相适应，即判断投标人有无类似工程的监理经验。

（4）社会信誉。主要审查监理单位在专业方面的名望和地位；在以往服务的工程项目中的信誉；是否能全心全意地和工程项目建设各参与方合作；是否有过由于失职和其他违法行为而被诉讼的记录，等等。

4. 开标

开标一般在当地的建设工程交易中心进行，由招标人或其代理人主持，招标投标办事机构有关人员参加。

在开标中，属于下列情况之一的，按照无效标书处理：

（1）投标书未在招标文件规定的投标截止时间内送达；

（2）投标书未按规定的方式密封；

（3）投标书未加盖单位公章和法定代表人印鉴；

（4）唱标时弄虚作假，更改投标书内容；

（5）投标书字迹难以辨认；

（6）监理费报价低于国家规定的下限。

在建设监理的招标中，主要看重的是监理单位的技术水平而非监理报价，并且经常采用邀请招标的方式，因此，有些招标不进行公开开标，也不宣布各投标人的报价。

5. 评标

（1）评标委员会组成。评标委员会应由招标人代表和技术、经济等方面的专家组成，一般为 5 人以上单数，其中专家不能少于成员组成的 2/3。评标委员会负责人由招标人代表担任，评标委员会成员的名单在中标结果确定前应当保密。

（2）对投标文件的评审。评标委员会对各投标书进行审查评阅，主要考察以下几方面的合理性：

1）投标人的资质。包括资质等级、批准的监理业务范围、主管部门或股东单位、人员综合情况等；

2）监理大纲；

3）拟派项目的主要监理人员（重点审查总监理工程师和主要专业监理工程师）；

4）人员派驻计划和监理人员的素质（通过人员的学历证书、职称证书和上岗证书反映）；

5）监理单位提供用于工程的检测设备和仪器，或委托有关单位检测的协议；

6）近几年监理单位的业绩及奖惩情况；

7）监理费报价和费用组成；

8）招标文件要求的其他情况。

在审查过程中对投标书不明确之处可采用澄清问题会的方式请投标人予以说明，并可通过与总监理工程师的会谈，考察他的风险意识、对招标人建设意图的理解、应变能力、管理目标的设定等的素质高低。

（3）评标方法。监理招标的评标方法一般采用专家评审法和综合评分法。

专家评审法是由评标委员会的专家分别就各投标书的内容充分地进行优缺点评论，共同讨论、比较，最终以投票的方式评选出最具有实力的监理单位。

监理评标的量化比较通常采用综合评分法对各投标人的综合能力进行对比。依据招标项目的特点设置评分内容和分值的权重。招标文件中说明的评标原则和预先确定的记分标准开标后不得更改，作为评标委员的打分依据。参见表 2-1。

表 2-1　施工监理招标的评分内容及分值分配

评审内容	分　值
投标人资质等级及总体素质	10 ~ 15
监理规划或监理大纲	10 ~ 20
监理机构:	
总监理工程师资格及业绩	10 ~ 20
专业配套	5 ~ 10
职称、年龄结构等	5 ~ 10
各专业监理工程师资格及业绩	10 ~ 15
监理取费	5 ~ 10
检测仪器、设备	5 ~ 10
监理单位业绩	10 ~ 20
企业奖惩及社会信誉	5 ~ 10
总　　计	100

从表 2-1 可以看出，监理招标的评标主要侧重于监理单位的资质能力，实施监理任务的计划和派驻现场监理人员的素质。

6. 定标

评标委员会完成评标后，应当向招标人提出书面评标报告，并推荐合格的中标候选人。评标委员会也可接受招标人委托，按得分高低直接确定中标单位。招标人确定中标单位后，应当向中标单位发出中标通知书，同时将中标结果通知所有未中标的投标人。

招标人和中标单位应当自中标通知书发出之日起的一定时间内，按照招标文件和中标单位的投标文件订立书面委托监理合同。在订立合同前，双方还要针对委托监理工程项目的特点进行合同谈判，就工程建设监理合同示范文本中的专用条款具体协商，一般包括工作计划、人员配备、业主方的投入、监理费的结算、调整等问题，双方在谈判达成一致的基础上签订委托监理合同。

2.3.3　建设工程物资采购招标

2.3.3.1　建设工程物资采购招标概述

1. 建设工程物资采购招标的概念和特点

建设工程物资主要是指与建设工程有关的建筑材料、建筑工程设备等，所以建设工程物资采购就是指建设工程材料和设备的采购，主要包括大宗建筑材料、定型批量生产的中小型设备、大型设备和特殊用途的大型非标准部件等的采购。

建设工程物资采购招标具有以下特点。

（1）大宗建筑材料或定型批量生产的中小型设备，其规格、性能、主要技术参数等都是通用指标，都应采用国家标准。采购大宗建筑材料或定型批量生产的中小型设备属于买卖合同，由于标的物的规格、性能、主要技术参数均为通用指标，因此在资格预审时认定投标人的质量保证条件，评标的重点应当是对各投标人的商业信誉、报价、交货期限等条件的比较。

（2）非批量生产的大型设备和特殊用途的大型非标准部件，既无通用的规格、型号等指标，也没有国家标准。订购非批量生产的大型设备、特殊用途的大型非标准部件属于承揽合同，招标评选时要对各投标人的商业信誉、加工制造能力、报价、交货期限和方式、安装（或安装指导）、调试、保修及操作人员培训等各方面条件进行全面的比较。

2. 建设工程物资采购范围和采购招标范围

建设工程物资采购的范围主要包括工程建设所需要的大量建筑材料、工具、用具、机械设备、水电设备等，在有些工程项目中，这些材料设备约占到工程建设投资的60%以上，其采购范围主要包括以下几类。

（1）工程用料。包括土建、水电设施及其他一切专业工程的用料。

（2）工程配套的机电设备。包括建筑工程中常用电梯、自动扶梯、备用电机、空气调节设备、水泵等。生产性的机械设备，如加工生产线等，则必须根据专门的工艺设计，组织成套设备供应、安装、调试、培训等。

（3）施工用料。包括一切周转用料，如模板、脚手架、工具、安全防护网等；消耗性用料，如焊条、电石、氧气、铁丝、钉类等。

（4）临时工程用料。包括工地的活动房屋或固定房屋的材料、临时水电和道路工程及临时生产加工设施的用料。

（5）施工机械。包括各类土方机械、打桩机械、混凝土搅拌机械、起重机械、钢筋焊接机械及其维护备件等。

（6）其他辅助办公和试验设备。包括办公家具、器具和仪器等。

建设工程物资采购招标的范围大体有以下几点：

（1）大型基础设施、公用事业等关系社会公共利益、公众安全的项目的重要设备、材料等的采购；

（2）全部或者部分使用国有资金投资或者国家融资的项目的重要设备、材料等的采购；

（3）使用国际组织或者外国政府贷款、援助资金的项目的重要设备、材料等的采购；

（4）竞争性项目等物资的采购，其招标范围另有规定；

（5）法律、法规另有规定的。

有下列情况之一的物资项目，可以不进行招标：

（1）采购的物资只能从唯一的供应商或制造商处获得；

（2）采购的物资可由需求方自己生产；

（3）采购的活动涉及国家安全和机密；

（4）法律、法规另有规定的。

3. 建设工程物资采购方式和采购招标方式

采购建设工程材料和设备时，选择供应商或制造商并与其签订物资购销合同或加工订购合同的方法有以下几种。

（1）招标选择供应商或制造商。这种方式适用于大批材料、较重要或较昂贵的大型机具设备、工程项目中的生产设备和辅助设备。招标人（建设单位或承包商）根据项目的要求，详细列出采购物资的品名、规格、数量、技术性能要求，招标人自己选定的交货方式、交货时间、支付货币和支付条件，以及采购物资的质量保证、检验、罚则、索赔和争议解决等合同条款作为招标文件，邀请有资格的供应商或制造商参加投标（也可采用公开招标方式），通过竞争择优签订购货合同。这种方式在招标程序上与施工招标基本相同。

（2）通过询价选择供应商或制造商。这种方式是采用询价——报价——签订合同的程序，即采购方对三家或三家以上的供货商就采购的物资进行询价，对报价经过比较后选择其中一家与其签订供货合同。这种方式实际上是一种议标的方式，一般适用于采购建筑材料或价值小的标准规格产品。

（3）直接订购。直接订购方式不能进行采购物资的质量和价格比较，因此，是一种非竞争性物资采购方式，一般适用于以下几种情况：

1）为了使设备或零配件标准化，向原供货商增加购货，以便适应现有设备；

2）所需设备具有专卖性质；

3）作为保证工程质量的条件，负责工艺的承包商要求从指定供货商处采购关键性部件；

4）为防止由于时间延误而增加开支，在特殊情况下，需要某些特定机电设备早日交货，可直接签订合同。

物资采购招标最常见的招标方式有国际竞争性招标、有限竞争性国际招标和国内竞争性招标三种。

（1）国际竞争性招标，也叫国际公开招标，其基本特点是招标人对其拟采购的物资提供者不做民族、国家、地域、人种和信仰上的限制，只要供应商和制造商能按标书要求提供质量优良、价格低廉、能充分满足招标文件要求的物资，均可参加投标竞争，从中评出性能价格比最佳的中标者。

国际竞争性招标是国际上常见的一种招标方式，我国招标活动与国际惯例接轨，主要是指向这种招标方式过渡。

（2）有限竞争性国际招标常采用邀请招标的方式，通常在以下几种情况下采用：

1）拟采购的物资的供应商或制造商在国际上较少；

2）对拟采购的物资的供应商或制造商的情况比较了解，对其物资的特点、性能、供货周期以及他们的履约能力都较为熟悉，潜在投标人资信可靠；

3）项目的采购周期很短，时间紧迫；

4）资金或技术条款要求保密，不宜进行公开竞争招标。

（3）国内竞争性招标适用于两种情况：一是利用国内资金；二是利用国外资金中允许进行区域采购的那部分，是通过国内各地区的供应商或制造商采购物资的一种公开竞争招标。采用国内竞争性招标，要掌握投标人的资信、供货能力、资金情况和履约情况。

2.3.3.2　建设工程物资采购招标的主要工作

1. 合同包的划分

建设工程物资采购应按实际需求时间分成几个阶段进行招标。每次招标时，根据物资的性质可只发1个合同包或分成几个合同包同时招标。投标的基本单位是包，投标人可以投1个或其中的几个包，但不能投1个包中的某几项。比如采购钢材的招标，将钢筋供应作为1个包，其中包括φ10、φ12、φ18、φ22等型号，投标人不能仅投其中的某一项或几项，而必须包括全部规格和数量的钢筋的供应报价。划分采购标和包的原则是，有利于吸引较多的投标人参加竞争以达到降低货物价格，保证供货时间和质量的目的。划分合同包主要考虑以下几个因素。

（1）有利于投标竞争。依据标的物预计金额的大小恰当地分标和分包。若1个包划分过大，中小供货商无力参与竞争；反之，划分过小对有实力供货商又缺少吸引力。

（2）工程进度与供货时间的关系。分阶段招标的计划应以到货时间满足施工进度计划为条件，综合考虑制造周期、运输、仓储等因素。既不能延误施工，也不应过早到货，以免过多支出保管费用和占用建设资金。

（3）市场供应情况。项目建设需要大量的材料和设备，应合理预计市场价格的浮动影响，合理分阶段和分批采购。

（4）资金计划。考虑项目建设资金的到位计划和周转计划，合理地进行分批次采购招标。

2. 资格预审

设备采购招标，特别是大型设备的采购，必须进行资格预审。需要对以下内容进行审查。

（1）具有合同主体资格。参与投标的设备供应商必须具有合同主体资格，拥有独立订立合同的权利，能够独立承担民事责任。

（2）在专业技术、设备设施、人员组织、业绩经验等方面具有设计、制造、质量控制、经营管理的相应资格和能力。

（3）具有完善的质量保证体系。

（4）业绩良好。设计或制造过与招标设备相同或相近的设备至少已有1~2台（套），在安装、调试和运行中，未发现重大质量问题，或已有有效的改进措施经两年以上运行，技术状态良好。

（5）社会信誉良好。在社会信誉方面，主要审查投标人的银行信用、商业信誉和交易习惯等。

3. 建设工程物资采购招标文件的编制

物资采购招标文件的内容一般包括投标邀请书、投标须知、货物需求一览表、技术规格、合同条件、合同格式和各类附件七大部分。

（1）投标邀请书。投标邀请书是招标人向投标人发出的投标邀请，号召供货商对项目所需的物资进行密封式投标。

（2）投标须知：

1）工程项目的简要说明；

2）投标文件的格式、编制、递交；

3）投标者的资格证明文件；

4）证明物资合格并符合招标文件规定的文件；

5）无效投标文件的规定；

6）投标起止时间、开标、评标、定标时间和地点；

7）招标文件、投标文件的澄清与修改；

8）评标的原则；

9）合同的授予和签订等。

（3）货物需求一览表。

（4）技术规格。

技术规格文件一般包括以下内容：

1）前言；

2）供货内容；

3）与工程进度的关系；

4）备件、维修工具和消耗材料；

5）图纸和说明书；

6）审查、检验、安装、测试、考核和保证；

7）通用的技术要求；

8）技术要求，也称特殊技术条件，详细说明待采购物资的技术规范。

（5）合同条件。

（6）合同格式。

（7）各类附件。

4. 评标、定标

材料和设备供货评标，不仅要看报价的高低，还要看招标人在货物运抵现场过程中可能要支付的其他费用，以及设备在评审预定的寿命期内可能投入的运营、管理费用的多少。如果投标人的设备报价较低，但运营管理费用很高时，仍不符合以最合理价格采购的原则。货物采购评标，通常采用评标价法或综合评分法，也可以将二者结合起来使用。

（1）评标价法。

1）最低投标价法。采购简单商品、半成品和原材料，以及其他性能和质量相同或容易进行比较的货物时，仅以报价和运费作为比较要素，选择总价最低者中标。

2）综合评标价法。以投标价为基础，将评审各要素按预定方法换算成相应价格，增加或减少到报价上形成评标价。采购机组、车辆等大型设备时，较多采用这种方法。投标报价之外还要考虑的因素一般包括。

a. 运输费用。招标人可能额外支付的运费、保险费和其他费用。

b. 交货期。评标时以招标文件的"供货一览表"中规定的交货时间为准。投标书中提出的交货期早于规定时间的，一般不给予评标优惠。如果迟于规定的交货日期且推迟的时间尚在可以接受的范围内，则交货日期每推迟一个月，按投标价的一定百分比（常为2%）计算折算价，增加到报价上去。

c. 付款条件。投标人应按招标文件中规定的付款条件报价，对不符合规定的投标，可视为非响应性投标而予以拒绝。但在大型设备采购招标中，如果投标人在投标致函内提出了"若采用不同的付款条件（如增加预付款或前期阶段支付款）可以降低报价"的供选择方案时，评标时也可予以考虑。当要求的条件在可接受的范围内，应将偏离要求给招标人增加的费用（资金利息等），按招标文件规定的贴现率换算成评标时的净现值，加到投标致函中提出的更改报价上后作为评标价。如果投标书中提出可以减少招标文件说明的预付款金额，则招标人晚支付部分可能少支付的利息，也应以贴现方式从投标价中扣减此值。

d. 零配件和售后服务。零配件以设备运行 2 年内各类易损备件的获取价格和途径作为评标要素。售后服务一般包括安装监督、调试、提供备件、维修、人员培训等工作，评价提供这些服务的可能性和价格。评标时如何对待这两笔费用，视招标文件中的规定区别对待。当这笔费用已要求投标人包括在报价之内，评标时不再重复考虑；若要求投标人在报价之外单独填报，则应将其加到投标价上。如果招标文件对此没作任何要求，评标时应按投标书附件中由投标人填报的备件名称、数量计算可能需购置的总价格，以及由招标人自己安排的售后服务价格加到投标价上去。

e. 设备性能和生产能力。投标设备应具有招标文件技术规范中要求的生产效率。如果所提供设备的性能、生产能力等某些技术指标没有达到要求的基准参数，则每种参数比基准参数减低 1% 时，应以投标设备实际生产效率成本为基础计算，在投标价上增加若干金额。

将以上各项评审价格加到报价上后，累计金额即为该标书的评标价。

3）以设备寿命周期成本为基础的评标价法。采购成套设备、生产线、车辆等运行期内各种费用较高的货物，评标时可预先确定一个统一的设备评审寿命期（短于实际寿命期），然后再根据投标书中的实际情况在投标报价上加上该年限运行期间所发生的各项费用，再减去寿命期末设备的残值。计算各项费用和残值时，都应按招标文件规定的贴现率折算成净现值。

这种方法是在综合评标价的基础上，进一步加上一定运行年限内的费用作为评审价格。这些以贴现值计算的费用包括：

a. 估算寿命期内所需的燃料消耗费；

b. 估算寿命期内所需备件和维修费用；

c. 估算寿命期末残值。

（2）综合评分法。按招标文件中确定的评分标准，分别对各投标书的报价和各种服务进行评审记分。

1）评审记分内容。主要内容包括：投标价、运费、保险费和其他费用的合理性；投标书中所报的交货期限；偏离招标文件规定的付款条件影响；备件价格和售后服务；设备的性能、质量、生产能力；技术服务和培训等。

2）评审要素的分值分配。评审要素确定后，应依据采购标的物的性质、特点，以及各要素对总投资的影响程度划分权重和记分标准，既不能等同对待，也不应一概而论。

综合记分法的优点是简便易行，考虑的要素较为全面，可以将难以用金额表示的有些要素量化后加以比较。缺点是各评委独立给分，对评标人的水平和知识面要求高，否则主观随意性大。投标人提供的设备型号各异，难以合理确定不同技术性能的相关分值差异。

根据以上的评标方法确定出评标结果，然后根据招标人的原则定出最终要选择的投标单位。评标、定标后，招标人应尽快向中标人发出中标通知书，同时通知其他未中标的单位。中标单位在接到中标通知书之日起的一定期限内，与招标人签订物资供货合同。如果中标通知发出后，中标单位拒签合同，要受到处罚，应向招标人赔偿经济损失，赔偿金额不超过中标金额的 2%，招标人可将中标单位的投标保证金作为违约赔偿金。

2.4 建设工程施工招标文件范例

2007 年，我国颁布了《中华人民共和国标准施工招标文件（2007 年版）》，本格式作为教学范例表述如下。

_____（项目名称）_____标段
施工招标

招标文件

招标人：_____（盖单位章）
_____年_____月_____日

第一卷

第一章　招标公告（未进行资格预审）

　　＿＿＿＿＿＿＿＿（项目名称）＿＿＿＿＿＿＿＿标段施工招标公告

1. 招标条件

　　本招标项目＿＿＿＿＿＿＿＿（项目名称）已由＿＿＿＿＿＿＿（项目审批、核准或备案机关名称）以＿＿＿＿＿＿＿（批文名称及编号）批准建设，项目业主为＿＿＿＿＿＿＿，建设资金来自＿＿＿＿＿＿＿（资金来源），项目出资比例为＿＿＿＿＿＿＿，招标人为＿＿＿＿＿＿。项目已具备招标条件，现对该项目的施工进行公开招标。

2. 项目概况与招标范围

　　＿＿＿＿＿＿＿＿＿＿＿＿＿＿＿＿＿＿＿＿＿＿＿＿＿＿＿＿＿＿＿＿＿＿＿＿＿＿＿

　　＿＿＿＿＿＿＿＿＿＿＿＿＿＿＿＿＿＿＿＿＿＿＿＿＿＿＿＿＿＿＿＿＿＿＿＿＿＿＿

　　（说明本次招标项目的建设地点、规模、计划工期、招标范围、标段划分等）。

3. 投标人资格要求

　　3.1　本次招标要求投标人须具备＿＿＿＿＿＿＿＿资质，＿＿＿＿＿＿＿＿业绩，并在人员、设备、资金等方面具有相应的施工能力。

　　3.2　本次招标＿＿＿＿＿＿＿＿（接受或不接受）联合体投标。联合体投标的，应满足下列要求：＿＿＿＿＿＿＿＿＿＿＿＿＿＿＿＿＿＿＿＿。

　　3.3　各投标人均可就上述标段中的＿＿＿＿＿＿＿＿（具体数量）个标段投标。

4. 招标文件的获取

　　4.1　凡有意参加投标者，请于＿＿年＿＿月＿＿日至＿＿年＿＿月＿＿日（法定公休日、法定节假日除外），每日上午＿＿时至＿＿时，下午＿＿时至＿＿时（北京时间，下同），在＿＿＿＿＿＿＿＿（详细地址）持单位介绍信购买招标文件。

　　4.2　招标文件每套售价＿＿＿＿＿＿＿元，售后不退。图纸押金＿＿＿＿＿元，在退还图纸时退还（不计利息）。

　　4.3　邮购招标文件的，需另加手续费（含邮费）＿＿＿＿＿＿＿元。招标人在收到单位介绍信和邮购款（含手续费）后＿＿日内寄送。

5. 投标文件的递交

　　5.1　投标文件递交的截止时间（投标截止时间，下同）为＿＿年＿＿月＿＿日＿＿时＿＿分，地点为＿＿＿＿＿＿＿＿＿＿＿＿＿＿＿＿＿＿。

　　5.2　逾期送达的或者未送达指定地点的投标文件，招标人不予受理。

6. 发布公告的媒介

　　本次招标公告同时在＿＿＿＿＿＿＿＿（发布公告的媒介名称）上发布。

7. 联系方式

招　标　人：＿＿＿＿＿＿＿	招标代理机构：＿＿＿＿＿＿＿
地　　　址：＿＿＿＿＿＿＿	地　　　址：＿＿＿＿＿＿＿
邮　　　编：＿＿＿＿＿＿＿	邮　　　编：＿＿＿＿＿＿＿
联　系　人：＿＿＿＿＿＿＿	联　系　人：＿＿＿＿＿＿＿
电　　　话：＿＿＿＿＿＿＿	电　　　话：＿＿＿＿＿＿＿
传　　　真：＿＿＿＿＿＿＿	传　　　真：＿＿＿＿＿＿＿
电 子 邮 件：＿＿＿＿＿＿＿	电 子 邮 件：＿＿＿＿＿＿＿
网　　　址：＿＿＿＿＿＿＿	网　　　址：＿＿＿＿＿＿＿
开 户 银 行：＿＿＿＿＿＿＿	开 户 银 行：＿＿＿＿＿＿＿
账　　　号：＿＿＿＿＿＿＿	账　　　号：＿＿＿＿＿＿＿

＿＿＿＿年＿＿＿＿月＿＿＿＿日

第一章　投标邀请书（适用于邀请招标）

　　_____（项目名称）_____标段施工投标邀请书

　　_____（被邀请单位名称）：

1. 招标条件

　　本招标项目_____（项目名称）已由_____（项目审批、核准或备案机关名称）以_____（批文名称及编号）批准建设，项目业主为_____，建设资金来自_____（资金来源），出资比例为_____，招标人为_____。项目已具备招标条件，现邀请你单位参加_____（项目名称）_____标段施工投标。

2. 项目概况与招标范围

_____

_____

　　（说明本次招标项目的建设地点、规模、计划工期、招标范围、标段划分等）。

3. 投标人资格要求

　　3.1　本次招标要求投标人具备_____资质，_____业绩，并在人员、设备、资金等方面具有承担本标段施工的能力。

　　3.2　你单位_____（可以或不可以）组成联合体投标。联合体投标的，应满足下列要求：_____。

4. 招标文件的获取

　　4.1　请于___年___月___日至___年___月___日（法定公休日、法定节假日除外），每日上午___时至___时，下午___时至___时（北京时间，下同），在_____（详细地址）持本投标邀请书购买招标文件。

　　4.2　招标文件每套售价____元，售后不退。图纸押金____元，在退还图纸时退还（不计利息）。

　　4.3　邮购招标文件的，需另加手续费（含邮费）____元。招标人在收到邮购款（含手续费）后___日内寄送。

5. 投标文件的递交

　　5.1　投标文件递交的截止时间（投标截止时间，下同）为___年___月___日___时___分，地点为_____。

　　5.2　逾期送达的或者未送达指定地点的投标文件，招标人不予受理。

6. 确认

　　你单位收到本投标邀请书后，请于_____（具体时间）前以传真或快递方式予以确认。

7. 联系方式

招 标 人：_____	招标代理机构：_____
地　　址：_____	地　　址：_____
邮　　编：_____	邮　　编：_____
联 系 人：_____	联 系 人：_____
电　　话：_____	电　　话：_____
传　　真：_____	传　　真：_____
电子邮件：_____	电子邮件：_____
网　　址：_____	网　　址：_____
开户银行：_____	开户银行：_____
账　　号：_____	账　　号：_____

_____年_____月_____日

第一章 投标邀请书（代资格预审通过通知书）

_____（项目名称）_____标段施工投标邀请书

_____（被邀请单位名称）：

你单位已通过资格预审，现邀请你单位按招标文件规定的内容，参加_____（项目名称）_____标段施工投标。

请你单位于____年____月____日至____年____月____日（法定公休日、法定节假日除外），每日上午____时至____时，下午____时至____时（北京时间，下同），在_____（详细地址）持本投标邀请书购买招标文件。

招标文件每套售价为___元，售后不退。图纸押金___元，在退还图纸时退还（不计利息）。邮购招标文件的，需另加手续费（含邮费）___元。招标人在收到邮购款（含手续费）后_____日内寄送。

递交投标文件的截止时间（投标截止时间，下同）为____年____月____日___时___分，地点为_____。

逾期送达的或者未送达指定地点的投标文件，招标人不予受理。

你单位收到本投标邀请书后，请于_____（具体时间）前以传真或快递方式予以确认。

招 标 人：_____　　招标代理机构：_____

地　　址：_____　　地　　　　址：_____

邮　　编：_____　　邮　　　　编：_____

联 系 人：_____　　联 　系 　人：_____

电　　话：_____　　电　　　　话：_____

传　　真：_____　　传　　　　真：_____

电子邮件：_____　　电 子 邮 件：_____

网　　址：_____　　网　　　　址：_____

开户银行：_____　　开 户 银 行：_____

账　　号：_____　　账　　　　号：_____

____年____月____日

第二章　投标人须知

投标人须知前附表

条款号	条款名称	编列内容
1.1.2	招标人	名称： 地址： 联系人： 电话：
1.1.3	招标代理机构	名称： 地址： 联系人： 电话：
1.1.4	项目名称	
1.1.5	建设地点	
1.2.1	资金来源	
1.2.2	出资比例	
1.2.3	资金落实情况	
1.3.1	招标范围	
1.3.2	计划工期	计划工期：____日历天 计划开工日期：__年__月__日 计划竣工日期：__年__月__日
1.3.3	质量要求	
1.4.1	投标人资质条件、能力和信誉	资质条件： 财务要求： 业绩要求： 信誉要求： 项目经理（建造师，下同）资格： 其他要求：
1.4.2	是否接受联合体投标	□不接受 □接受，应满足下列要求：
1.9.1	踏勘现场	□不组织 □组织，踏勘时间： 踏勘集中地点：
1.10.1	投标预备会	□不召开 □召开，召开时间： 召开地点：
1.10.2	投标人提出问题的截止时间	
1.10.3	招标人书面澄清的时间	
1.11	分包	□不允许 □允许，分包内容要求： 分包金额要求： 接受分包的第三人资质要求：

（续）

条款号	条款名称	编列内容
1.12	偏离	□不允许 □允许
2.1	构成招标文件的其他材料	
2.2.1	投标人要求澄清招标文件的截止时间	
2.2.2	投标截止时间	___年___月___日___时___分
2.2.3	投标人确认收到招标文件澄清的时间	
2.3.2	投标人确认收到招标文件修改的时间	
3.1.1	构成投标文件的其他材料	
3.3.1	投标有效期	
3.4.1	投标保证金	投标保证金的形式： 投标保证金的金额：
3.5.2	近年财务状况的年份要求	_____年
3.5.3	近年完成的类似项目的年份要求	_____年
3.5.5	近年发生的诉讼及仲裁情况的年份要求	_____年
3.6	是否允许递交备选投标方案	□不允许 □允许
3.7.3	签字或盖章要求	
3.7.4	投标文件副本份数	____份
3.7.5	装订要求	
4.1.2	封套上写明	招标人的地址： 招标人名称： ____（项目名称）_____标段投标文件 在___年__月__日__时__分前不得开启
4.2.2	递交投标文件地点	
4.2.3	是否退还投标文件	□否 □是
5.1	开标时间和地点	开标时间：同投标截止时间 开标地点：
5.2	开标程序	（4）密封情况检查： （5）开标顺序：
6.1.1	评标委员会的组建	评标委员会构成：__人，其中招标人 代表__人，专家__人； 评标专家确定方式：
7.1	是否授权评标委员会确定中标人	□是 □否，推荐的中标候选人数：
7.3.1	履约担保	履约担保的形式： 履约担保的金额：
10	需要补充的其他内容	
……	……	
……	……	

1. 总则

1.1 项目概况

1.1.1 根据《中华人民共和国招标投标法》等有关法律、法规和规章的规定，本招标项目已具备招标条件，现对本标段施工进行招标。

1.1.2 本招标项目招标人：见投标人须知前附表。

1.1.3 本标段招标代理机构：见投标人须知前附表。

1.1.4 本招标项目名称：见投标人须知前附表。

1.1.5 本标段建设地点：见投标人须知前附表。

1.2 资金来源和落实情况

1.2.1 本招标项目的资金来源：见投标人须知前附表。

1.2.2 本招标项目的出资比例：见投标人须知前附表。

1.2.3 本招标项目的资金落实情况：见投标人须知前附表。

1.3 招标范围、计划工期和质量要求

1.3.1 本次招标范围：见投标人须知前附表。

1.3.2 本标段的计划工期：见投标人须知前附表。

1.3.3 本标段的质量要求：见投标人须知前附表。

1.4 投标人资格要求（适用于已进行资格预审的）

投标人应是收到招标人发出投标邀请书的单位。

1.4 投标人资格要求（适用于未进行资格预审的）

1.4.1 投标人应具备承担本标段施工的资质条件、能力和信誉。

（1）资质条件：见投标人须知前附表；

（2）财务要求：见投标人须知前附表；

（3）业绩要求：见投标人须知前附表；

（4）信誉要求：见投标人须知前附表；

（5）项目经理资格：见投标人须知前附表；

（6）其他要求：见投标人须知前附表。

1.4.2 投标人须知前附表规定接受联合体投标的，除应符合本章第 1.4.1 项和投标人须知前附表的要求外，还应遵守以下规定：

（1）联合体各方应按招标文件提供的格式签订联合体协议书，明确联合体牵头人和各方权利义务；

（2）由同一专业的单位组成的联合体，按照资质等级较低的单位确定资质等级；

（3）联合体各方不得再以自己名义单独或参加其他联合体在同一标段中投标。

1.4.3 投标人不得存在下列情形之一：

（1）为招标人不具有独立法人资格的附属机构（单位）；

（2）为本标段前期准备提供设计或咨询服务的，但设计施工总承包的除外；

（3）为本标段的监理人；

（4）为本标段的代建人；

（5）为本标段提供招标代理服务的；

（6）与本标段的监理人或代建人或招标代理机构同为一个法定代表人的；

（7）与本标段的监理人或代建人或招标代理机构相互控股或参股的；

（8）与本标段的监理人或代建人或招标代理机构相互任职或工作的；

（9）被责令停业的；

（10）被暂停或取消投标资格的；

（11）财产被接管或冻结的；

（12）在最近三年内有骗取中标或严重违约或重大工程质量问题的。

1.5 费用承担

投标人准备和参加投标活动发生的费用自理。

1.6 保密

参与招标投标活动的各方应对招标文件和投标文件中的商业和技术等秘密保密，违者应对由此造成的后果承担法律责任。

1.7 语言文字

除专用术语外，与招标投标有关的语言均使用中文。必要时专用术语应附有中文注释。

1.8 计量单位

所有计量均采用中华人民共和国法定计量单位。

1.9 踏勘现场

1.9.1 投标人须知前附表规定组织踏勘现场的，招标人按投标人须知前附表规定的时间、地点组织投标人踏勘项目现场。

1.9.2 投标人踏勘现场发生的费用自理。

1.9.3 除招标人的原因外，投标人自行负责在踏勘现场中所发生的人员伤亡和财产损失。

1.9.4 招标人在踏勘现场中介绍的工程场地和相关的周边环境情况，供投标人在编制投标文件时参考，招标人不对投标人据此做出的判断和决策负责。

1.10 投标预备会

1.10.1 投标人须知前附表规定召开投标预备会的，招标人按投标人须知前附表规定的时间和地点召开投标预备会，澄清投标人提出的问题。

1.10.2 投标人应在投标人须知前附表规定的时间前，以书面形式将提出的问题送达招标人，以便招标人在会议期间澄清。

1.10.3 投标预备会后，招标人在投标人须知前附表规定的时间内，将对投标人所提问题的澄清，以书面方式通知所有购买招标文件的投标人。该澄清内容为招标文件的组成部分。

1.11 分包

投标人拟在中标后将中标项目的部分非主体、非关键性工作进行分包的，应符合投标人须知前附表规定的分包内容、分包金额和接受分包的第三人资质要求等限制性条件。

1.12 偏离

投标人须知前附表允许投标文件偏离招标文件某些要求的，偏离应当符合招标文件规定的偏离范围和幅度。

2. 招标文件

2.1 招标文件的组成

本招标文件包括：

（1）招标公告（或投标邀请书）；

（2）投标人须知；

（3）评标办法；

（4）合同条款及格式；

（5）工程量清单；

（6）图纸；

（7）技术标准和要求；

（8）投标文件格式；

（9）投标人须知前附表规定的其他材料。

根据本章第 1.10 款、第 2.2 款和第 2.3 款对招标文件所做的澄清、修改，构成招标文件的组成部分。

2.2 招标文件的澄清

2.2.1 投标人应仔细阅读和检查招标文件的全部内容。如发现缺页或附件不全，应及时向招标人提出，以便补齐。如有疑问，应在投标人须知前附表规定的时间内以书面形式（包括信函、电报、传真等可以有形地表现所载内容的形式，下同），要求招标人对招标文件予以澄清。

2.2.2 招标文件的澄清将在投标人须知前附表规定的投标截止时间 15 天前以书面

形式发给所有购买招标文件的投标人，但不指明澄清问题的来源。如果澄清发出的时间距投标截止时间不足 15 天，相应延长投标截止时间。

2.2.3 投标人在收到澄清后，应在投标人须知前附表规定的时间内以书面形式通知招标人，确认已收到该澄清。

2.3 招标文件的修改

2.3.1 在投标截止时间 15 天前，招标人可以书面形式修改招标文件，并通知所有已购买招标文件的投标人。如果修改招标文件的时间距投标截止时间不足 15 天，相应延长投标截止时间。

2.3.2 投标人收到修改内容后，应在投标人须知前附表规定的时间内以书面形式通知招标人，确认已收到该修改。

3. 投标文件

3.1 投标文件的组成

3.1.1 投标文件应包括下列内容：

（1）投标函及投标函附录；

（2）法定代表人身份证明或附有法定代表人身份证明的授权委托书；

（3）联合体协议书；

（4）投标保证金；

（5）已标价工程量清单；

（6）施工组织设计；

（7）项目管理机构；

（8）拟分包项目情况表；

（9）资格审查资料；

（10）投标人须知前附表规定的其他材料。

3.1.2 投标人须知前附表规定不接受联合体投标的，或投标人没有组成联合体的，投标文件不包括本章第 3.1.1（3）目所指的联合体协议书。

3.2 投标报价

3.2.1 投标人应按第五章"工程量清单"的要求填写相应表格。

3.2.2 投标人在投标截止时间前修改投标函中的投标总报价，应同时修改第五章"工程量清单"中的相应报价。此修改须符合本章第 4.3 款的有关要求。

3.3 投标有效期

3.3.1 在投标人须知前附表规定的投标有效期内，投标人不得要求撤销或修改其投标文件。

3.3.2 出现特殊情况需要延长投标有效期的，招标人以书面形式通知所有投标人延长投标有效期。投标人同意延长的，应相应延长其投标保证金的有效期，但不得要求或被允许修改或撤销其投标文件；投标人拒绝延长的，其投标失效，但投标人有权收回其投标保证金。

3.4 投标保证金

3.4.1 投标人在递交投标文件的同时，应按投标人须知前附表规定的金额、担保形式和第八章"投标文件格式"规定的投标保证金格式递交投标保证金，并作为其投标文件的组成部分。联合体投标的，其投标保证金由牵头人递交，并应符合投标人须知前附表的规定。

3.4.2 投标人不按本章第 3.4.1 项要求提交投标保证金的，其投标文件作废标处理。

3.4.3 招标人与中标人签订合同后 5 个工作日内，向未中标的投标人和中标人退还投标保证金。

3.4.4 有下列情形之一的，投标保证金将不予退还：

（1）投标人在规定的投标有效期内撤销或修改其投标文件；

（2）中标人在收到中标通知书后，无正当理由拒签合同协议书或未按招标文件规定提交履约担保。

3.5 资格审查资料（适用于已进行资格预审的）

投标人在编制投标文件时，应按新情况更新或补充其在申请资格预审时提供的资料，以证实其各项资格条件仍能继续满足资格预审文件的要求，具备承担本标段施工的资质条件、能力和信誉。

3.5 资格审查资料（适用于未进行资格预审的）

3.5.1 "投标人基本情况表"应附投标人营业执照副本及其年检合格的证明材料、资质证书副本和安全生产许可证等材料的复印件。

3.5.2 "近年财务状况表"应附经会计师事务所或审计机构审计的财务会计报表，包括资产负债表、现金流量表、利润表和财务情况说明书的复印件，具体年份要求见投标人须知前附表。

3.5.3 "近年完成的类似项目情况表"应附中标通知书和（或）合同协议书、工程接收证书（工程竣工验收证书）的复印件，具体年份要求见投标人须知前附表。每张表格只填写一个项目，并标明序号。

3.5.4 "正在施工和新承接的项目情况表"应附中标通知书和（或）合同协议书复印件。每张表格只填写一个项目，并标明序号。

3.5.5 "近年发生的诉讼及仲裁情况"应说明相关情况，并附法院或仲裁机构做出的判决、裁决等有关法律文书复印件，具体年份要求见投标人须知前附表。

3.5.6 投标人须知前附表规定接受联合体投标的，本章第3.5.1项至第3.5.5项规定的表格和资料应包括联合体各方相关情况。

3.6 备选投标方案

除投标人须知前附表另有规定外，投标人不得递交备选投标方案。允许投标人递交备选投标方案的，只有中标人所递交的备选投标方案方可予以考虑。评标委员会认为中标人的备选投标方案优于其按照招标文件要求编制的投标方案的，招标人可以接受该备选投标方案。

3.7 投标文件的编制

3.7.1 投标文件应按第八章"投标文件格式"进行编写，如有必要，可以增加附页，作为投标文件的组成部分。其中，投标函附录在满足招标文件实质性要求的基础上，可以提出比招标文件要求更有利于招标人的承诺。

3.7.2 投标文件应当对招标文件有关工期、投标有效期、质量要求、技术标准和要求、招标范围等实质性内容做出响应。

3.7.3 投标文件应用不褪色的材料书写或打印，并由投标人的法定代表人或其委托代理人签字或盖单位章。委托代理人签字的，投标文件应附法定代表人签署的授权委托书。投标文件应尽量避免涂改、行间插字或删除。如果出现上述情况，改动之处应加盖单位章或由投标人的法定代表人或其授权的代理人签字确认。签字或盖章的具体要求见投标人须知前附表。

3.7.4 投标文件正本一份，副本份数见投标人须知前附表。正本和副本的封面上应清楚地标记"正本"或"副本"的字样。当副本和正本不一致时，以正本为准。

3.7.5 投标文件的正本与副本应分别装订成册，并编制目录，具体装订要求见投标人须知前附表规定。

4. 投标

4.1 投标文件的密封和标记

4.1.1 投标文件的正本与副本应分开包装，加贴封条，并在封套的封口处加盖投标人单位章。

4.1.2 投标文件的封套上应清楚地标记"正本"或"副本"字样，封套上应写明的其他内容见投标人须知前附表。

4.1.3 未按本章第4.1.1项或第4.1.2项要求密封和加写标记的投标文件，招标人不予受理。

4.2 投标文件的递交

4.2.1 投标人应在本章第2.2.2项规定的投标截止时间前递交投标文件。

4.2.2 投标人递交投标文件的地点：见投标人须知前附表。

4.2.3 除投标人须知前附表另有规定外，投标人所递交的投标文件不予退还。

4.2.4 招标人收到投标文件后，向投标人出具签收凭证。

4.2.5 逾期送达的或者未送达指定地点的投标文件，招标人不予受理。

4.3 投标文件的修改与撤回

4.3.1 在本章第 2.2.2 项规定的投标截止时间前，投标人可以修改或撤回已递交的投标文件，但应以书面形式通知招标人。

4.3.2 投标人修改或撤回已递交投标文件的书面通知应按照本章第 3.7.3 项的要求签字或盖章。招标人收到书面通知后，向投标人出具签收凭证。

4.3.3 修改的内容为投标文件的组成部分。修改的投标文件应按照本章第 3 条、第 4 条规定进行编制、密封、标记和递交，并标明"修改"字样。

5. 开标

5.1 开标时间和地点

招标人在本章第 2.2.2 项规定的投标截止时间（开标时间）和投标人须知前附表规定的地点公开开标，并邀请所有投标人的法定代表人或其委托代理人准时参加。

5.2 开标程序

主持人按下列程序进行开标：

（1）宣布开标纪律；

（2）公布在投标截止时间前递交投标文件的投标人名称，并点名确认投标人是否派人到场；

（3）宣布开标人、唱标人、记录人、监标人等有关人员姓名；

（4）按照投标人须知前附表规定检查投标文件的密封情况；

（5）按照投标人须知前附表的规定确定并宣布投标文件开标顺序；

（6）设有标底的，公布标底；

（7）按照宣布的开标顺序当众开标，公布投标人名称、标段名称、投标保证金的递交情况、投标报价、质量目标、工期及其他内容，并记录在案；

（8）投标人代表、招标人代表、监标人、记录人等有关人员在开标记录上签字确认；

（9）开标结束。

6. 评标

6.1 评标委员会

6.1.1 评标由招标人依法组建的评标委员会负责。评标委员会由招标人或其委托的招标代理机构熟悉相关业务的代表，以及有关技术、经济等方面的专家组成。评标委员会成员人数以及技术、经济等方面专家的确定方式见投标人须知前附表。

6.1.2 评标委员会成员有下列情形之一的，应当回避：

（1）招标人或投标人的主要负责人的近亲属；

（2）项目主管部门或者行政监督部门的人员；

（3）与投标人有经济利益关系，可能影响对投标公正评审的；

（4）曾因在招标、评标以及其他与招标投标有关活动中从事违法行为而受过行政处罚或刑事处罚的。

6.2 评标原则

评标活动遵循公平、公正、科学和择优的原则。

6.3 评标

评标委员会按照第三章"评标办法"规定的方法、评审因素、标准和程序对投标文件进行评审。第三章"评标办法"没有规定的方法、评审因素和标准，不作为评标依据。

7. 合同授予

7.1 定标方式

除投标人须知前附表规定评标委员会直接确定中标人外，招标人依据评标委员会推荐的中标候选人确定中标人，评标委员会推荐中标候选人的人数见投标人须知前附表。

7.2 中标通知

在本章第 3.3 款规定的投标有效期内，招标人以书面形式向中标人发出中标通知书，同时将中标结果通知未中标的投标人。

7.3 履约担保

7.3.1 在签订合同前，中标人应按投标人须知前附表规定的金额、担保形式和招标文件第四章"合同条款及格式"规定的履约担保格式向招标人提交履约担保。联合体中标的，其履约担保由牵头人递交，并应符合投标人须知前附表规定的金额、担保形式和招标文件第四章"合同条款及格式"规定的履约担保格式要求。

7.3.2 中标人不能按本章第 7.3.1 项要求提交履约担保的，视为放弃中标，其投标保证金不予退还，给招标人造成的损失超过投标保证金数额的，中标人还应当对超过部分予以赔偿。

7.4 签订合同

7.4.1 招标人和中标人应当自中标通知书发出之日起 30 天内，根据招标文件和中标人的投标文件订立书面合同。中标人无正当理由拒签合同的，招标人取消其中标资格，其投标保证金不予退还；给招标人造成的损失超过投标保证金数额的，中标人还应当对超过部分予以赔偿。

7.4.2 发出中标通知书后，招标人无正当理由拒签合同的，招标人向中标人退还投标保证金；给中标人造成损失的，还应当赔偿损失。

8. 重新招标和不再招标

8.1 重新招标

有下列情形之一的，招标人将重新招标：

（1）投标截止时间止，投标人少于3个的；

（2）经评标委员会评审后否决所有投标的。

8.2 不再招标

重新招标后投标人仍少于3个或者所有投标被否决的，属于必须审批或核准的工程建设项目，经原审批或核准部门批准后不再进行招标。

9. 纪律和监督

9.1 对招标人的纪律要求

招标人不得泄露招标投标活动中应当保密的情况和资料，不得与投标人串通损害国家利益、社会公共利益或者他人合法权益。

9.2 对投标人的纪律要求

投标人不得相互串通投标或者与招标人串通投标，不得向招标人或者评标委员会成员行贿谋取中标，不得以他人名义投标或者以其他方式弄虚作假骗取中标；投标人不得以任何方式干扰、影响评标工作。

9.3 对评标委员会成员的纪律要求

评标委员会成员不得收受他人的财物或者其他好处，不得向他人透漏对投标文件的评审和比较、中标候选人的推荐情况以及评标有关的其他情况。在评标活动中，评标委员会成员不得擅离职守，影响评标程序正常进行，不得使用第三章"评标办法"没有规定的评审因素和标准进行评标。

9.4 对与评标活动有关的工作人员的纪律要求

与评标活动有关的工作人员不得收受他人的财物或者其他好处，不得向他人透漏对投标文件的评审和比较、中标候选人的推荐情况以及评标有关的其他情况。在评标活动中，与评标活动有关的工作人员不得擅离职守，影响评标程序正常进行。

9.5 投诉

投标人和其他利害关系人认为本次招标活动违反法律、法规和规章规定的，有权向有关行政监督部门投诉。

10. 需要补充的其他内容

需要补充的其他内容：见投标人须知前附表。

附表一 开标记录表

___（项目名称）___ 标段施工开标记录表

开标时间：___年__月__日__时__分

序号	投标人	密封情况	投标保证金	投标报价（元）	质量目标	工期	备注	签名
招标人编制的标底								

招标人代表：_____ 记录人：_____ 监标人：_____

_____年_____月_____日

附表二　问题澄清通知

问题澄清通知

编号：

_____（投标人名称）：

　　_____（项目名称）_____标段施工招标的评标委员会，对你方的投标文件进行了仔细的审查，现需你方对下列问题以书面形式予以澄清：

　　1.

　　2.

　　……

　　请将上述问题的澄清于____年__月__日__时前递交至_____（详细地址）或传真至_____（传真号码）。采用传真方式的，应在____年__月__日__时前将原件递交至_____（详细地址）。

评标工作组负责人：_____（签字）

____年__月__日

附表三 问题的澄清

问题的澄清

编号：

_____（项目名称）_____标段施工招标评标委员会：

问题澄清通知（编号：_____）已收悉，现澄清如下：

1.

2.

.....

投标人：_____(盖单位章)

法定代表人或其委托代理人：_____（签字）

___年___月___日

附表四　中标通知书

中标通知书

_____（中标人名称）：

　　你方于_____（投标日期）所递交的_____（项目名称）_____标段施工投标文件已被我方接受，被确定为中标人。

　　中标价：_____元。

　　工期：_____日历天。

　　工程质量：符合_____标准。

　　项目经理：_____（姓名）。

　　请你方在接到本通知书后的_____日内到_____（指定地点）与我方_____签订施工承包合同，在此之前按招标文件第二章"投标人须知"第 7.3 款规定向我方提交履约担保。

　　特此通知。

招标人：_____（盖单位章）

法定代表人：_____（签字）

_____年__月__日

附表五 中标结果通知书

中标结果通知书

_____（未中标人名称）：

我方已接受_____（中标人名称）于_____（投标日期）所递交的_____（项目名称）_____标段施工投标文件，确定_____（中标人名称）为中标人。

感谢你单位对我们工作的大力支持！

招标人：_____（盖单位章）

法定代表人：_____（签字）

____年__月__日

附表六 确认通知

确认通知

_____（招标人名称）：

我方已接到你方____年__月__日发出的_____（项目名称）_____标段施工招标关于_____的通知，我方已于____年__月__日收到。

特此确认。

投标人：_____（盖单位章）

____年__月__日

第三章 评标办法（经评审的最低投标价法）

评标办法前附表

条款号	评审因素	评审标准
2.1.1	形式评审标准	投标人名称	与营业执照、资质证书、安全生产许可证一致
		投标函签字盖章	有法定代表人或其委托代理人签字或加盖单位章
		投标文件格式	符合第八章"投标文件格式"的要求
		联合体投标人	提交联合体协议书，并明确联合体牵头人（如有）
		报价唯一	只能有一个有效报价
		……	……
2.1.2	资格评审标准	营业执照	具备有效的营业执照
		安全生产许可证	具备有效的安全生产许可证
		资质等级	符合第二章"投标人须知"第1.4.1项规定
		财务状况	符合第二章"投标人须知"第1.4.1项规定
		类似项目业绩	符合第二章"投标人须知"第1.4.1项规定
		信誉	符合第二章"投标人须知"第1.4.1项规定
		项目经理	符合第二章"投标人须知"第1.4.1项规定
		其他要求	符合第二章"投标人须知"第1.4.1项规定
		联合体投标人	符合第二章"投标人须知"第1.4.2项规定（如有）
		……	……
2.1.3	响应性评审标准	投标内容	符合第二章"投标人须知"第1.3.1项规定
		工期	符合第二章"投标人须知"第1.3.2项规定
		工程质量	符合第二章"投标人须知"第1.3.3项规定
		投标有效期	符合第二章"投标人须知"第3.3.1项规定
		投标保证金	符合第二章"投标人须知"第3.4.1项规定
		权利义务	符合第四章"合同条款及格式"规定
		已标价工程量清单	符合第五章"工程量清单"给出的范围及数量
		技术标准和要求	符合第七章"技术标准和要求"规定
		……	……
2.1.4	施工组织设计和项目管理机构评审标准	施工方案与技术措施	……
		质量管理体系与措施	……
		安全管理体系与措施	……
		环境保护管理体系与措施	……
		工程进度计划与措施	……
		资源配备计划	……
		技术负责人	……
		其他主要人员	……
		施工设备	……
		试验、检测仪器设备	……
		……	……

条款号	量化因素	量化标准
2.2	详细评审标准	单价遗漏	……
		付款条件	……
		……	……

1. 评标方法

本次评标采用经评审的最低投标价法。评标委员会对满足招标文件实质要求的投标文件，根据本章第 2.2 款规定的量化因素及量化标准进行价格折算，按照经评审的投标价由低到高的顺序推荐中标候选人，或根据招标人授权直接确定中标人，但投标报价低于其成本的除外。经评审的投标价相等时，投标报价低的优先；投标报价也相等的，由招标人自行确定。

2. 评审标准

2.1 初步评审标准

2.1.1 形式评审标准：见评标办法前附表。

2.1.2 资格评审标准：见评标办法前附表（适用于未进行资格预审的）。

2.1.2 资格评审标准：见资格预审文件第三章"资格审查办法"详细审查标准（适用于已进行资格预审的）。

2.1.3 响应性评审标准：见评标办法前附表。

2.1.4 施工组织设计和项目管理机构评审标准：见评标办法前附表。

2.2 详细评审标准

详细评审标准：见评标办法前附表。

3. 评标程序

3.1 初步评审

3.1.1 评标委员会可以要求投标人提交第二章"投标人须知"第 3.5.1 项至第 3.5.5 项规定的有关证明和证件的原件，以便核验。评标委员会依据本章第 2.1 款规定的标准对投标文件进行初步评审。有一项不符合评审标准的，作废标处理（适用于未进行资格预审的）。

3.1.1 评标委员会依据本章第 2.1.1 项、第 2.1.3 项、第 2.1.4 项规定的标准对投标文件进行初步评审。有一项不符合评审标准的，作废标处理。当投标人资格预审申请文件的内容发生重大变化时，评标委员会依据本章第 2.1.2 项规定的标准对其更新资料进行评审（适用于已进行资格预审的）。

3.1.2 投标人有以下情形之一的，其投标作废标处理：

（1）第二章"投标人须知"第 1.4.3 项规定的任何一种情形的；

（2）串通投标或弄虚作假或有其他违法行为的；

（3）不按评标委员会要求澄清、说明或补正的。

3.1.3 投标报价有算术错误的，评标委员会按以下原则对投标报价进行修正，修正的价格经投标人书面确认后具有约束力。投标人不接受修正价格的，其投标作废标处理。

（1）投标文件中的大写金额与小写金额不一致的，以大写金额为准；

（2）总价金额与依据单价计算出的结果不一致的，以单价金额为准修正总价，但单价金额小数点有明显错误的除外。

3.2 详细评审

3.2.1 评标委员会按本章第2.2款规定的量化因素和标准进行价格折算，计算出评标价，并编制价格比较一览表。

3.2.2 评标委员会发现投标人的报价明显低于其他投标报价，或者在设有标底时明显低于标底，使得其投标报价可能低于其成本的，应当要求该投标人做出书面说明并提供相应的证明材料。投标人不能合理说明或者不能提供相应证明材料的，由评标委员会认定该投标人以低于成本报价竞标，其投标作废标处理。

3.3 投标文件的澄清和补正

3.3.1 在评标过程中，评标委员会可以书面形式要求投标人对所提交的投标文件中不明确的内容进行书面澄清或说明，或者对细微偏差进行补正。评标委员会不接受投标人主动提出的澄清、说明或补正。

3.3.2 澄清、说明和补正不得改变投标文件的实质性内容（算术性错误修正的除外）。投标人的书面澄清、说明和补正属于投标文件的组成部分。

3.3.3 评标委员会对投标人提交的澄清、说明或补正有疑问的，可以要求投标人进一步澄清、说明或补正，直至满足评标委员会的要求。

3.4 评标结果

3.4.1 除第二章"投标人须知"前附表授权直接确定中标人外，评标委员会按照经评审的价格由低到高的顺序推荐中标候选人。

3.4.2 评标委员会完成评标后，应当向招标人提交书面评标报告。

第三章　评标办法（综合评估法）

评标办法前附表

条款号	评审因素	评审标准
2.1.1	形式评审标准	投标人名称　　与营业执照、资质证书、安全生产许可证一致 投标函签字盖章　有法定代表人或其委托代理人签字或加盖单位章 投标文件格式　　符合第八章"投标文件格式"的要求 联合体投标人　　提交联合体协议书，并明确联合体牵头人 报价唯一　　　　只能有一个有效报价 ……　　　　　　……
2.1.2	资格评审标准	营业执照　　　　具备有效的营业执照 安全生产许可证　具备有效的安全生产许可证 资质等级　　　　符合第二章"投标人须知"第 1.4.1 项规定 财务状况　　　　符合第二章"投标人须知"第 1.4.1 项规定 类似项目业绩　　符合第二章"投标人须知"第 1.4.1 项规定 信誉　　　　　　符合第二章"投标人须知"第 1.4.1 项规定 项目经理　　　　符合第二章"投标人须知"第 1.4.1 项规定 其他要求　　　　符合第二章"投标人须知"第 1.4.1 项规定 联合体投标人　　符合第二章"投标人须知"第 1.4.2 项规定 ……　　　　　　……
2.1.3	响应性评审标准	投标内容　　　　　符合第二章"投标人须知"第 1.3.1 项规定 工期　　　　　　　符合第二章"投标人须知"第 1.3.2 项规定 工程质量　　　　　符合第二章"投标人须知"第 1.3.3 项规定 投标有效期　　　　符合第二章"投标人须知"第 3.3.1 项规定 投标保证金　　　　符合第二章"投标人须知"第 3.4.1 项规定 权利义务　　　　　符合第四章"合同条款及格式"规定 已标价工程量清单　符合第五章"工程量清单"给出的范围及数量 技术标准和要求　　符合第七章"技术标准和要求"规定 ……　　　　　　　……

条款号	条款内容	编列内容
2.2.1	分值构成 （总分 100 分）	施工组织设计：____分 项目管理机构：____分 投 标 报 价：____分 其他评分因素：____分
2.2.2	评标基准价计算方法	
2.2.3	投标报价的偏差率 计算公式	偏差率 =100% ×（投标人报价 － 评标基准价）/ 评标基准价

（续）

条款号	评分因素	评分标准
2.2.4 (1) 施工组织设计评分标准	内容完整性和编制水平	……
	施工方案与技术措施	……
	质量管理体系与措施	……
	安全管理体系与措施	……
	环境保护管理体系与措施	……
	工程进度计划与措施	……
	资源配备计划	……
	……	……
2.2.4 (2) 项目管理机构评分标准	项目经理任职资格与业绩	……
	技术负责人任职资格与业绩	……
	其他主要人员	……
	……	……
2.2.4 (3) 投标报价评分标准	偏差率	……
	……	……
2.2.4 (4) 其他因素评分标准	……	……

1. 评标方法

本次评标采用综合评估法。评标委员会对满足招标文件实质性要求的投标文件，按照本章第2.2款规定的评分标准进行打分，并按得分由高到低顺序推荐中标候选人，或根据招标人授权直接确定中标人，但投标报价低于其成本的除外。综合评分相等时，以投标报价低的优先；投标报价也相等的，由招标人自行确定。

2. 评审标准

2.1 初步评审标准

2.1.1 形式评审标准：见评标办法前附表。

2.1.2 资格评审标准：见评标办法前附表（适用于未进行资格预审的）。

2.1.2 资格评审标准：见资格预审文件第三章"资格审查办法"详细审查标准（适用于已进行资格预审的）。

2.1.3 响应性评审标准：见评标办法前附表。

2.2 分值构成与评分标准

2.2.1 分值构成

（1）施工组织设计：见评标办法前附表；

（2）项目管理机构：见评标办法前附表；

（3）投标报价：见评标办法前附表；

（4）其他评分因素：见评标办法前附表。

2.2.2 评标基准价计算

评标基准价计算方法：见评标办法前附表。

2.2.3 投标报价的偏差率计算

投标报价的偏差率计算公式：见评标办法前附表。

2.2.4 评分标准

（1）施工组织设计评分标准：见评标办法前附表；

（2）项目管理机构评分标准：见评标办法前附表；

（3）投标报价评分标准：见评标办法前附表；

（4）其他因素评分标准：见评标办法前附表。

3. 评标程序

3.1 初步评审

3.1.1 评标委员会可以要求投标人提交第二章"投标人须知"第3.5.1项至第3.5.5项规定的有关证明和证件的原件，以便核验。评标委员会依据本章第2.1款规定的标准对投标文件进行初步评审。有一项不符合评审标准的，作废标处理（适用于未进行资格预审的）。

3.1.1 评标委员会依据本章第 2.1.1 项、第 2.1.3 项规定的评审标准对投标文件进行初步评审。有一项不符合评审标准的，作废标处理。当投标人资格预审申请文件的内容发生重大变化时，评标委员会依据本章第 2.1.2 项规定的标准对其更新资料进行评审（适用于已进行资格预审的）。

3.1.2 投标人有以下情形之一的，其投标作废标处理：

（1）第二章"投标人须知"第 1.4.3 项规定的任何一种情形的；

（2）串通投标或弄虚作假或有其他违法行为的；

（3）不按评标委员会要求澄清、说明或补正的。

3.1.3 投标报价有算术错误的，评标委员会按以下原则对投标报价进行修正，修正的价格经投标人书面确认后具有约束力。投标人不接受修正价格的，其投标作废标处理。

（1）投标文件中的大写金额与小写金额不一致的，以大写金额为准；

（2）总价金额与依据单价计算出的结果不一致的，以单价金额为准修正总价，但单价金额小数点有明显错误的除外。

3.2 详细评审

3.2.1 评标委员会按本章第 2.2 款规定的量化因素和分值进行打分，并计算出综合评估得分。

（1）按本章第 2.2.4（1）目规定的评审因素和分值对施工组织设计计算出得分 A；

（2）按本章第 2.2.4（2）目规定的评审因素和分值对项目管理机构计算出得分 B；

（3）按本章第 2.2.4（3）目规定的评审因素和分值对投标报价计算出得分 C；

（4）按本章第 2.2.4（4）目规定的评审因素和分值对其他部分计算出得分 D。

3.2.2 评分分值计算保留小数点后两位，小数点后第三位"四舍五入"。

3.2.3 投标人得分 =A+B+C+D。

3.2.4 评标委员会发现投标人的报价明显低于其他投标报价，或者在设有标底时明显低于标底，使得其投标报价可能低于其个别成本的，应当要求该投标人做出书面说明并提供相应的证明材料。投标人不能合理说明或者不能提供相应证明材料的，由评标委员会认定该投标人以低于成本报价竞标，其投标作废标处理。

3.3 投标文件的澄清和补正

3.3.1 在评标过程中，评标委员会可以书面形式要求投标人对所提交投标文件中不明确的内容进行书面澄清或说明，或者对细微偏差进行补正。评标委员会不接受投标人主动提出的澄清、说明或补正。·

3.3.2 澄清、说明和补正不得改变投标文件的实质性内容（算术性错误修正的除外）。投标人的书面澄清、说明和补正属于投标文件的组成部分。

3.3.3 评标委员会对投标人提交的澄清、说明或补正有疑问的，可以要求投标人进一步澄清、说明或补正，直至满足评标委员会的要求。

3.4 评标结果

3.4.1 除第二章"投标人须知"前附表授权直接确定中标人外，评标委员会按照得分由高到低的顺序推荐中标候选人。

3.4.2 评标委员会完成评标后，应当向招标人提交书面评标报告。

第四章 合同条款及格式

第一节 通用合同条款（略）

第二节 专用合同条款（略）

第三节 合同附件格式

附件一   合同协议书

合同协议书

_____（发包人名称，以下简称"发包人"）为实施_____（项目名称），已接受_____（承包人名称，以下简称"承包人"）对该项目_____标段施工的投标。发包人和承包人共同达成如下协议。

1. 本协议书与下列文件一起构成合同文件：

（1）中标通知书；

（2）投标函及投标函附录；

（3）专用合同条款；

（4）通用合同条款；

（5）技术标准和要求；

（6）图纸；

（7）已标价工程量清单；

（8）其他合同文件。

2. 上述文件互相补充和解释，如有不明确或不一致之处，以合同约定次序在先者为准。

3. 签约合同价：人民币（大写）____元（¥____）。

4. 承包人项目经理：____。

5. 工程质量符合____标准。

6. 承包人承诺按合同约定承担工程的实施、完成及缺陷修复。

7. 发包人承诺按合同约定的条件、时间和方式向承包人支付合同价款。

8. 承包人应按照监理人指示开工，工期为____日历天。

9. 本协议书一式____份，合同双方各执一份。

10. 合同未尽事宜，双方另行签订补充协议。补充协议是合同的组成部分。

发包人：____（盖单位章）   承包人：____（盖单位章）

法定代表人或其委托代理人：____（签字）   法定代表人或其委托代理人：____（签字）

____年____月____日   ____年____月____日

附件二　履约担保格式

履约担保

_____（发包人名称）：

鉴于___（发包人名称，以下简称"发包人"）接受___（承包人名称）（以下称"承包人"）于___ 年___月___日参加___（项目名称）___标段施工的投标。我方愿意无条件地、不可撤销地就承包人履行与你方订立的合同，向你方提供担保。

1. 担保金额人民币（大写）_____元（￥_____）。

2. 担保有效期自发包人与承包人签订的合同生效之日起至发包人签发工程接收证书之日止。

3. 在本担保有效期内，因承包人违反合同约定的义务给你方造成经济损失时，我方在收到你方以书面形式提出的在担保金额内的赔偿要求后，在 7 天内无条件支付。

4. 发包人和承包人按《通用合同条款》第 15 条变更合同时，我方承担本担保规定的义务不变。

担　保　人：_____（盖单位章）

法定代表人或其委托代理人：_____（签字）

地　　　址：_____

邮政编码：_____

电　　　话：_____

传　　　真：_____

___年___月___日

附件三 预付款担保格式

预付款担保

_____（发包人名称）：

　　根据____（承包人名称）（以下称"承包人"）与____（发包人名称）（以下简称"发包人"）于____年____月____日签订的____（项目名称）____标段施工承包合同，承包人按约定的金额向发包人提交一份预付款担保，即有权得到发包人支付相等金额的预付款。我方愿意就你方提供给承包人的预付款提供担保。

　　1. 担保金额人民币（大写）_____元（￥_____）。

　　2. 担保有效期自预付款支付给承包人起生效，至发包人签发的进度付款证书说明已完全扣清止。

　　3. 在本保函有效期内，因承包人违反合同约定的义务而要求收回预付款时，我方在收到你方的书面通知后，在 7 天内无条件支付。但本保函的担保金额，在任何时候不应超过预付款金额减去发包人按合同约定在向承包人签发的进度付款证书中扣除的金额。

　　4. 发包人和承包人按《通用合同条款》第 15 条变更合同时，我方承担本保函规定的义务不变。

担　保　人：_____（盖单位章）

法定代表人或其委托代理人：_____（签字）

地　　址：_____

邮政编码：_____

电　　话：_____

传　　真：_____

____年____月____日

第五章 工程量清单

1. 工程量清单说明

1.1 本工程量清单是根据招标文件中包括的、有合同约束力的图纸以及有关工程量清单的国家标准、行业标准、合同条款中约定的工程量计算规则编制。约定计量规则中没有的子目，其工程量按照有合同约束力的图纸所标示尺寸的理论净量计算。计量采用中华人民共和国法定计量单位。

1.2 本工程量清单应与招标文件中的投标人须知、通用合同条款、专用合同条款、技术标准和要求及图纸等一起阅读和理解。

1.3 本工程量清单仅是投标报价的共同基础，实际工程计量和工程价款的支付应遵循合同条款的约定和第六章"技术标准和要求"的有关规定。

1.4 补充子目工程量计算规则及子目工作内容说明：_____。

2. 投标报价说明

2.1 工程量清单中的每一子目须填入单价或价格，且只允许有一个报价。

2.2 工程量清单中标价的单价或金额，应包括所需人工费、施工机械使用费、材料费、其他（运杂费、质检费、安装费、缺陷修复费、保险费，以及合同明示或暗示的风险、责任和义务等），以及管理费、利润等。

2.3 工程量清单中投标人没有填入单价或价格的子目，其费用视为已分摊在工程量清单中其他相关子目的单价或价格之中。

2.4 暂列金额的数量及拟用子目的说明：

2.5 暂估价的数量及拟用子目的说明：

3. 其他说明

4. 工程量清单

4.1 工程量清单表

_____（项目名称）_____标段

序号	编码	子目名称	内 容 描 述	单位	数量	单价	合价

本页报价合计：_____

4.2 计日工表

4.2.1 劳务

编号	子目名称	单位	暂定数量	单价	合价

劳务小计金额：_____

（计入"计日工汇总表"）

4.2.2 材料

编号	子目名称	单位	暂定数量	单价	合价

材料小计金额：_____

（计入"计日工汇总表"）

4.2.3 施工机械

编号	子目名称	单位	暂定数量	单价	合价

施工机械小计金额：_____

（计入"计日工汇总表"）

4.2.4 计日工汇总表

名称	金额	备注
劳务		
材料		
施工机械		

计日工总计：_____

（计入"投标报价汇总表"）

4.3 暂估价表
4.3.1 材料暂估价表

序号	名称	单位	数量	单价	合价	备注

4.3.2 工程设备暂估价表

序号	名称	单位	数量	单价	合价	备注

4.3.3 专业工程暂估价表

序号	专业工程名称	工程内容	金额

小计:＿＿＿＿＿＿＿

4.4 投标报价汇总表

＿＿＿＿＿（项目名称）＿＿＿＿＿标段

汇总内容	金额	备注
清单小计　A		
包含在清单小计中的材料、工程设备暂估价　B		
专业工程暂估价　C		
暂列金额　E		
包含在暂列金额中的计日工　D		
暂估价 F=B+C		
规费　G		
税金　H		
投标报价　P=A+C+E+G+H		

4.5 工程量清单单价分析表

序号	编码	子目名称	人工费			材料费						机械使用费	其他	管理费	利润	单价
						主材				辅材费	金额					
			工日	单价	金额	主材耗量	单位	单价	主材费							

第二卷

第六章 图 样

1. 图样目录
2. 图样

第三卷

第七章 技术标准和要求（略）

第四卷

第八章 投标文件格式

详见 3.6 节。

2.5　建设工程招标案例分析

案例 2-1

某省重点工程项目计划于 2004 年 12 月 28 日开工，由于工程复杂，技术难度高，一般施工队伍难以胜任，业主自行决定采取邀请招标方式，于 2004 年 9 月 8 日向通过资格预审的 A、B、C、D、E 五家施工承包企业发出了投标邀请书。该五家企业均接受了邀请，并于规定时间 9 月 20～22 日购买了招标文件。招标文件中规定，10 月 18 日下午 4 时是招标文件规定的投标截止时间，11 月 10 日发出中标通知书。

在投标截止时间之前，A、B、D、E 四家企业提交了投标文件，但 C 企业于 10 月 18 日下午 5 时才送达，原因是中途堵车；10 月 21 日下午由当地招投标监督管理办公室主持进行了公开开标。

评标委员会成员共有 7 人组成，其中当地招投标监督管理办公室 1 人，公证处 1 人，招标人 1 人，技术经济方面专家 4 人。评标时发现 E 企业投标文件虽无法定代表人签字和委托人授权书，但投标文件均已有项目经理签字并加盖了公章。评标委员会于 10 月 28 日提出了评标报告。B、A 企业综合得分分别第一名、第二名。由于 B 企业投标报价高于 A 企业，11 月 10 日招标人向 A 企业发出了中标通知书，并于 12 月 12 日签订了书面合同。

问题

1. 企业自行决定采取邀请招标方式的做法是否妥当？说明理由。

2. C 企业和 E 企业投标文件是否有效？说明理由。

3. 请指出开标工作的不妥之处，说明理由。

4. 请指出评标委员会成员组成的不妥之处，说明理由。

点评

1. 根据《招标投标法》(第十一条) 规定，省、自治区、直辖市人民政府确定的地方重点项目中不适宜公开招标的项目，要经过省、自治区、直辖市人民政府批准，方可进行邀请招标。因此，本案业主自行对省重点工程项目决定采取邀请招标的做法是不妥的。

2. 根据《招标投标法》(第二十八条) 规定，在招标文件要求提交投标文件的截止时间后送达的投标文件，招标人应当拒收。本案 C 企业的投标文件送达时间迟于投标截止时间，因此该投标文件应被拒收。

根据《招标投标法》和国家发展计划委员会、建设部等制定的《评标委员会和评标方法暂行规定》，投标文件若没有法定代表人签字和加盖公章，则属于重大偏差。

本案 E 企业投标文件没有法定代表人签字，项目经理也未获得委托人授权书，无权代表本企业投标签字，尽管有单位公章，仍属存在重大偏差，应作废标处理。

3. ①根据《招标投标法》(第三十四条) 规定，开标应当在投标文件确定的提交投标文件的截止时间公开进行，本案招标文件规定的投标截止时间是 10 月 18 日下午 4 时，但迟至 10 月 21 日下午才开标，是不妥之处一；②根据《招标投标法》(第三十五条) 规定，开标由招标人主持邀请所有投标人参加，本案由属于行政监督部门的当地招投标监督管理办公室主持，是不妥之处二。

4. 根据《招标投标法》和国家发展计划委员会、建设部等制定的《评标委员会和评标方法暂行规定》，评标委员会由招标人或其委托的招标代理机构熟悉相关业务的代表，以及有关技术、经济等方面的专家，并规定项目主管部门或者行政监督部门的人员不得担任评标委员会委员。一般而言公证处人员不熟悉工程项目相关业务，当地招投标监督管理办公室属于行政监督部门，显然招投标监督管理办公室人员和公证处人员担任评标委员会成员是不妥的。《招标投标法》还规定评标委员会技术、经济等方面的专家不得少于成员总数的 2/3。本案技术、经济等方面的专家比例为 4:7，低于规定的比例要求。

另外，《招标投标法》(第四十六条) 规定，招标人和中标人应当自中标通知书发出之日起 30 日内，按照招标文件和中标人的投标文件订立书面合同。本案 11 月 10 日发出中标通知书，迟至 12 月 12 日才签订书面合同，两者的时间间隔已超过 30 天，违反了《招标投标法》的相关规定。

案例 2-2

某投资公司建设一幢办公楼，采用公开招标方式选择施工单位，投标保证金有效期时间同投标有效期。提交投标文件截止时间为 2013 年 5 月 30 日。该公司于 2013 年 3 月 6 日发出招标公告，后有 A、B、C、D、E 5 家建筑施工单位参加了投标，E 单位由于工作人员疏忽于 6 月 2 日提交投标保证金。开标会于 6 月 3 日由该省建委主持，D 单位在开标前向投资公司要求撤回投标文件。经过综合评选，最终确定 B 单位中标。双方按规定签订了施工承包合同。

问题

1. E 单位的投标文件按要求如何处理？为什么？

2. 对 D 单位撤回投标文件的要求应当如何处理？为什么？

3. 上述招标投标程序中，有哪些不妥之处？请说明理由。

点评

1. E 单位的投标文件应当被认为是无效投标而拒绝。因为招标文件规定的投标保证金是投标文件的组成部分，因此对于未能按照要求提交投标保证金的投标（包括）期限，招标单位将视为不响应招标而予以拒绝。

2. 对 D 单位撤回投标文件的要求，应当没收其投标保证金。因为投标行为是一种要约，在投标有效期内撤回其投标文件，应视为违约行为。

3.（1）提交投标文件的截止时间，与举行开标会的时间不是同一时间。按照《招标投标法》的规定，开标应当在招标文件确定的提交投标文件截止时间的同一时间公开进行。

（2）开标应当由招标人或者招标代理人主持，省建委作为行政管理机关只能监督招投标的活动，不能作为开标会的主持人。

案例 2-3

某省国道主干线高速公路土建施工项目实行公开招标，根据项目的特点和要求，招标人提出了招标方案和工作计划。采用资格预审方式组织项目土建施工招标，招标过程中出现了下列事件：

事件 1　7 月 1 日（星期一）发布资格预审公告。公告载明资格预审文件自 7 月 2 日起发售，资格预审申请文件于 7 月 22 日下午 4 时之前递交至招标人处。某投标人因从外地赶来，7 月 8 日（星期一）上午上班时间前来购买资审文件，被告知已经停售。

事件 2　资格审查过程中，资格审查委员会发现某省路桥总公司提供的业绩证明材料部分是其下属第一工程有限公司业绩证明材料，且其下属的第一工程有限公司具有独立法人资格和相关资质。考虑到属于一个大单位，资格审查委员会认可了其下属公司业绩为其业绩。

事件 3　投标邀请书向所有通过资格预审的申请单位发出，投标人在规定的时间内购买了招标文件。按照招标文件要求，投标人须在投标截止时间 5 日前递交投标保证金，因为项目较大，要求每个标段 100 万元投标担保金。

事件 4　评标委员会人数为 5 人，其中 3 人为工程技术专家，其余 2 人为招标人代表。

事件 5　评标委员会在评标过程中，发现 B 单位投标报价远低于其他报价。评标委员会认定 B 单位报价过低，按照废标处理。

事件 6　招标人根据评标委员会书面报告，确定各个标段排名第一的中标候选人为中标人，并按照要求发出中标通知书后，向有关部门提交招标投标情况的书面报告，同中标人签订合同并退还投标保证金。

事件 7　招标人在签订合同前，认为中标人 C 的价格略高于自己期望的合同价格，因而又与投标人C就合同价格进行了多次谈判。考虑到招标人的要求，中标人C觉得小幅度降价可以满足自己利润的要求，同意降低合同价，并最终签订了书面合同。

问题

1. 招标人自行办理招标事宜需要什么条件？

2. 所有事件中有哪些不妥当，请逐一说明。

3. 事件6中，请详细说明招标人在发出中标通知书后应于何时做其后的这些工作？

点评

1.《工程建设项目自行招标试行办法》（原国家计委5号令）第四条规定，招标人自行办理招标事宜，应当具有编制招标文件和组织评标的能力，具体包括：①具有项目法人资格（或者法人资格）；②具有与招标项目规模和复杂程度相适应的工程技术、概预算、财务和工程管理等方面专业技术力量；③有从事同类工程建设项目招标的经验；④设有专门的招标机构或者拥有3名以上专职招标业务人员；⑤熟悉和掌握招标投标法及有关法规规章。

2. 事件1~5和事件7做法不妥当，分析如下：

事件1不妥当。《工程建设项目施工招标投标办法》（七部委30号令）第十五条规定，自招标文件或者资格预审文件出售之日起至停止出售之日止，最短不得少于5日。本案中，7月2日周二开始出售资审文件，按照最短5个工作日，最早停售日期应是7月8日（星期一）下午。

事件2不妥当。《招标投标法》第二十五条规定，投标人是响应招标、参加投标竞争的法人或者其他组织。本案中，投标人或是以总公司法人的名义投标，或是以具有法人资格的子公司的名义投标。法人总公司或具有法人资格的子公司投标，只能以自己的名义、自己的资质、自己的业绩投标，不能相互借用资质和业绩。

事件3不妥当。《工程建设项目施工招标投标办法》第三十七条规定，投标保证金一般不得超过投标总价的2%，但最高不得超过80万元人民币。本案中，投标保证金的金额太高，违反了最高不得超过80万元人民币的规定；同时，投标保证金从性质上属于投标文件，在投标截止时间前都可以递交。本案招标文件约定在投标截止时间5日前递交投标保证金不妥，其行为侵犯了投标人权益。

事件4不妥当。《招标投标法》第三十七条规定，依法必须进行招标的项目，其评标委员会由招标人的代表和有关技术、经济等方面的专家组成，成员人数为5人以上单数，其中技术、经济等方面的专家不得少于成员总数的2/3。本案中，评标委员会5人中专家人数至少为4人才符合法定要求。

事件5不妥当。《评标委员会和评标方法暂行规定》（国家七部委[2001]第12号令）第二十一条规定，在评标过程中，评标委员会发现投标人的报价明显低于其他投标报价或者在设有标底时明显低于标底，使得其投标报价可能低于其个别成本的，应当要求该投标人做出书面说明并提供相关证明材料。投标人不能合理说明或者不能提供相关证明材料的，由评标委员会认定该投标人以低于成本报价竞标，其投标应作废标处理。本案中，评标委员会判定 B 的投标为废标的程序存在问题。评标委员会应当要求 B 投标人做出书面说明并提供相关证明材料，仅当投标人 B 不能合理说明或者不能提供相关证明材料时，评标委员会才能认定该投标人以低于成本报价竞标。作废标处理。

事件 7 不妥当。《招标投标法》第四十三条规定，在确定中标人前，招标人不得与投标人就投标价格、投标方案等实质性内容进行谈判。同时，《工程建设项目施工招标投标办法》（30 号令）第五十九条规定，招标人不得向中标人提出压低报价、增加工作量、缩短工期或其他违背中标人意愿的要求，以此作为发出中标通知书和签订合同的条件。本案中，招标人与中标人就合同中标价格进行谈判，直接违反了法律规定。

3. 招标人在发出中标通知书后，应完成以下工作：

（1）自确定中标人之日起 15 日内，向有关行政监督部门提交招标投标情况的书面报告。

（2）自中标通知书发出之日起 30 日内，按照招标文件和中标人的投标文件，与中标人订立书面合同；招标文件要求中标人提交履约担保的，中标人应当在签订合同前提交，同时招标人向中标人提供工程款支付担保。

（3）与中标人签订合同后 5 个工作日内，向中标人和未中标的投标人退还投标保证金。

案例 2-4

某公路大桥为某高速公路跨越长江的一座特大型公路桥梁，其引桥和接线一期土建招标划分了多个标段，且招标人首先对投标人进行了资格预审。资格预审评审后，各标段通过投标人个数均为 8 家左右，且均为具有良好履约信誉和施工管理综合能力的大型国有施工企业。

受招标人委托，某招标代理单位编制了本项目招标文件，根据国家相关法规规定在招标文件中约定"本项目评标采用合理低价法。招标人将于开标前 7 日以书面形式通知各投标人本项目的招标人最高限价"，但在开标前 7 日，招标人出于某些考虑和对通过资格预审各投标人在投标市场会遵守公平竞争规则的信任，发出书面通知告知投标人取消本项目的投标最高限价。

开标后，各标段投标人的投标报价均远远超出批准的概算；且经过评审，从投标人报价文件可以明显看出存在投标人串通投标、哄抬标价的行为，为此，评标委员会否决了所有投标。

问题

1. 指出本案做法不妥当之处，并说明其理由。

2. 评标委员会否决所有投标的理由是否充分？招标人应怎样处理后续事项？

[**分析**] 招标文件中设置最高限价或最高控制价的目的，是为了防止投标人哄抬标价，造成合同履行资金不足的情形。本案中，招标人在开标前 7 日宣布取消最高限价的做法，一方面不满足法律对招标文件澄清与修改发出的时间要求，同时也造成了所有投标报价超出了原定最高限价。

《中华人民共和国招标投标法》第三十二条规定，投标人不得相互串通投标报价，不得排挤其他投标人的公平竞争，损害招标人或者其他投标人的合法权益；第四十二条又规定，评标委员会经评审，认为所有投标都不符合招标文件要求的，可以否决所有投标。

《评标委员会和评标方法暂行规定》（12 号令）第二十条进一步规定，评标委员会发现投标人以他人的名义投标、串通投标、以行贿手段谋取中标或者以其他弄虚作假方式投标的，该投标人的投标应作废标处理。所以，评标委员会依据《招标投标法》及相关规定否决本项目所有投标。《招标投标法》第四十二条同时规定，依法必须进行招标的项目的所有投标被否决的，招标人应当依照本法重新招标。

点评

1. 招标文件中约定，"招标人将于开标前 7 日以书面形式通知各投标人本项目的招标人最高限价"及开标前 7 日发出取消投标最高限价的通知不妥。《招标投标法》第二十三条规定，招标人对已发出的招标文件进行必要的澄清或者修改的，应当在招标文件要求提交投标文件截止时间至少 15 日前，以书面形式通知所有招标文件收受人。本案中招标人发出取消控制上限的通知直接影响投标人编写投标文件，属于招标文件重要条款的修改，发出的时间不符合招投标法规定。

2. 投标人投标文件有明显串通投标、哄抬标价的行为，评标委员会认为本次投标缺乏竞争性，依据《招标投标法》第四十二条和《评标委员会和评标方法暂行规定》（12 号令）第二十条的规定，否决本次所有投标的行为合法。招标人须依据评标委员会的评标结论重新招标。

■■■ **案例 2-5**

某城市地方政府在城市中心区投资兴建一座现代化公共建筑 A，批准单位为国家发展改革委员会，文号为发改投字 [2005]146 号，建筑面积 56 844m²，占地 4 688m²，建筑檐口高度 68.86m，地下 3 层，地上 20 层。采用公开招标、资格后审的方式确定设计人，要求设计充分体现城市特点，与周边环境相匹配，建成后成为城市的标志性建筑。招标内容为方案设计、初步设计和施工图设计三部分，以及建设过程中配合发包人解决设计遗留问题等事项。某招标代理机构草拟了一份招标公告如下：

招标公告

招标编号：_____08-_____号

_____城市的 A 工程项目，已由国家发展改革委员会投字 [2005]146 号文批准建设，该项目为政府投资项目。已经具备了设计招标条件，现采用公开招标的方式确定该项目设计人，凡符合资格条件的潜在投标人均可以购买招标文件，在规定的投标截止时间投标。

（1）工程概况：详见招标文件。

（2）招标范围：方案设计、初步设计、施工图设计以及工程建设过程中配合招标人解决现场设计遗留问题。

（3）资格审查采用资格后审方式，凡符合本工程房屋建筑设计甲级资格要求并资格审查合格的投标申请人才有可能被授予合同。

（4）对本招标项目感兴趣的潜在投标人，可以从 ___省 ___市 ___路 ___号政府机关服务中心购买招标文件。时间为 2008 年 9 月 10 日至 2008 年 9 月 12 日，每日上午 8 时 30 分至 12 时 00 分，下午 13 时 30 分至 17 时 30 分（公休日、节假日除外）。

（5）招标文件每套售价为 200 元人民币。售后不退。如需邮购，可以书面形式通知招标人，并另加邮费每套 40 元人民币。招标人在收到邮购款后 1 日内，以快递方式向投标申请人寄送上述资料。

（6）投标截止时间为 2008 年 9 月 20 日 9 时 30 分。投标截止日前递交的，投标文件须送达招标人（地址、联系人见后）；开标当日递交的，投标文件须送达 ____省 ___市 ___路 ___号市政府机关服务中心。逾期送达的或未送达到指定地点的投标文件将被拒绝。

（7）招标项目的开标会将于上述投标截止时间的同一时间在 ____省 ____市 ___路 ___号市政府机关服务中心公开进行，邀请投标人派代表人参加开标会议。

（招标代理机构名称、地址、联系人、电话、传真等（略））

问题

请逐一指出该公告的不当之处。

点评

该公告有以下不当之处：

1. 未载明招标人名称地址；

2. 未载明招标项目概况；

3. 发售招标文件的时间不满足 5 个工作日；

4. 投标截止时间不符合法律规定不得少于 20 日；

5. 投标文件递交的地址不完整，地址应载明单位的具体楼号、房间号。

案例 2-6

某住宅楼的招标人于 2006 年 10 月 11 日向具备承担该项目能力的 A、B、C、D、E 共 5 家施工单位发出投标邀请书，其中说明，10 月 17 ~ 18 日 9 ~ 16 时在该招标人总工程室领取招标文件，11 月 8 日 14 时为投标截止时间。该 5 家施工单位均接受邀请，并按规定时间提交了投标文件。但 A 单位在送出投标文件后发现报价有较严重的失误，遂赶在投标截止时间前 10 分钟递交了一份书面申明，撤回已提交的投标文件。

开标时，由招标人委托的当地公证处人员检查投标文件的密封情况，确认无误后，由工作人员当场拆封。由于 A 单位已撤回投标文件，故招标人宣布有 B、C、D、E 4 家施工单位投标，并宣布该 4 家单位的投标价格、工期和其他主要内容。

评标委员会成员由招标人直接确定，由 7 人组成，其中招标人代表 2 人、本系统技术专家 2 人、经济专家 1 人，外系统技术专家 1 人、经济专家 1 人。

在评标过程中，评标委员会要求 B、D 两投标人分别对其施工方案作详细说明，并对若干技术要点和难点提出问题，要求其提出具体、可靠的实施措施。作为评标委员的招标人代表希望 B 单位再适当考虑一下降低报价的可能性。

按照招标文件中确定的综合评标标准，4 个投标人综合得分从高到低的依次顺序为 B、D、C、E，故评标委员会确定承包商 B 为中标人。由于承包商 B 为外地企业，招标人于 11 月 10 日将中标通知书以挂号方式寄出，B 单位于 11 月 14 日收到中标通知书。

从报价情况来看，由于 4 个投标人的报价从低到高的依次顺序为 D、C、B、E，因此，从 11 月 17 日至 12 月 11 日招标人又与 B 单位就合同价格进行了多次谈判，结果 B 单位将价格降到略低于 C 单位的报价水平，最终双方于 12 月 12 日签订了书面合同。

问题

从所介绍的背景资料来看，在该项目的招标投标程序中，有哪些方面不符合《招标投标法》规定？请逐一说明。

点评

在该项目招标投标程序中，有以下几方面不符合《招标投标法》的有关规定，分述如下：

1. 招标人不应仅宣布 4 家施工单位参加投标。《招标投标法》规定：招标人在招标文件要求提交投标文件的截止时间前收到的所有投标文件，开标时都应当众拆封、宣读。这一规定是比较模糊的，仅按字面理解，已撤回的投标文件也应当宣读，但这显然与有关撤回投标文件的规定的初衷不符。按国际惯例，虽然 A 单位在投标截止时间前已撤回投标文件，但仍应作为投标人宣读其名称，但不宣读其投标文件的其他内容。

2. 评标委员会成员不应全部由招标人直接确定。按规定，评标委员会中的技术、经济专家，一般招标项目应采取从专家库中随机抽取方式，特殊招标项目可以由招标人直接确定。本项目显然属于一般招标项目。

3. 评标过程中不应要求承包商考虑降价问题。按规定，评标委员会可以要求投标人对投标文件中含义不明确的内容作必要的澄清或说明，但澄清或说明不得超出投标文件的范围或改变投标文件的实质性内容；在确定中标人前，招标人不得与投标人就投标价格、投标方案的实质性内容进行谈判。

4. 中标通知书发出后，招标人不应与中标人就价格进行谈判。按规定，招标人和中标人应按照招标文件和投标文件订立书面合同，不得再行订立背离合同实质性内容的其他协议。

5. 订立书面合同的时间过迟。按规定，招标人和中标人应当自中标通知书发出之日（不是中标人收到中标通知书之日）起 30 日内订立书面合同，而本案例为 32 日。

案例 2-7

某教学楼工程，标底价为 4 500 万元，标底工期为 360 天。各评标指标的相对权重为：工程报价 40%；质量 35%；企业信誉 15%；工期 10%。各承包商投标报价情况见表 2-2。

表 2-2　投标报价情况一览表

投标单位	工程报价（万元）	投标工期（天）	上年度优良工程建筑面积 (m²)	上年度承建工程建筑面积 (m²)	上年度获荣誉称号	上年度获工程质量奖
A	4 460	320	24 000	50 600	市级	市级
B	4 530	300	46 000	60 800	省部级	市级
C	4 100	280	21 500	71 200	无	县级
D	4 290	270	18 000	43 200	市级	县级

问题

1. 根据综合评分法（见表 2-3）的规则，初选合格的投标单位。

2. 对合格投标单位进行综合评价，确定其中标单位。

表 2-3　综合评分法量化指标计算方法

评标指标	计算方法		
相对报价 χ_p	$\chi_p=$（标底 − 标价）/ 标底 ×100+90 〔当 $0 \leqslant$（标底 − 标价）/ 标底 ×100 ≤ 10 时有效〕		
工期 χ_t	$\chi_t=$（招标工期 − 投标工期）/ 招标工期 ×100+75 〔当 $0 \leqslant$（招标工期 − 投标工期）/ 招标工期 ×100 ≤ 25 时有效〕		
工程优良率 χ_q	$\chi_q=$ 上年度优良工程竣工面积 / 上年度承建工程竣工面积 ×100		
企业信誉 $\chi_n(\chi_n=\chi_1+\chi_2)$	项　目	等级 (χ_1)	分值 (χ_2)
	上年度获荣誉称号	省部级	50
		市级	40
		县级	30
	上年度获工程质量奖	省部级	50
		市级	40
		县级	30

点评

问题 1　B 投标单位的工程报价 4 530 万元，已超过标底价 4 500 万元，故初选入围单位有 A、C、D 三个单位。

问题 2　根据投标报价情况一览表和综合评分法量化指标计算方法计算出的各指标值见表 2-4。

根据投标报价各指标计算值和各指标权重，确定投标单位综合评分结果及名次，见表 2-5。

表 2-4

指标\投标单位	相对报价 χ_p	工期 χ_t	工程优良率 χ_q	企业信誉 χ_n		
				荣誉称号 χ_1	工程质量奖 χ_2	$\chi_n = \chi_1 + \chi_2$
A	(4 500-4 460)/4 500 ×100+90 = 90.89	(360 − 320)/360 × 100+75 = 86.14	24 000/50 600=47.43	40	40	80
C	(4 500-4 100)/4 500 ×100+90 = 98.89	(360 − 280)/360 × 100+75 = 97.22	21 500/71 200=30.20	0	30	30
D	(4 500-4 290)/4 500 ×100+90 = 94.67	(360 − 270)/360 × 100+75 = 100	18 000/43 200=41.67	40	30	70

表 2-5

指标\投标单位	工程报价	工 期	工程优良率	企业信誉	总分	名次
A	90.89 × 40% = 36.36	86.14 × 10% = 8.61	47.43 × 35% = 16.60	80 × 15% = 12	73.57	1
C	98.89 × 40% = 39.56	97.22 × 10% = 9.72	30.20 × 35% = 10.57	30 × 15% = 4.5	64.35	3
D	94.67 × 40% = 37.87	100 × 10% = 10	41.67 × 35% = 14.58	70 × 15% = 10.5	72.95	2

结论：中标单位为 A。

本章小结

1. 建设工程招标的范围、条件、方式和程序。

2. 详细介绍了建设工程施工招标，简单介绍了勘察设计招标、监理招标和物资采购招标。

3. 详细介绍了施工招标文件的编制案例。

4. 本章的理论和案例部分使学生具备编制建设工程施工招标文件的能力和初步具备评标的基本能力。

实训题

1. 请以 5 人为一个小组，收集某建筑工程项目的有关资料，参照 2.4 节和其他有关工程招标案例，编写一份完整的招标文件。

2. 某写字楼项目的建设单位经过多方了解，邀请了 A、B、C 三家技术实力和资信可靠的施工单位参加该项目的投标。

招标文件规定：评标时采用最低综合报价中标的原则，但最低投标价低于次低投标价 10% 的报价将不予考虑。工期不得超过 18 个月，若投标人自报工期少于 18 个月，在评标时将考虑其给建设单位带来的收益，折算成综合报价后进行评标。若实际工期短于自报工期，每提前1天奖励1万元；若实际工期超过自报工期，每拖延1天罚款2万元。

A、B、C三家施工单位投标书中与报价和工期有关的数据汇总于下表：

假定：贷款月利率为1%，各分部工程每月完成的工作量相同，在评标时考虑工期提前给建设单位带来的收益为每月40万元。

| 投标人 | 基础工程 | | 上部结构工程 | | 安装工程 | | 安装工程与上部 |
	报价（万元）	工期（月）	报价（万元）	工期（月）	报价（万元）	工期（月）	工程搭接时间（月）
A	400	4	1000	10	1020	6	2
B	420	3	1080	9	960	6	2
C	420	3	1100	10	1000	5	3

现值系数表

n	2	3	4	6	7	8	9	10	12	13	14	15	16
(P/A,1%,n)	1.970	2.941	3.902	5.795	6.728	7.625	8.566	9.471	……	……	……	……	……
(P/F,1%,n)	0.980	0.971	0.961	0.942	0.933	0.923	0.914	0.905	0.887	0.879	0.870	0.861	0.853

问题

（1）我国《招标投标法》对中标人的投标应当符合的条件是如何规定的？

（2）若不考虑资金的时间价值，应选择哪家施工单位作为中标人？（提示：综合报价A＝2 420万元；B＝2 380万元；C＝2 400万元。）

（3）若考虑资金的时间价值，应选择哪家施工单位作为中标人？（提示：综合报价A＝2 170万元；B＝2 180万元；C＝2 200万元。注：精确到10万元。）

思考题

1. 简述建设工程招标方式有哪些。

2. 建设工程施工招标中的资格审查的内容有哪些？

3. 建设工程施工招标文件应当包括哪些内容？

4. 无效投标文件是指哪些？

5. 评标委员会是如何组成的？

6. 简述建设工程监理招标的特点和范围。

7. 什么是建设工程物资采购招标的特点？

8. 某建设单位经相关主管部门批准，组织某建设项目全过程总承包（即EPC模式）的公开招标工作。根据实际情况和建设单位要求，该工程工期定为两年，考虑到各种因素的影响，决定该工程在基本方案确定后即开始招标，确定的招标程序如下：

（1）成立该工程招标领导机构；

（2）委托招标代理机构代理招标；

（3）发出投标邀请书；

（4）对报名参加投标者进行资格预审，并将结果通知合格的申请投标人；

（5）向所有获得投标资格的投标人发售招标文件；

（6）召开投标预备会；

（7）招标文件的澄清与修改；

（8）建立评标组织，制定标底和评标、定标办法；

（9）召开开标会议，审查投标书；

（10）组织评标；

（11）与合格的投标者进行质疑澄清；

（12）决定中标单位；

（13）发出中标通知书；

（14）建设单位与中标单位签订承发包合同。

问题

1. 指出上述招标程序中的不妥和不完善之处。

2. 该工程共有7家投标人投标，在开标过程中，出现如下情况：

（1）其中1家投标人的投标书没有按照招标文件的要求进行密封和加盖企业法人印章，经招标监督机构认定，该投标做无效投标处理；

（2）其中1家投标人提供的企业法定代表人委托书是复印件，经招标监督机构认定，该投标做无效投标处理；

（3）开标人发现剩余的5家投标人中，有1家的投标报价与标底价格相差较大，经现场商议，也作为无效投标处理。

指明以上处理是否正确，并说明原因。

3. 建设单位从建设项目投资控制角度考虑，倾向于采用固定总价合同。固定总价合同具有什么特点？

答案

问题1

第（3）条发出招标邀请书不妥，应为发布（或刊登）招标通告（或公告）。

第（4）条将资格预审结果仅通知合格的申请投标人不妥，资格预审的结果应通知所有投标人。

第（6）条召开投标预备会前应先组织投标单位踏勘现场。

第（8）条制定标底和评标定标办法不妥，该工作不应安排在此处进行。

问题2

第（1）的处理是正确的，投标书必须密封和加盖企业法人印章；

第（2）的处理是正确的，企业法定代表人的委托书必须是原件；

第（3）的处理是不正确的，投标报价与标底价格有较大差异不能作为判定是否为无效投标的依据。

问题3

（1）便于业主（或建设单位）投资控制。

（2）对承包人来说要承担较大的风险（或发包人承担的风险较小）。

（3）应在合同中确定一个完成项目总价。

（4）有利于在评标时确定报价最低的承包商。

9. 某建设单位经当地主管部门批准，自行组织某项建设项目施工公开招标工作，招标程序如下：

①成立招标工作小组；②发出招标邀请书；③编制招标文件；④编制标底；⑤发放招标文件；⑥投标单位资格预审；⑦组织现场踏勘和招标答疑；⑧接收投标文件；⑨开标；⑩确定中标单位；⑪发出中标通知书；⑫签订承包合同。

该工程有 A、B、C、D、E 五家经资格审查合格的施工企业参加投标。经招标小组确定的评标指标及评分方法为：

（1）评价指标包括报价、工期、企业信誉和施工经验四项，权重分别为50%、30%、10%、10%；

（2）报价在标底价的（±3%）以内为有效标，报价比标底价低3%为100分，在此基础上每上升1%扣5分；

（3）工期比定额工期提前15%为100分，在此基础上，每延长10天扣3分。

五家投标单位的投标报价及有关评分如下表。

评标单位	报价（万元）	工期（天）	企业信誉评分	施工经验得分
A	3 920	580	95	100
B	4 120	530	100	95
C	4 040	550	95	100
D	3 960	570	95	90
E	3 860	600	90	90
标底	4 000	600	—	—

问题

1. 该工程的招标工作程序是否妥当？为什么？

2. 根据背景资料填写下表，并据此确定中标单位。

投标单位 项目	A	B	C	D	E	权重
报价得分						
工期得分						
企业信誉得分						
施工经验得分						
总分						
名次						

注：若报价超出有效范围，注明废标。

参考答案：

问题1

招标程序欠妥。应将"发出招标邀请书"改为"发布招标公告"；将"编制招标文件"和"编制标底"放到发布招标公告之前；将"投标单位资格预审"放到"发放招标文件"之前；"开标"后要进行"评标"。

问题2

投标单位 项目	A	B	C	D	E	权重
报价得分	95	70	80	90	废标	50%
工期得分	79	94	88	82	73	30%
企业信誉得分	95	100	95	95	90	10%
施工经验得分	100	95	100	90	90	10%
总分	90.7	82.7	85.9	88.1	废标	—
名次	1	4	3	2	废标	—

所以，中标单位应为A单位。

第 3 章

建设工程投标

学习重点

1. 施工投标的程序；
2. 施工投标文件的编制；
3. 投标报价的关键与技巧。

学习难点

不平衡报价法。

技能要求

1. 熟悉投标程序，初步掌握投标报价技巧；
2. 完整编制简单的投标文件。

3.1 建设工程投标概述

对应于招标，投标实质上是一种贸易方式的另一个方面，这种贸易方式既适用于采购物资设备，也适用于发包项目。投标是投标人（卖方或工程承包商）应招标人的邀请，根据招标人规定的条件，在规定的时间和地点向招标人做出承诺以争取成交的行为。投标的实质是卖方的竞争。有关建设工程的投标包含勘察、设计、施工、监理以及与工程建设有关的重要设备、材料的采购等方面，本书主要讨论建设工程施工投标。

3.1.1 投标人应具备的条件

根据《招标投标法》规定，投标人是响应招标、参加投标竞争的法人或者其他组织。在特殊情况下个人也可以作为投标人，当依法招标的科研项目允许个人参加投标时，个人就可以作为投标人。建设工程施工投标人应具备以下条件。

（1）投标人应是可经营建筑安装工程施工的法人单位或其他组织，而且必须持有有关主管部门批准并登记注册的建设工程施工资质。

（2）投标人应具备承担招标项目的能力。由于招标项目的规模、结构、标准、施工技术条件的要求不同，所以对投标人的资质等级、技术力量和施工经验会有相应的要求，这样才能保证项目的顺利完工。

我国建筑业企业资质分为施工总承包、专业承包和劳务分包三个序列。施工总承包资质的企业，可以对工程实行施工总承包或者对主体工程实行施工承包。专业承包资质的企业，可以承接施工总承包企业分包的专业工程或者建设单位按照规定发包的专业工程。劳务分包资质的企业，可以承接施工总承包企业或者专业承包企业分包的劳务作业。在这三种序列中又按照工程性质和技术特点分别划分为若干资质类别，各资质类别按照规定的条件划分为若干等级，各等级都规定了相应的可承包工程的范围。

（3）国家有关规定或者招标文件对投标人资格条件有规定的，投标人应当具备规定的资格条件。对于一些大型建设项目、重点工程或有特殊技术要求的工程，除了要求供应商或承包商有一定的资质条件，还会要求投标人具备一些与项目本身特点相关的特殊条件。如承建过相类似工程、具有特殊的施工资质、拥有特殊的施工机械设备、曾获得鲁班奖或省、市级的施工质量奖。当参加这类招标时必须具有相应的资质证书和相应的工作经验与业绩证明才能成为投标人。

（4）两个以上法人或者其他组织可以组成一个联合体，以一个投标人的身份共同投标。联合体作为投标人应符合以下条件。

1）联合体各方均应当具备承担招标项目的相应能力。

2）国家有关规定或者招标文件对投标人资格条件有规定的，联合体各方均应当具备规定的相应资格条件。

3）由同一专业的单位组成的联合体，按照资质等级较低的单位确定资质等级。

4）联合体各方应当签订共同投标协议，明确约定各方拟承担的工作和相应的责任，并将共同投标协议连同投标文件一并提交招标人。如中标联合体各方应当共同与招标人签订合同，就中标项目向招标人承担连带责任，但是共同投标协议另有约定的除外。

5）联合体应该指定一家联合体成员作为主办人，由联合体各成员法定代表人签署提交一份授权书，证明其主办人资格。

6）参加联合体的各成员不得再以自己的名义单独投标，也不得同时参加两个和两个以上的联合体投标。

3.1.2 投标人应遵守的基本规则

建设工程施工投标人在投标时，必须遵守以下基本规则。

（1）投标人应当按照招标文件的要求编制投标文件，投标文件应当对招标文件提出的要求和条件做出实质性响应。投标文件的内容应当包括投标报价、施工组织设计、拟派出的项目负责人与主要技术人员的简历、业绩和拟用于完成招标项目的机械设备等。

（2）投标人应当在招标文件所要求提交投标文件的截止时间前，将投标文件送达投标地点。招标人收到投标文件后，应当签收保存，不得开启。招标人对招标文件要求提交投标文件的截止时间后收到的投标文件，应当原样退还，不得开启。

（3）投标人在招标文件要求提交投标文件的截止时间前，可以补充、修改或者撤回已提交的投标文件，并书面通知招标人。补充、修改的内容为投标文件的组成部分。

（4）投标人根据招标文件载明的项目实际情况，拟在中标后将中标项目的部分非主体、非关键性工作交由他人完成的，应当在投标文件中载明。

（5）投标人不得相互串通投标报价，不得排挤其他投标人的公平竞争，损害招标人或者他人的合法权益。

（6）投标人不得以低于合理预算成本的报价竞标，也不得以他人名义投标或者以其他方式作假，骗取中标。所谓合理预算成本，即按照国家有关成本核算的规定计算的成本。

3.1.3 建设工程施工投标的组织

对于施工企业来说，投标工作是企业经营的关键问题，关乎企业的生存和发展。如果中标项目太少，就意味着工作量不足、利润下降、资金短缺，使企业陷入困境，有时一项工程能否中标甚至可以决定一个企业的生存与否。另一方面，如果投标命中率很高，那么企业工作量饱满，资金充裕，这就为企业的发展提供了一个良好的基础。所以，作为投标人的企业必须高度重视投标工作，需要有专门的机构和人员对投标的全部活动过程加以组织和管理。实践证明，建立一个组织完善、业务水平高的投标班子是投标获得成功的根本保证。

因为招标人的目的是在公开、公平、公正的市场环境下选择价格合理、保证质量的施工企业，所以在建设工程施工投标中，对于投标人来说，参加投标就面临一场全方位的竞争。投标人之间不仅是报价高低的竞争，而且也是技术、经验、实力和信誉的竞争。为了在竞争中取胜，投标人的投标班子应该以企业主要负责人为领导，以技术、经济负责人为主要成员构成投标班子的核心，这样才能保证投标工作得到足够的重视，各部门之间互相配合，齐心协力做好投标工作。投标班子的具体工作人员一般主要有如下三类。

（1）经营管理类人员：是指专门从事工程承包经营管理、参与制定和贯彻经营方针与规划的人员。这类工作人员应具备以下基本条件。

1）具备经营管理知识，视野开阔、头脑灵活，对相关学科也应有相当知识水平。

2）具备一定的法律知识和实际工作经验。该类人员应了解我国，乃至国际上有关的法律和国际惯例，并对开展投标业务所应遵循的各项规章制度有充分的了解。同时，丰富的阅历和实际工作经验，可以使投标人员全面掌握市场的动向，具有较强的预测能力和相应的应变能力。

3）必须勇于开拓，具有较强的社会活动能力。在建筑市场竞争激烈的今天，经营人员不能被动等待项目找上门来，必须主动出击，动用一切力量开拓市场；经营人员还应具备较强的社会活动能力，积极参加有关的社会活动，扩大信息交流，不断地吸收投标业务工作所必需的新知识和情报。只有这样才能在竞争中取得优势。

（2）专业技术人员：主要是指工程及施工中的各类技术人员，诸如造价师、建筑师、土木工程师、电气工程师、机械工程师等各类专业技术人员。专业技术人员应拥有本学科最新的专业知识，具备熟练的实际操作能力，以便在投标时能从本公司的实际技术水平出发，提出各专业实施方案、做出合理的工程造价。

（3）商务金融类人员：是指具有金融、贸易、税法、保险、采购、保函、索赔等专业知识的人员。在招标文件中往往会有与商务、金融有关的内容，比如保函、保证金、保险等。在投标班子中有商务金融类人员就能更好地理解招标文件的含义，准确响应招标文件，同时投标会有更大的把握。

以上是投标班子的人员组成，在实际操作中，这些人员往往隶属于企业的不同部门，投标工作由这些部门共同协作。与投标有关的部门有经营部、技术部、物资供应部、预算部、合同部（有时与经营部合并）、财务部。

一个投标班子需要各类人员共同参与，协同作战，这就要求班子中的核心成员，尤其是主要领导能够全面、系统地分析问题，并且具有很强的协调能力，在投标前做好筹划，在投标过程中全面协调，在投标的最后阶段敢于承担责任，在综合分析的基础上果断做出决策。

除上述关于投标班子的组成和要求外，一个企业还需注意：保持投标班子成员的相对稳定，不断提高其素质和水平，这对于提高投标的竞争力至关紧要；同时，核心人员不宜太多，一方面有利于核心的稳定、增加凝聚力，一方面有利于决策结果的保密。

3.2   建设工程施工投标程序

建设工程施工投标是法制性、政策性很强的工作，必须依照特定的程序进行，这在《中华人民共和国招标投标法》和《房屋建筑和市政基础设施工程施工招标投标管理办法》中都有严格规定，将这些规定与实际工作相结合，总结为如图3-1的投标工作流程。

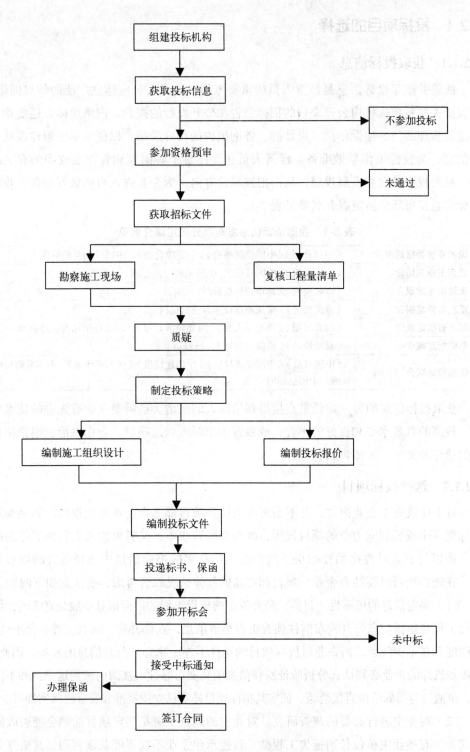

图 3-1　建筑工程施工投标流程

3.2.1   投标项目的选择

3.2.1.1   获取投标信息

搜集并跟踪投标信息是经营人员的重要工作，经营人员应建立广泛的信息网络，不仅要关注各招标机构公开发行的招标公告和公开发行的报刊、网络媒体，还要建立与建设管理部门、建设单位、设计院、咨询机构的良好关系，以便尽早了解建设项目的信息，为投标工作早做准备。经营人员还要注意了解国家和省市发改委的有关政策，预测投资动向和发展规划，从而把握经营方向，为企业进入市场做好准备。我国招标信息发布部分指定媒介名单见表 3-1。

表 3-1   我国招标信息发布部分指定媒介名单

国家发改委指定媒介	《中国日报》《中国经济导报》《中国建设报》、中国采购与招标网
北京市指定媒介	《人民日报》《中国日报》、中国采购与招标网、北京投资平台
天津市指定媒介	《今晚报》、天津市招标投标网
重庆市指定媒介	《重庆商报》、重庆市建设项目及招标网
河北省指定媒介	《河北日报》《河北工人报》《河北经济日报》、河北省招标投标综合网
新疆指定媒介	《新疆日报》《新疆经济报》、新疆信息网
江苏指定媒介	《中国日报》《中国经济导报》《中国建设报》《江苏经济报》、中国采购与招标网、中国招标网

获取投标信息的另一途径是直接得到招标人的邀请。这需要企业有先进的技术手段、较高的管理水平和良好的声誉；或者曾为招标人做过项目，合作融洽，得到招标人的信任和赞赏，希望再次合作。

3.2.1.2   选择投标项目

对于建筑施工企业而言，并不是所有的招标项目都适合企业参加投标。如果参加中标概率小或赢利能力差的项目投标，既浪费经营成本，又有可能失去其他更好的机会。所以经营人员要协助投标班子的负责人在众多的招标信息中选择适合的项目投标。在选择项目时要结合企业、项目和市场的具体情况综合考虑，要注意如下问题。

（1）确定信息的可靠性。目前，公开发布的建设工程的招标信息一般是真实的，但建设工程在招标信息公开发布前往往有很多小道消息，真伪并存，其真实性、公平性、透明度存在不少问题，而企业对投标项目的选择不能一味等待公开信息的发布，因此，要参加投标的企业必须认真分析验证所获信息的真实可靠性。在国内做到这一点并不困难，可通过与招标单位直接洽谈，证实其招标项目确实已立项批准和资金已落实即可。

（2）对业主进行必要的调查研究。对业主的调查了解是确定项目的酬金能否收回的前提。有些业主单位长期拖欠工程款，致使承包企业不仅不能获取利润，甚至连成本都无法收回。还有些业主单位的工程负责人利用职权与分包商或材料供应商等勾结，索要巨额回扣，或直接向承包企业索要贿赂，致使承包企业苦不堪言。投标人必须对获得项目之后业主履行合同的各种风险进行认真的评估分析。

（3）对竞争对手进行必要的了解。通过对竞争对手的数量、实力、在建工程和拟建工程的状况的了解，确定自己的竞争优势，初步判断中标的概率。如果竞争对手很多，实力又很强，就要考虑是否值得下功夫去投标。

（4）对招标项目的工程情况做初步分析。投标人应了解工程的水文地质条件、勘测深度和设计水平，工程控制性工期和总工期。如果工程规模、技术要求超过本企业的技术等级，就不能参加投标。

（5）对本企业实力的评估。投标人应对企业自身的技术、经济实力和管理水平和目前在建工程项目的情况有清醒的认识，确认企业能够满足投标项目的要求。如果接受超出自身能力的项目，那就可能导致巨大的经济损失，并损害企业的信誉，在竞争激烈的市场上给以后的工作埋下很大的隐患。另外，如果本企业施工任务饱满，对赢利水平低、风险大的项目可以考虑放弃。

当选择工程投标项目时，在综合考虑各方面因素后，可用权数计分评价法、决策树法等方法进行选择。权数计分评价法就是对影响决策的不同因素设定权重，对不同的投标工程的这些因素评分，最后加权平均得出总分，选择得分高者。决策树法决策者构建出问题的结构，将决策过程中可能出现的状态及其概率和产生的结果，用树枝状的图形表示出来，便于分析、对比和选择。决策树是以方框和圆圈为结点，方框结点代表决策点，圆圈点代表机会点，用直线连接而成的一种树状结构图，每条树枝代表该方案可能的一种状态及其发生的概率大小。决策树的绘制应从左到右，最左边的机会点中，概率和最大的机会点所代表的方案为最佳方案。

案例 3-1

某投标单位面临 A、B 两项工程投标，因条件限制只能选择其中一项工程投标，或者两项工程均不投标。根据过去类似工程投标的经验数据，A 工程投高标的中标概率为 0.3，投低标的中标概率为 0.6，编制投标文件的费用为 3 万元；B 工程投高标的中标概率为 0.4，投低标的中标概率为 0.7，编制投标文件的费用为 2 万元。各方案承包的概率及损益情况如表 3-2 所示。试运用决策树法进行投标决策。

表 3-2　各投标方案概率及损益表

方案	中标概率	损益值（万元）
A 高	0.3	105
A 低	0.6	64
B 高	0.4	82
B 低	0.7	26

分析

运用决策树分析决策时需注意：

（1）不中标概率为1减中标概率。

（2）不中标的损失费用为编制投标文件的费用。

（3）绘制决策树是自左向右，而计算时自右向左。各机会点的期望值结果应标在该机会点上方。

答案

点②：$105 \times 0.3 - 3 \times 0.7 = 29.4$ 万元

点③：$64 \times 0.6 - 3 \times 0.4 = 37.2$ 万元

点④：$82 \times 0.4 - 2 \times 0.6 = 31.6$ 万元

点⑤：$26 \times 0.7 - 2 \times 0.3 = 17.6$ 万元

点⑥：0

因为点③的期望值最大，故应投A工程低标。

决策树图如图3-2所示。

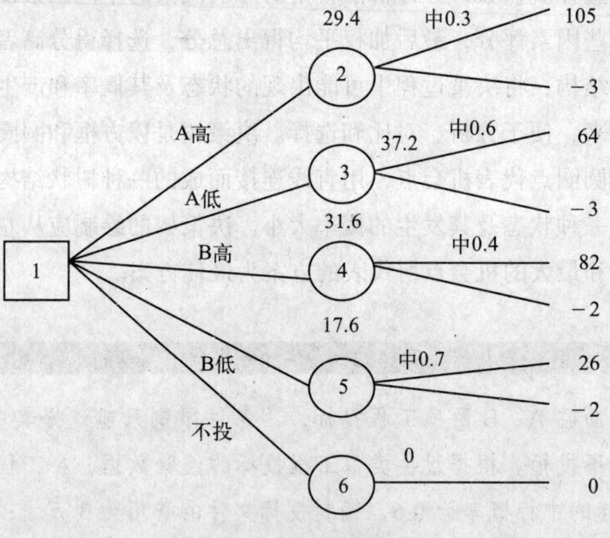

图3-2 决策树图

3.2.2 参加资格预审

在决定投标项目后，经营人员要注意招标公告何时发布。在招标公告发布后，按照公告要求及时报名，严格依据招标公告要求的资料准备，并要突出企业的优势。资格预审文件应简明准确、装帧美观大方。特别注意要严格按照要求的时间和地点报送资格预审文件，否则会失去参加资格预审的资格。

资格预审时常用的资料主要包括：

（1）公司营业执照、资质证书、资信等级证书及其复印件；

（2）公司简介；

（3）业绩证明（质量鉴定书、获奖证书、证明文件、照片等及其复印件）；

（4）在建工程概况；

（5）主要管理和技术人员资历与资质；

（6）机械设备概况表。

能否通过资格预审是投标过程中的第一关，在资格预审工作中应注意以下事项。

（1）平时应注意对有关资料的积累工作，该复印的提前复印，并保管好，有些资料可以储存在计算机内，到针对某个项目需要资格预审时，再将有关资料调出来，并加以补充完善。如果平时不积累资料，完全靠临时搜集，则往往会达不到业主要求而失去机会。

（2）加强填表时的分析，既要针对工程特点，下功夫填好重点部位。同时要反映出本公司的施工经验、施工水平和施工组织能力，这往往是业主考虑的重点。

（3）在研究并确定今后本公司发展的地区和项目时，注意收集信息，如果有合适的项目，及早动手作资格预审的申请准备，如果发现某个方面的缺陷（如资金、技术水平、经验年限等）本公司不能解决，则应考虑寻找适宜的伙伴，组成联营体来参加资格预审。

（4）做好递交资格预审表后的跟踪工作，发现问题及时解决。

3.2.3 勘察施工现场

勘察施工现场指的是去工地现场进行考察，这是投标前极其重要的准备工作，投标人提出的报价单和施工组织设计一般被认为是在勘察施工现场的基础上编制的。一旦投标文件送出之后，投标人就无权因为现场考察不周、情况了解不细或因素考虑不全而提出修改投标文件。勘察施工现场既是投标人的权利也是投标人的职责。

招标人一般在招标文件中会注明勘察施工现场的时间和地点。勘察施工现场之前，应先仔细地研究招标文件，特别是文件中的工作范围、专用条款，以及设计图纸和说明，然后拟定出考察提纲，确定重点要解决的问题，做到事先有准备。

进行现场考察应侧重下述四个方面：

（1）工程的性质以及与其他工程之间的关系；

（2）项目所在地的地貌、地质、气象；

（3）工程的施工条件（交通、供电、供水、其他加工条件、设备维修、住宿等情况）；

（4）项目所在地的社会经济状况（安全、环保、物价、收入等）。

3.2.4 分析招标文件、质疑

招标文件是投标的主要依据，因此应该仔细地分析研究。研究招标文件，重点应放在报价编制要求、合同条件、投标文件规范、评标办法、设计图纸、工程范围以及工程量清单上。

对于招标文件中的工程量清单，有时因为时间关系并不要求复核，但如要复核，投标者一定要认真校核，因为它直接影响投标报价及中标机会，对于总价合同尤为重要。

投标人在分析招标文件（含工程量清单）和勘察施工现场后，若有疑问需要澄清，应于收到招标文件后规定时间内以书面形式（包括书面文字、传真、电子邮件等）向招标人提出，招标人将以书面形式予以解答。所有问题的解答，将邮寄或传真给所有投标人，由此而产生的对招标文件内容的修改，将成为招标文件的组成部分，对于双方均具有法律约束力。

在质疑过程中，主要对影响造价和施工方案的疑问进行澄清，但对于对自己有利的模糊不清、模棱两可的情况，可以故意不提出澄清，以利于灵活报价。

3.2.5 制定投标策略

在对投标项目、招标文件、竞争对手进行了透彻研究后，就可以根据自身的情况决定投标的策略，这关系到如何报价、如何进行施工组织设计。

投标策略可分为以下几种。

（1）生存型策略。由于社会、政治、经济环境的变化和投标人自身经营管理不善，都可能造成投标人的生存危机。这时投标人以生存为重，只求能暂时维持生存渡过难关，采取一切手段，不赢利甚至赔本也要夺标，可以不考虑各种影响因素。这时往往会选择风险大而赢利丰厚的项目。

（2）低成本优势策略。在市场竞争激烈、企业正常经营的情况下，以开拓市场、低赢利为目标，在精确控制成本的基础上，充分估计各竞争对手的报价目标，以有竞争力的报价达到中标的目的。投标人处在以下几种情况下，应采取低成本竞争型报价策略：竞争对手有威胁性、试图打入新的地区、投标项目风险小、社会效益好的项目、附近有本企业其他正在施工的项目。

（3）赢利型策略。这种策略是充分发挥自身优势，以实现最佳赢利为目标，主要针对赢利较大的项目。下面几种情况可以采用赢利型报价策略：投标人施工任务饱和、信誉度高、竞争对手少、具有技术优势、对招标人有较强的名牌效应等。在使用赢利策略的情况下，企业必须拥有差别化优势，即具有技术、信誉等方面的特殊优势，不必利用低价竞争。

3.2.6 编制施工组织设计

在招标项目施工技术要求高、工期紧的情况下，施工组织设计对于能否中标有很大影响，施工组织设计不合格，可以被一票否决。并且施工组织设计对投标报价也有影响。

制定施工规划的依据是设计图纸，执行规范，经复核的工程量，招标文件要求的开工、竣工日期以及对市场材料、设备、劳力价格的调查。编制的原则是在保证工期和工程质量的前提下，如何使工程成本最低，利润最大。

施工组织设计主要包括：工程概况、施工方法、质量控制和工期保证措施、施工进度计划、施工机械计划、材料设备计划和劳动力计划，以及临时生产、生活设施。

3.2.7 编制投标报价和投标文件

投标报价应是招标文件所确定的招标范围内的全部工作内容的价格体现，应包括分部分项工程费、措施项目费、其他项目费、规费、税金及政策性文件规定的各项应有费用，并且应考虑风险因素。这部分内容将在 3.4 节中详细说明。

编制投标文件应完全按照招标文件的各项要求编制，否则会导致废标。这部分将在 3.3 中详细说明。

3.2.8 投递投标文件

投递投标文件是指投标人在规定的截止日期之前，将准备好的所有投标文件密封递送到指定地点的行为。投递投标文件的地点错误或时间延误，都会被视为无效标。投递投标文件的方式最好是直接送达或委托代理人送达，以便获得招标人已收到投标文件的回执。如果以邮寄方式送达，投标人必须留出邮寄时间，保证投标文件能够在规定的截止日期之前送达指定地点，不能以邮戳时间为准。

投标人可以在递交投标文件以后，在规定的投标截止期之前，以书面形式向招标人递交修改或撤回其投标文件的通知。在投标截止期以后，不得更改投标文件。投标人的修改也应按招标文件规定的要求编制、密封、标志和递交（密封袋上应标明"修改"或"撤回"字样）。投标截止以后，在投标有效期内，投标人不得撤回投标文件，否则其投标保证金将被没收。

3.2.9 参加开标会

开标由招标人主持，所有投标人无论被邀请与否都有权参加。开标时，由投标人或其推选的代表或招标人委托的公证机构检查投标文件的密封情况，投标文件未按照招标文件的要求予以密封的，将作为无效投标文件，退回投标人。招标人在招标文件要求提交投标文件的截止时间前收到的所有投标文件，开标时都将当众予以拆封、宣读、记录。

3.3　建设工程施工投标文件的编制

3.3.1　投标文件的组成

投标文件应完全按照招标文件的各项要求编制，是投标人真实的意思反映，具有法律约束力，它是投标人能否中标和签订合同的依据。因此，投标文件的编制是投标过程中的关键所在。

投标文件一般包括以下六个方面的内容。

（1）投标函。投标函一般应包括以下内容：报价、工期、项目经理、对合同主要条件的确认、投标担保等。

（2）工程量清单报价表。总价合同一般包括报价汇总表、甲供材料清单、投标人自行采购主要材料清单、工程量清单报价表、设备清单及报价表、材料清单及材料差价。单价合同一般将各类单价列在工程量清单上，没有报价汇总表。

（3）施工组织设计。

（4）辅助资料表。一般包括项目经理简历表、投标人（企业）业绩表、主要施工管理人员表、主要施工机械设备表、项目拟分包情况表、劳动力计划表、计划开（竣）工日期和施工进度表、联营体协议书和授权书。

（5）如需将部分项目分包给其他承包商，则须将分包商情况写入投标文件。

（6）其他必要的附件和资料。如投标保函、承包商营业执照、承包商投标全权代表的委托书及姓名、地址、能确认投标者财务状况的银行或其他金融机构的名称和地址等。

3.3.2　编制投标文件的准备工作

编制一份高质量的投标文件，首先要责任到人、明确分工。一般预算部门负责工程造价的编制，工程部门负责施工组织设计，经营部门负责投标书中的其他部分，并负责最终对投标文件的检查和密封。

所有有关人员都要仔细阅读招标文件、招标质疑的书面答复和其他招标人的补充通知。预算人员重点在图纸、工程量清单和报价编制要求，同时收集当地的现行定额或清单计价表、取费标准、有关政策性文件、市场价格信息和各类有关标准图集。工程技术人员重点在图纸和技术规范。

工程造价和施工组织设计的编制可同时进行，但工程技术人员应尽早向预算人员介绍施工组织设计的概况，以便正确计算造价。

3.3.3 编制投标文件应注意的事项

3.3.3.1 投标文件的格式

投标文件要按照一定的格式编写，在编写过程中应注意以下格式方面的问题。

（1）投标文件必须采用招标文件规定的文件表格格式。填写表格应符合招标文件的要求，重要的项目和数字，如质量等级、价格、工期等如未填写，将作为无效或作废的投标文件处理。

（2）所有投标文件均应由投标人的法定代表人或其代理人签署，加盖印章以及法人单位公章。

（3）投标文件应打印清楚、整洁、美观，没有涂改和行间插字。如投标人造成涂改或行间插字，则所有这些地方均应由投标文件签字人签字并加盖印章。有时施工组织设计为暗标，即投标人名称被隐藏，以期评标人打分无倾向性，不会对相熟企业打高分。这时对施工组织设计的打印格式应有极严格的要求，包括字体、字号、行间距等要求，决不允许涂改和行间插字。

3.3.3.2 投标文件的内容

投标文件的内容是投标文件的关键所在，在编制过程中应注意。

（1）投标文件必须严格按照相标文件的规定编写，并始终贯彻投标策略，切勿自作主张，图省事，简单套用其他投标文件的内容。

（2）应认真核对所有数据、文字，防止笔误和打印错误，核对目录与内容是否吻合，不要漏项。对报价汇总表应反复校核，保证计算准确无误，否则功亏一篑，对投标工作人员来说是不可原谅的失误。在造价计算过程中，编标人应实事求是地计算工程成本，以免使决策人做出不准确的判断、导致投标失败。

（3）应根据现有指标和企业内部数据进行宏观审核，消除计算错误。工程的单方造价是否正常，机械费、人工费和材料费等是否合乎比例，主要材料数量是否合理，防止出现大的错误和漏项。

（4）施工组织设计要有针对性。一个企业所投标的工程项目往往类似，所以计算机里有很多相似施工组织设计的电子文档，在投标时为了节省时间，经常就用相似施工组织设计来作为母本，加以修改。在修改时一定要按照招标工程的情况，注意招标文件的特殊要求，不要张冠李戴，甚至工程名称都忘记改。

3.3.3.3　投标文件的装订与密封

投标文件的装订与密封是投递标书前的最后一个程序，一定要认真对待，千万不能因为装订或密封不合格导致废标，使前面所做的所有工作都功败垂成。在装订与密封时应注意。

（1）所编制的投标文件"正本"只有一份，"副本"则按招标文件附表要求的份数提供。正本与副本若不一致，以正本为准。

（2）所有投标文件的装帧应美观大方，可以装成一册，如果太厚可分为几册封装。

1）有关投标者资历的文件。如投标委任书，证明投标者资历、能力、财力的文件、投标保函、投标人在项目所在地（国）的注册证明、投标附加说明等。

2）与报价有关的技术规范文件。如施工规划、施工机械设备表、施工进度表、劳动力计划表等。

3）报价表。包括工程量清单表、单价、总价等。

4）建议方案的设计图样及有关说明。

5）备忘录。

（3）投标人必须按招标文件要求将投标文件密封提交，可将投标文件统一密封或将正本和每份副本分别密封，封袋上正确标明"正本"或"副本"。如果投标文件的密封未按招标文件的要求进行，将被视为废标。

（4）如招标文件规定投标保证金为合同总价的某一百分比时，投标人不宜过早开具投标保函，以防止泄露自己一方的报价。

在编制投标文件时，所有问题应单独写成一份备忘录摘要，并准备好必要的证明材料，包括经济、技术、商务各个方面，对自己的投标技巧和策略做到心中有数，对各种可能出现的情况做出预测，并准备好应对措施。这份备忘录摘要，留待合同谈判或评标时评委质询时使用。在质询时做到有备无患，有的放矢，增加企业中标的可能性，在合同谈判时还可以据此与业主做合理的交涉，尽量使企业利益最大化。

3.4　建设工程施工投标报价与技巧

投标报价是投标的核心工作，在评标时，一般投标报价的分数占总分的60%～80%，甚至有的简单工程在投标时就不需要提供施工组织设计，完全依据报价决定中标者。所以投标报价是投标工作的重中之重，必须高度重视。

3.4.1 投标报价的计算依据

为了贯彻招标投标法、合同法，适应我国加入 WTO 后与国际惯例接轨的需要，我国颁布了《建设工程工程量清单计价规范》，于 2003 年 7 月 1 日正式实施，2013 年已颁布第 3 版。工程量清单是表现拟建工程的分部分项工程项目、措施项目、其他项目名称和相应数量的明细清单。

工程量清单计价的主旨是在全国范围内统一项目编码、统一项目名称、统一计量单位、统一工程量计算规则。由国家主管职能部门统一编制《建设工程工程量清单计价规范》，作为强制性标准，在全国统一实施。但是《建设工程工程量清单计价规范》没有人工、材料、机械的消耗量。消耗量定额由建设行政主管部门根据合理的施工组织设计，按照正常施工条件下制定，施工企业也可以根据本企业的施工技术和管理水平，以及工程造价资料制定。工程量清单计价是指完成工程的工程量清单所需的全部费用，包括分部分项工程费、措施项目费、其他项目费、规费和税金。其综合单价不仅指完成工程量清单中一个规定计量单位项目所需的人工费、材料费、机械使用费、管理费和利润，而且要考虑风险因素。工程量清单计价体现了确定量、市场价、竞争费。

在此背景下，投标报价的计算依据与在执行定额时有所改变，现在投标报价的依据主要有以下内容：

（1）招标文件、包括工程范围和内容、技术质量和工期的要求等；

（2）施工图纸和工程量清单；

（3）《建设工程工程量清单计价规范》、招标文件规定的计价表及取费标准；

（4）材料市场价格、材料预算价格、材差计算的有关规定；

（5）施工组织设计；

（6）竞争对手情况及企业内部的相关因素；

（7）投标报价策略。

3.4.2 投标报价的形成

在工程量清单计价模式下，投标报价的形成过程如图 3-3 所示。

投标报价汇总表的合计就是投标报价。有的招标工程可分为不同的单项工程，也称工程项目，是指具有独立设计文件，建成后可以独立发挥生产能力或工程效益并有独立存在意义的工程。如一个工厂是建设项目，而厂内各个车间、办公楼及其他辅助工程均为单项工程。那么投标报价汇总表就是各单项工程费的汇总。一个单项工程，可以是一个独立工程（如一幢宿舍），目前我们遇到的施工招标多为单项工程。单位工程是单项工程的组成部分，一般指有单独设计，不能独立发挥生产能力（效益）而能独立组织施工的工程。一个单项工程按其构成可分为建筑工程、设备安装、建筑装饰、建筑智能化等单位工程。这时投标报价汇总表就是单项工程费汇总表，即各单位工程费的汇总。单位工程是招标划分标段的最小单位，这时，单位工程费汇总表的合计就是投标报价。

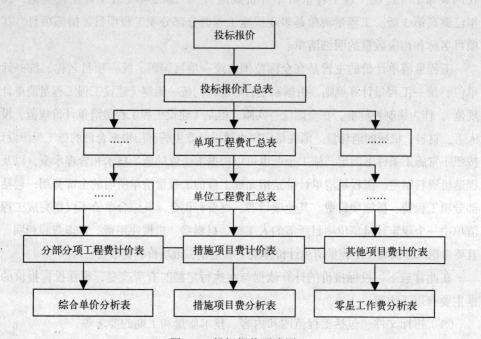

图 3-3　投标报价形成图

3.4.3　单位工程投标报价计算

计算单位工程费是计算投标报价的起点，单位工程投标报价的构成与工程造价预算的费用构成基本一致，但投标报价和工程造价预算是有区别的。工程造价预算一般按照国家有关规定编制，尤其是各种费用的计算是按规定的费率进行；而投标报价则应根据本企业实际情况进行计算，更能体现企业的实际水平，可以根据企业对工程的理解程度，竞争对手的情况，在工程造价预算上下浮动。

在工程量清单计价模式下，投标报价主要由五部分构成：

（1）分部分项工程费；

（2）措施项目费；

（3）其他项目费；

（4）规费；

（5）税金。

3.4.3.1　分部分项工程费

分部分项工程费是指完成工程量清单列出的各分部分项清单工程量所需的费用，包括人工费、材料费、机械费、管理费、利润，并考虑风险因素。

1. 人工费

直接从事建筑安装工程施工的和辅助生产单位（非独立经济核算单位）人员的基本工资、工资性津贴、生产工人辅助工资、职工福利费、生产工人劳动保护费。

投标报价的人工费单价可以根据企业当地的人工工资自定，既要保证风险低，又要具有一定竞争力。但人工费单价如果低于政府部门公布的最低人工费单价，投标人必须准备企业近期的工资福利报表，以备被质询时能够充分说明降低人工费的理由。人工的消耗量在没有企业定额的情况下，可参考各地计价表规定的消耗量。如果施工方法、管理水平不同，企业可以改变计价表规定的人工消耗量。

2. 材料费

材料、构件、半成品及周转材料摊销的用量乘以相应价格的费用。

材料价格从来源分为预算价和市场价，应根据招标文件的要求决定采用哪种价格。一般固定价合同采用市场价，而可调价合同两种价格均可采用。材料从供货方来分可分为甲供材和乙供材。甲供材是业主提供的材料，为了评标时统一标准，便于比较各投标人实际报价，一般会要求必须采用招标人提供的暂定价格。乙供材是投标人提供的材料，这部分材料的价格对投标报价有着举足轻重的影响，材料费往往可占投标报价的 70% 左右。投标人要根据市场目前行情和未来走势、长期合作供应商情况、材料运输情况、企业材料库存情况慎重确定大宗主要材料（如钢材、木材、水泥、设备等）的价格，对于次要材料应建立材料价格库，根据情况按系数调整。如果所报材料价格明显低于目前市场价，投标人应准备好证明材料以证明此价格的可信度，以备被质询时使用。证明材料可以是近期购货发票、长期供货协议、企业材料库存证明等。

材料消耗量可参考各地计价表规定的消耗量。材料消耗量也会因管理水平和施工方法的不同而不同，如管理水平高，周转材料的消耗量就相应减少，但实体性的材料消耗是不会改变的。一般在投标时，除了周转材料，很少改变材料消耗量。

3. 机械费

工程的施工机械台班消耗费用，按各地机械台班单价计算的机械使用费及机械安拆及进退场费。

机械设备可能是自有机械设备，也可以租赁，在报价时应比较其优劣，决定采取的方案。施工组织设计不同也会引起机械消耗台班的不同。机械费单价若低于政府部门公布的机械台班单价，应准备相应证明材料以备质询。因机械台班单价由折旧费、大修理费、经常修理费、安拆及场外运输、燃料动力费、人工、养路费及车船使用税费构成，故牵涉原因复杂，所以材料务必翔实。

4. 管理费

包括企业管理费、现场管理费、冬雨季施工增加费、生产工具用具使用费、工程定位复测点交场地清理费、远地施工增加费、非甲方所为四小时以内的临时停水停电费。

管理费是竞争性费用，企业应有效提高管理效率，降低管理费，提高竞争力。各地根据工程类别规定了管理费参考费率，企业可以根据此费率上下浮动，但最低不应为零。

5. 利润

国家规定应计入造价的利润。各地根据工程类别规定了参考利润率，企业可以根据情况上下浮动，最低可以为零。

3.4.3.2   措施项目费

措施项目是为完成工程项目施工，发生于该工程施工前和施工过程中技术、生活安全等方面的非工程实体项目。同一个工程采取不同的施工工艺，会有不同的措施项目。措施项目以招标文件提供的工程量清单为参考，可以与其一致，也可以根据自身施工组织设计增删。措施项目费以项为计量单位，每项措施项目的综合单价包括完成该项目的人工费、材料费、机械费、管理费、利润，并考虑风险因素。

在《建设工程工程量清单计价规范》中提供了措施项目一览表，若表中未列项目，投标人可做补充。表 3-3 为通用措施项目费用计算表。

表 3-3   通用措施项目费用计算表

项目名称	综合单价计算方法
安全文明施工费（含 　环境保护、文明施工、 　安全施工、临时设施）	由造价管理部门核定费率，不得 　作为竞争性费用
夜间施工费	根据实际情况
二次搬运费	按各地计价表规定
冬雨季施工费	按各地计价表规定
大型机械设备进出场及安拆费	按机械台班费用定额
地上、地下设施费及建筑物 　的临时保护设施费	根据实际情况
已完工程及设备保护费	根据实际情况
施工排水、降水费	按各地计价表规定

其他还有检验试验费、赶工措施费、优质工程增加费、特殊条件施工增加费、现场围栏费等以及各专业工程的特有措施项目。它们的综合单价一般按各地计价表规定计算，如计价表没有规定，则根据实际情况计算。在计算措施项目费综合单价时，每项都需要根据施工组织设计的要求以及现场的实际情况进行仔细拆分、详细计算，才会得出结果，其人工费、材料费、机械费、管理费、利润应与分部分项工程费中的单价或费率一致。

3.4.3.3　其他项目费

在施工过程中可能发生一些难以预料的变化，招标人按估算的方式将这些费用以其他项目费的形式列出，由投标人按招标文件要求报价。

《建设工程工程量清单计价规范》所列其他项目清单共四项，即暂列金额、暂估价（包括材料暂估价、专业工程暂估价）、计日工、总承包服务费。

暂列金额为招标人在工程量清单中暂定并包括在合同价款中的一笔款项。用于施工合同签订时尚未确定或者不可预见的所需材料、设备、服务的采购，施工中可能发生的工程变更、合同约定调整因素出现时的工程价款调整以及发生的索赔、现场签证确认等的费用。此处提出的工程量变更主要是指工程量清单漏项、有误引起工程量的增减和施工中的设计变更引起的标准提高或工程量的增加等。暂估价为招标人在工程量清单中提供的用于支付必然发生但暂时不能确定的材料的单价以及专业工程的金额。计日工为在施工过程中完成发包人提出的施工图纸以外的零星项目或工作，按合同中约定的综合单价计价。总承包服务费是总承包人为配合协调发包人进行的工程分包和自行采购的设备、材料等进行管理服务以及施工现场管理、竣工资料汇总整理等服务所需的费用。建设单位将其他专业工程指定发包给其他施工单位时，总包单位方可向建设单位计取因交叉作业和提供配合而收取的经济补偿费。如果是总包单位自行将工程分包，则不得向建设单位计取总承包服务费。

暂列金额属于招标人暂定的费用，由招标人在招标文件中说明，报价时均为估算，计入总价，不需要投标人自主报价，属于非竞争性费用。这部分在投标时计入投标人的报价中，但不应视为投标人所有，到竣工结算时按承包人实际完成的工作量结算。暂估价在施工时一定会发生，但此时某些标准不明确，或需要由专业承包人完成，无法确具体价格，材料暂估价一般按照工程造价管理机构发布的工程造价信息或参考市场价格确定，专业工程暂估价一般分不同专业，按有关计价规定估算。总承包配合管理费由投标人自行竞争报价确定，但名称、数量必须与招标人所提供的清单一致，只是价格的竞争。总承包服务费应根据招标人的分包情况计算所发生的费用，一般以总价为基数乘以合理系数（一般在2%左右）计取。

3.4.3.4 规费与税金

规费是指省级政府或省级有关权力部门规定必须缴纳的，应计入建筑安装工程造价的费用，如工程排污费、社会保障费、住房公积金、危险作业意外伤害保险、定额测定费等。这一项费用各地没有统一规定，报价时根据招标文件的要求填报。规费应是不可竞争费用，不可随意改变其计算标准。税金是指我们平时所说的两税一费，即营业税、城市维护建设税和教育费附加，税额根据税务部门的统一规定计取。规费和税金，虽然列入清单报价内容，但却不是投标人的收入，而是收取以后需要上缴的费用。

3.4.4 工程造价的核准

报价是投标的核心，而工程造价预算是投标报价的基础，造价正确与否直接关系到报价的准确性，决定投标的成败。造价正确与否除加强报价管理，提高造价人员素质以外，还应善于认真总结经验教训，采取有效手段核准造价。

对于非常重要的投标项目，为慎重起见可以组织两套造价人员同时计算，如结果相同，则造价应是准确的，如结果有较大误差，则令双方互相检查，找出不同，最后确定正确造价。这种方法简单有效，但是耗费人力、物力、财力，一般可从宏观角度对承包工程总报价进行控制。

1. 单位工程造价

房屋工程按平方米造价；铁路、公路按公里造价；铁路桥梁、隧道按每延米造价；公路桥梁按桥面平方米造价、土石方按土方量造价等。按照各个国家和地区的情况，分别统计、搜集各种类型建筑的单位工程造价，我国的工程造价管理部门会定期公布单位工程造价指标。在新项目投标时，将之作为参考控制报价，及时发现偏差，避免重大错误。这样做，既方便又实用，但需要注意扣除不可比部分，调整投标工程与造价指标的差异。

2. 单位工程工料消耗正常指标

单位工程的工料消耗都有一个合理的指标，例如在长期的经验积累和资料搜集的基础上统计分析，我国房建部门对房建工程每平方米建筑面积所需劳力和各种材料的数量都有一个合理的指数，可据此进行宏观控制。单位工程的工料消耗常作为单位工程造价指标控制的补充，互为印证。有时主要材料的用量也会作为评标的参数，这时单位工程的工料消耗指标的控制就更为重要了。在运用这些指标时，要注意调整投标工程与指标类型的差异，同时在平时工作中注意积累企业的分部分项工程的工料消耗指标，以便调整时使用。

3. 各类费用的正常比例

单位工程的各种费用通常会符合一定的比例，如人工费、材料设备费、施工机械费、管理费等之间都有一个合理的比例。利用这些比例可以判断报价的构成是否合理。国内工程一般是人工费占总价的 8% ~ 12%，材料设备费（包括运费）约占 50% ~ 70%，机械使用费约占 3% ~ 10%，间接费约占 15% ~ 20%，税金占 3% 左右。国外工程一般是人工费占总价的 15%~20%，材料设备费（包括运费）约占 45% ~ 65%，机械使用费约占 3% ~ 10%，间接费约占 25%。

4. 综合定额估算法

本法是采用综合定额和扩大系数估算工程的工料数量及工程造价的一种方法，是在掌握工程实施经验和资料的基础上的一种估价方法。在采用其他宏观指标对工程报价难以核准的情况下，该法是一种较细致可靠的方法。

该方法的使用有几个前提：第一，综合定额应在平时编制完好，以备估价时使用。综合定额能体现出较实际的工料消耗量。第二，平时在工程报价详细计算时，应认真统计有综合定额的项目与无综合定额项目价值的比率。第三，平时做每项工程的造价时注意统计扩大系数的值。只有做到这几点，才能正确使用该方法。

使用该方法时，首先将分部分项工程有选择地归类，合并成几种或几十种综合性项目，称"可控项目"，这些项目平时已编制了综合定额，综合其价值约占工程总价的 75% ~ 80%。有些工程量小、价值不大又难以合并归类的项目，可不合并，此类项目称"未控项目"，其价值约占工程总价的 20% ~ 25%。然后根据可控项目的综合定额和工程量，计算出可控项目的工料消耗量，并估测"未控项目"的工料消耗量，将它们的工料消耗量相加，求出工程总用工料消耗量。再根据主要材料数量及市场单价，求出主要材料总价，根据总用工数及工资单价，求出工程总人工费。

$$工程材料总价 = 主要材料总价 \times 扩大系数（约 1.5 ~ 2.5）$$
$$工程总价 = （总工费 + 材料总价）\times 系数（约 1.3 ~ 1.5）$$

综合应用上述指标和办法，做到既有纵向比较，又有横向比较，还有系统的综合比较，再做些与报价有关的考察、调研，就会改善新项目的投标报价工作，减少和避免造价有重大失误。

3.4.5 投标报价的技巧

投标不仅要靠一个企业的实力，为了提高中标的可能性和中标后的利益，投标人一定要研究投标报价的技巧，即在保证质量与工期的前提下，寻求一个好的报价。

3.4.5.1　确定报价的高低

正确确定投标工程的造价预算后，根据不同的投标策略，决定报价的浮动幅度，从而得出最终报价。报价的指导方向确定，还需要具体结合到投标报价技巧上，两者必须相辅相成，才能达到既提高中标率，又使利益最大化。

首先在报价时，对什么工程定价应高，什么工程定价可低，要综合自身、竞争对手、工程项目情况作综合判断。表 3-4 是一些常见的投标报价高低的确定原则。

表 3-4　确定投标报价高低的原则

序　号	报 价 高	报 价 低
1	施工条件差的工程（如场地窄小或地处交通要道等）	施工条件好的工程、附近有在建项目可利用资源的工程
2	造价低的小型工程	施工简单而工程量又较大的工程（如成批住宅区和大量土方工程等）
3	特殊构筑物工程、技术密集型、专业工程	一般房屋土建工程
4	工期要求急	非急需工程
5	投标对手少	投标对手多
6	支付条件不理想	支付条件好
7	对工程不急需、期望高利润	急需工程项目、志在必得
8	高风险项目	风险小

在报价浮动确定后，就可以计算投标报价了。如果希望报价高，一般会在管理费和利润上提高费率，或者适当提高人工、材料、机械费的单价。在竞争激烈的建筑市场，能够提高报价的机会并不多，有时为了后续工程，即使有提高价格的机会也只能适可而止，只是优惠幅度小一些。对于大部分工程项目，降低报价是争取中标的有效手段。降低报价主要从以下几个方面入手：措施项目费、管理费、利润（风险报酬）率。人工费、材料费、机械费也可以作为降价内容，但这些费用各地计价表都有详细的平均消耗量和参考单价，所以降低这些费用有被认为是低于成本的风险，如果被认定低于企业成本就会失去中标资格。因此如降低这些费用会冒一定的风险，必须有充分的理由和证据。

1. 降低措施项目费

措施项目费中的临时设施费和大型机械进退场费应根据工程项目现场情况结合定额标准适当计取，不一定全取，但不能不取。如果有附近即将完工的项目，其临时设施可继续使用或就近迁移的，可适当减免临时设施费。对于大批量工程或有后续工程、分期建设的工程，可适当减少大型临时设施费用。

2. 降低管理费

管理费中的基本费用和主副食运费补贴、职工探亲路费、职工取暖补贴、工地转移费等也应根据工程项目施工特性及投标竞争情况灵活取舍。大量使用当地民工的，可适当减少远征工程费和机构迁移费。如工程项目较小、施工战线不长，施工转移费计取率可以降低，取暖补贴、探亲路费等也可适当降低。对无冬雨季施工的工程，可以免计冬雨季施工增加费。

3. 降低利润率

由于目前建筑行业市场竞争十分激烈，施工企业往往采取微利或保本的措施，以低价中标，依靠加强管理来提高经济效益，维系企业的生存和发展。在投标实践中，计划利润率是取还是不取，或取多少，投标人应根据投标策略和潜在风险确定利润率，不能不分青红皂白就把利润率降低为 0。对于存在较大风险的工程，如支付不及时、监理工程师故意刁难、难以索赔的工程项目，应考虑确定较为合理的利润率。

总之，要有效地降低各项费用，最主要的是要充分发挥施工企业各项生产要素的优势。一是施工人员文化技术素质要高，工作效率要高；二是机械设备性能先进，成组配套，使用效率高，运转消耗费低、保养良好；三是材料来源稳定，质量可靠，价格低廉，运输方便；四是施工方案切实可行，施工技术先进，施工管理科学；五是管理层次少，管理机构精干高效，管理费用低。施工企业应发挥自身优势，从而做出最具竞争力的报价，不要在低价中标后发现得不偿失，造成企业亏损，或在施工过程中偷工减料，造成质量隐患，使企业信誉受到伤害。

另外，为了投标报价技巧的运用，造价工作人员在平时应注意积累本企业的造价资料，在计算报价的过程中不拘泥于造价部门颁布的计价表，而是结合本企业的实际情况报价，逐渐形成自己的企业定额。

3.4.5.2 不平衡报价法

在报价基本确定的情况下，造价人员在总价基本不变的情况下还可以用不平衡报价法来使中标后企业利益最大化。表 3-5 列出了较常见的几种方法。

表 3-5 不平衡报价表

序 号	影响因素	变化趋势	定价原则
1	资金收入时间	早	单价高
		晚	单价低
2	清单工程量不准确	增加	单价高
		减少	单价低
3	图纸不明确	工程量增加	单价高
		工程量减少	单价低
4	可能分包工程	自己承包可能性大	单价高
		自己承包可能性小	单价低

（续）

序　号	影响因素	变化趋势	定价原则
5	单价组成分析表	人工和机械	单价高
		材料	单价低
6	工程量不明的单价项目	没有工程量	单价高
		有假定工程量	具体分析
7	议标时业主要求压低单价	工程量大	单价降低幅度小
		工程量小	单价降低幅度大

（1）对能先拿到钱的项目（如开办费、土方、基础等）的单价可定得高一些，有利于资金周转，存款也有利息；对后期的项目（如粉刷、油漆、电气等）单价可适当降低。

（2）在清单工程量不准确的情况下，估计到以后会增加工程量的项目单价可提高；工程量会减少的项目单价可降低。这样，在结算时可增加总收入。

（3）图纸不明确或有错误的、估计今后会修改的项目，如果预计工程量将增加单价可提高，反之则降低单价。这样做有利于以后的索赔，获得较高的利润。

（4）有时在其他项目费中会有暂定工程，这些工程还不能确定是否施工，也有可能分包给其他施工企业，或者在招标工程中的部分专业工程，业主也有可能分包，如钢结构工程、装饰工程、玻璃幕墙工程。在这种情况下要具体分析，如果能确定自己承包，价格可以高些。如果自己承包的可能性小，价格应低些，这样可以拉低总价，自己施工的部分就可以报高些。将来结算时，自己不仅不会损失，反而能够获利。

（5）有些工程要求投标人报单价分析表，如果合同中规定材料价一律用预算价或暂定价，结算时可调整，人工和机械费高报，材料费低报。这样结算时，人工和机械会有盈余，材料费又可增加。另一方面，如果是总价合同，材料费不能调整，也应人工和机械费高报，材料费低报，这样在增加类似项目时，可选用较高的人工和机械费，而材料费是按实结算的。

（6）对于工程量不明的项目，如果没有工程量，只填单价其单价宜高，以便在以后结算时多赢利，又不影响报价；如果工程量有暂定值，需具体分析，再决定报价，方法同清单工程量不准确的情况。

（7）在议标时业主一定会要求压低报价，无论总价合同还是单价合同，都应压低工程量小的项目的单价。对于总价合同，压低工程量小的项目，看起来降低的项目多，给招标人留下报价低，很有诚意的印象，利于谈判，其实总价并没有下降很多。对于单价合同，自然压低工程量小的项目的单价，因为单价低的项目多，同样给招标人留下报价低的印象，而将来对结算的影响相应也较小。

不平衡报价法的应用一定要建立在对工程量仔细核算的基础之上。特别是对于报低单价的项目，如实际工程量增多时将造成投标者的重大损失。同时，调价幅度一定要控制在合理范围内（一般在10%左右），以免引起业主不信任，甚至因价格过分背离合理价格导致废标。不平衡报价法需要投标人技巧娴熟，对建设形势进行透彻地分析和预测，在有把握的情况下采用。

3.4.5.3 其他投标报价技巧

在投标过程中除了控制报价的高低，还有许多其他技巧，应将各种技巧综合运用，在实践中不断丰富投标经验，以下是几种常见方法。

1. 多方案报价法

多方案报价法是在招标人容许有多个方案选择时采用的方法。投标单位在研究招标文件和进行现场勘察过程中，如果发现有设计不合理并且可以改进之处，或者可以利用某种新技术使造价降低，除了完全按照招标文件要求提出基本报价之外，可另附一个建议方案用于选择性报价。选择性报价应附有全面评标所需的一切资料，并对价格进行详细分析，包括对招标文件所提出的修改建议、设计计算书、技术规范、价款细目、施工方案细节和其他有关细节。

因为业主只考虑那些在基本报价之下的选择性报价，所以选择性报价应低于基本报价。当投标人采取多方案报价时，必须在所提交的每一份文件上都标明"基本报价"或"选择性报价"字样，以免造成废标。对投标单位来说，多方案报价虽然降低了报价，但实际成本也降低了，而成本降低幅度可能要大于报价降低幅度，这样，投标单位既有可能顺利中标，又仍然有利可图。此外，如果可能的话，投标人还可以趁机修改合同中不利于投标人的条款。多方案报价一定要在招标文件允许的情况下，否则贸然进行多方案报价会引起业主反感，甚至会造成废标。

2. 突然袭击法

建筑工程投标竞争激烈，竞争对手的情况是判断投标报价的重要参考值，投标人会多方打探对手的方案和报价，投标人可以利用这种情况迷惑对方。投标人有意泄露一点假情报，在投标截止之前几个小时突然改变报价，从而使对手措手不及而做出错误决定。这种情况一定要事先就考虑成熟各种情况的应对方法，在送标前很短的时间再做决策。

3. 联合体法

联合体法在大型工程投标时比较常用，即两三家公司，如果单独投标会出现经验、业绩不足或工作负荷过大而造成高报价，失去竞争优势，而如果联合投标，可以做到优势互补、利益共享、风险共担，相对提高了竞争力和中标概率。

3.4.6　投标风险防范

《建设工程工程量清单计价规范》要求在报价时要考虑风险因素，如果考虑不周，风险费用算少了，工程承包必然出现亏损；如果过分谨慎，风险费用算多了，势必导致标价过高而失去中标的机会。在招投标中，承包人处于不利地位，往往承担很大风险。对于承包工程中可能出现的风险，承包人应建立风险意识，设法分清风险的种类及程度，想办法防范和控制风险。

在投标承包中，有来自项目外的风险，即由于施工条件和环境的不确定性引起的风险。主要包括政治风险（战争、政变等）、自然风险（地质条件、灾害气候、地震等）、经济风险（物价上涨、投资环境变差、经济不景气等）。前两种情况属于不可抗力，在我国的建筑工程施工合同的通用条件中风险是与业主共担的，承包人只负责自己企业的财物、人员损失，有些因素可通过保险来解决。经济风险一般由投标人承担，主要通过风险规避和风险转移来应对。要想完全规避风险是不可能的，除非不参加投标，那样也就失去了获利的机会。投标人应运用风险转移或分散风险的办法来防范风险，如购买保险、利用合同条件、联合投标等方法。

在通常情况下，投标承包中投标人面临的最常见的风险还是来自项目自身的风险。主要包括：信息失真的风险、报价失误的风险、不平等合同条件的风险、合同管理的风险、管理不善的风险、违约和欺骗的风险。在投标阶段最突出的风险来自报价失误的风险。下面就这方面介绍其风险防范的具体方法。

（1）利用建筑施工合同示范文本中的通用条款防范价格风险。通用条款中有很多保护承包人利益的条款，承包人应充分利用。如合同价款与支付、工程变更、工程验收与结算、违约、索赔和争议等章节，还有有关不可抗力、保险、担保等条款。

（2）慎重签订专用条款和补充协议，尽量将防范风险的措施具体化，减少工程结算纠纷。如有关工程量清单方面，如果清单工程量与实际工程量不符，导致投标人的报价失误。按《建设工程工程量清单计价规范》规定："由于工程量清单的工程数量有误或设计变更引起的工程量增减，属合同约定幅度以内的，应执行原有的综合单价。"如果原来工程量小的项目用不平衡报价法单价报低了，后来工程量却大幅增加，如果合同中缺少工程量变动幅度的价格调整条款的约定，就会造成结算时只能按原价计算，引起亏损。

（3）编制企业定额。对于一时还不能编制完善企业定额的，也要注意积累造价资料，它体现了企业的技术水平和管理水平。没有企业定额，施工企业的投标本身就是盲目的，很难预测项目的人、料、机实物量究竟需要多少，不清楚所报标价与工程的实际造价到底有多大差异。因此风险难以防范。

（4）利用分包合同转移风险。在与分包人或供应商签订合同时，应将保证金、保留金、误期赔偿等按比例转移给分包人或供应商，以降低风险。

（5）搞好施工索赔。索赔是防范风险的积极措施，要熟悉合同，注意积累材料和证据，发现隐蔽的索赔机会，及时索赔。这样可把损失降到最小，甚至通过索赔可以增加新的利润。

（6）搞好施工管理，分析施工中可能出现的风险，做好预防措施。特别要对危害性大的风险注意观察、加强控制。

总之，在投标项目实施的过程中，要针对其特点识别、分析、评估风险，在此基础上制定切实可行的风险应对计划，力求使风险转化为机会，或使风险造成的损失控制在预料范围和最低限度内。

3.5 建设工程其他项目投标

与建设工程相关的投标从项目可行性研究到最后项目完工运行，可谓种类繁多，建筑施工投标是最常见和竞争最激烈的，除此之外还有勘察设计、施工监理、设备材料也比较常用，下面对这三类投标做简要的介绍。

3.5.1 勘察设计投标

工程勘察投标主要包括工程测量、水文地质勘察及工程地质勘察的投标；设计投标可分为总体规划设计、初次设计、技术设计和施工图设计投标。勘察设计投标可以一次或分阶段进行。

依据委托设计的工程项目规模以及招标方式不同，各建设项目设计投标的程序繁简程度也不尽相同。一般公开招标的投标程序如下，若采用邀请招标方式时可以根据具体情况进行适当变更或酌减。

（1）获取投标信息（招标公告或招标通知书）；

（2）购买或领取招标文件；

（3）报送申请书；

（4）参加资质条件审查；

（5）踏勘现场，招标答疑；

（6）编制投标书；

（7）按规定时间密封报送投标书；

（8）参加开标会；

（9）领取中标通知；

（10）签订合同。设计单位应严格按照招标文件编制投标书，并在规定的时间送达。设计投标文件主要包括以下内容。

（1）方案设计综合说明书。对总体方案构思做详细说明，并列出相关经济技术指标。包括总用地面积、总建筑面积、建筑总高度以及建筑容积率、覆盖率、道路广场铺砌面积、绿化率等。

（2）方案设计内容及图纸（可以是总体平面布置图，单体工程的平面、剖面，透视渲染表现图等，必要时可以提供模型或沙盘）。

（3）工程投资估算和经济分析。投资估算文件包括估算的编制说明及投资估算表。投资估算编制说明的内容包括编制依据、不包括的工程项目和费用、其他必须说明的问题。投资估算表是反映一个建设项目所需全部建筑安装工程投资的总文件。它是由各单位工程为基本组成基数的投资估算（如土方、道路、车间、办公楼、围墙大门、室外管线等投资估算）并考虑预备费后汇总，构成建设项目的总投资。

（4）项目建设工期。

（5）主要施工技术要求和施工组织方案。

（6）设计进度计划。

（7）设计费报价。

因为设计投标的评标原则是不过分追求工程项目设计费的报价高低，而是更注重设计方案的技术先进性与合理性，所达到的技术经济指标的优化以及对工程项目投资效益的影响，开标时也不是根据各投标书的报价高低去排定标价次序，而是由各投标人阐述各设计方案的基本构思和意图，以及其他实质性的内容，所以设计投标的编制要求首先提出设计构思和初步方案，阐述该方案的优点和实施计划，在此基础上再进一步提出报价。编制投标文件时要注意：投标文件按招标文件要求密封；必须有相应资格的注册建筑师签字；必须加盖投标人公章；注册建筑师受聘单位与投标人要相符。

设计投标的重点在方案设计，而不是像施工投标那样重点在报价，有时还会专门针对设计方案进行有偿的设计方案竞赛。按照国家有关规定，城市建筑设计方案设计文件的内容包括设计说明书、设计图纸、投资估算、透视图四部分。对一些大型的重要的民用建筑工程，可根据需要加做建筑模型。在方案设计阶段，包括的专业有：总平面、建筑、结构、给水排水、电气、弱电、采暖通风空调、动力等。

3.5.2   建设工程监理投标

参加监理投标的单位首先应当是取得监理资质证书，具有法人资格的监理公司、监理事务所或开展监理业务的工程设计、科学研究及工程建设咨询单位，同时必须具有与招标工程规模相适应的资质等级。

监理投标的程序如下：

（1）获取投标信息（招标公告或招标通知书）；

（2）参加资格预审；

（3）购买或领取招标文件；

（4）踏勘现场，招标答疑；

（5）编制投标书；

（6）按规定时间密封报送投标书；

（7）参加开标会；

（8）领取中标通知；

（9）签订合同。

在接到投标邀请书或得到招标方公开招标的信息之后，监理投标单位应主动与招标方联系，获得资格预审文件，按照招标人的要求，提供参加资格预审的资料。资格预审文件制作完毕之后，应按规定的时间和地点递送给招标人。资格预审的资料一般包括：

（1）企业营业执照，资质等级证书和其他有效证明；

（2）企业简历；

（3）主要检测设备一览表；

（4）近三年来的主要监理业绩。

在通过资格预审后，应购买或领取招标文件，根据招标文件的要求，编制投标文件。投标文件包含的内容如下：

（1）投标书；

（2）监理大纲；

（3）监理企业证明资料；

（4）近三年来监理的主要工程；

（5）监理机构人员资料；

（6）反映监理单位自身信誉和能力的资料；

（7）监理费用报表及其依据；

（8）招标文件中要求提供的其他内容；

（9）如委托有关单位对本工程进行试验检测，须明示其单位名称和资质等级。

除以上主要内容外，还需提供附件资料，包括：

（1）投标监理人企业营业执照副本；

（2）投标人监理资质证书；

（3）监理单位 3 年内所获国家及地方政府荣誉证书复印件；

（4）投标人法定代表人委托书（格式见附件二）；

（5）监理单位综合情况一览表；

（6）监理单位近 3 年来已完成或在监的单位工程超过一定建筑面积或总造价的工程项目业绩表；

（7）拟派项目监理总工程师资格一览表；

（8）拟派项目监理机构中监理工程师资格一览表；

（9）拟在本项目中使用的主要仪器、检测设备一览表；

（10）投标人需业主提供的条件等。

　　监理投标书的核心内容是监理大纲和监理报价。监理大纲主要包括：工程项目概况、监理范围的说明、监理工作依据、监理工作目标、监理组织机构及人员配备、监理工作指导原则、监理措施、监理质量保证、监理工作制度、监理工程师岗位职责。虽然监理报价并不是业主评标的首要因素，但对于投标人过高的报价有不中标的风险，过低的报价可能导致不能顺利完成监理任务，从而也会损伤业主的利益，所以监理费应高低适中。监理费的计算方法应根据招标文件的内容，一般有以下计算方法。

　　（1）按时计算法。这种方法是根据合同项目所用的时间计算费用再加上一定数额的补贴来计算监理费的总额。

　　（2）按工程建设成本的百分比计算法。这种方法是按照工程规模大小和所委托的监理工作的繁简，以建设工程投资的一定百分比来计算的。这种方法在监理招标中最常见。

　　（3）监理成本加固定费用计算法。监理成本是指监理单位在工程监理项目上花费的直接成本。固定费用是指直接费用之外的其他费用。这种方法因在投标时监理的直接成本难以确定，所以较少使用。

　　（4）固定价格计算法。即在明确监理工作内容的基础上，以一笔总价包死，工作量有所增减变化时，一般也不调整监理费。这种方法适用于监理内容比较明确的小型或中等规模的工程项目监理。

　　在编制好投标文件后，投标文件应当装入专用的投标袋并密封，投标袋密封处必须加盖投标人两枚公章和法定代表人的印鉴。投标人应当在招标文件要求提交投标文件的截止时间前，将投标文件送达投标地点，招标人会拒收截止时间后送达的投标文件。

　　中标的投标人应在收到招标人发来的中标通知书后，与业主进行合同签订前的谈判，主要就合同专用条款部分进行谈判，双方达成共识后签订合同，投标工作即告结束。

3.5.3 建设工程材料、设备采购投标

建设工程材料、设备采购投标的一般程序如下：

（1）获取招标信息（招标公告或邀请投标意向书）；

（2）参加资格审查；

（3）领取或购买招标文件和有关技术资料；

（4）参加技术交底和招标文件答疑会；

（5）编制投标文件；

（6）在规定的时间、地点递送投标文件；

（7）参加开标会；

（8）获取中标通知，和设备需方签订供货合同。

凡实行独立核算、自负盈亏、持有营业执照的国内制造厂家、设备公司集团及设备成套（承包）公司，只要符合投标的基本条件，均可参加投标或联合投标，但与招标单位或设备需求方有直接经济关系（财务隶属关系或股份关系）的单位及项目设计单位不能参加投标。如采用联合投标，必须明确一个总牵头单位承担全部责任，各方的责任和义务应以协议形式加以确定，并在投标文件中加以说明。

编制投标文件是投标单位进行投标并最后中标的最关键的环节，投标文件的内容和形式都应符合招标文件的规定和要求。建设工程材料、设备采购的投标文件基本内容如下：

（1）投标书；

（2）投标物资设备数量及价目表；

（3）偏差说明书（对招标文件某些要求有不同意见的说明）；

（4）证明投标单位资格的有关文件；

（5）投标企业法人代表授权书；

（6）投标保证金（如果需要）；

（7）招标文件要求的其他需要说明的事项。

投标书的有效期应符合招标文件的要求，应满足评标和定标的要求。如招标文件有要求，投标单位投标时，应在投标文件中向招标单位提交投标保证金，金额一般不超过投标物资设备金额的2%。招标工作结束后（最迟不得超过投标文件有效期限），招标单位应将投标保证金及时退还给投标单位。投标单位对招标文件中某些内容不能接受时，应在投标文件中声明。

投标书编写完毕之后，应由投标单位法人代表或法人代表授权的代理人签字，并加盖单位公章、密封后送交招标单位。

投标单位投标后，在招标文件中规定的时间内，可以对文件做出修改或补充。补充文件作为投标文件的一部分，具有与其他部分相同的法律效力。

3.6　建设工程施工投标文件范例

2007年，我国颁布了《中华人民共和国标准施工招标文件（2007年版）》，其中第四卷第八章颁布了施工投标文件格式，本格式作为教学范例表述如下。

_____（项目名称）_____标段

施工招标

投 标 文 件

投标人：_____（盖单位章）

法定代表人或其委托代理人：_____（签字）

_____年____月____日

目　录

一、投标函及投标函附录

（一）投标函

_____（招标人名称）：

1. 我方已仔细研究了_____（项目名称）_____标段施工招标文件的全部内容，愿意以人民币（大写）_____元（¥_____）的投标总报价，工期_____日历天，按合同约定实施和完成承包工程，修补工程中的任何缺陷，工程质量达到 _____。

2. 我方承诺在投标有效期内不修改、撤销投标文件。

3. 随同本投标函提交投标保证金一份，金额为人民币（大写）_____元（¥_____）。

4. 如我方中标：

（1）我方承诺在收到中标通知书后，在中标通知书规定的期限内与你方签订合同。

（2）随同本投标函递交的投标函附录属于合同文件的组成部分。

（3）我方承诺按照招标文件规定向你方递交履约担保。

（4）我方承诺在合同约定的期限内完成并移交全部合同工程。

5. 我方在此声明，所递交的投标文件及有关资料内容完整、真实和准确，且不存在第二章"投标人须知"第1.4.3项规定的任何一种情形。

6. _____（其他补充说明）。

投 标 人：_____（盖单位章）

法定代表人或其委托代理人：____（签字）

地址：_____

网址：_____

电话：_____

传真：_____

邮政编码：_____

_____年___月___日

（二）投标函附录

序号	条款名称	合同条款号	约定内容	备注
1	项目经理	1.1.2.4	姓名：_____	
2	工期	1.1.4.3	天数：_____日历天	
3	缺陷责任期	1.1.4.5		
4	分包	4.3.4		
5	价格调整的差额计算	16.1.1	见价格指数权重表	

价格指数权重表

名称		基本价格指数		权 重			价格指数来源
		代号	指数值	代号	允许范围	投标人建议值	
定值部分				A			
变值部分	人工费	F_{01}		B_1	___至___		
	钢材	F_{02}		B_2	___至___		
	水泥	F_{03}		B_3	___至___		
合 计							

二、法定代表人身份证明

投标人名称：_____

单位性质：_____

地址：_____

成立时间：___年___月___日

经营期限：_____

姓名：_____性别：_____年龄：_____职务：_____

系_____（投标人名称）的法定代表人。

　特此证明。

投标人：_____（盖单位章）

_____年_____月_____日

三、授权委托书

本人____（姓名）系____（投标人名称）的法定代表人，现委托____（姓名）为我方代理人。代理人根据授权，以我方名义签署、澄清、说明、补正、递交、撤回、修改_____（项目名称）_____标段施工投标文件、签订合同和处理有关事宜，其法律后果由我方承担。

委托期限：_____。

代理人无转委托权。

附：法定代表人身份证明

投标人：_____（盖单位章）

法定代表人：_____（签字）

身份证号码：_____

委托代理人：_____（签字）

身份证号码：_____

_____年___月___日

四、联合体协议书

_____（所有成员单位名称）自愿组成____（联合体名称）联合体，共同参加_____（项目名称）____标段施工投标。现就联合体投标事宜订立如下协议。

1. _____（某成员单位名称）为_____（联合体名称）牵头人。

2. 联合体牵头人合法代表联合体各成员负责本招标项目投标文件编制和合同谈判活动，并代表联合体提交和接收相关的资料、信息及指示，并处理与之有关的一切事务，负责合同实施阶段的主办、组织和协调工作。

3. 联合体将严格按照招标文件的各项要求，递交投标文件，履行合同，并对外承担连带责任。

4. 联合体各成员单位内部的职责分工如下：_____。

5. 本协议书自签署之日起生效，合同履行完毕后自动失效。

6. 本协议书一式____份，联合体成员和招标人各执一份。

注：本协议书由委托代理人签字的，应附法定代表人签字的授权委托书。

牵头人名称：_____（盖单位章）

法定代表人或其委托代理人：_____（签字）

成员一名称：_____（盖单位章）

法定代表人或其委托代理人：_____（签字）

成员二名称：_____（盖单位章）

法定代表人或其委托代理人：_____（签字）

_____年____月____日

五、投标保证金

_____（招标人名称）：

　　鉴于_____（投标人名称）（以下称"投标人"）于_____年____月____日参加_____（项目名称）____标段施工的投标，_____（担保人名称，以下简称"我方"）无条件地、不可撤销地保证：投标人在规定的投标文件有效期内撤销或修改其投标文件的，或者投标人在收到中标通知书后无正当理由拒签合同或拒交规定履约担保的，我方承担保证责任。收到你方书面通知后，在 7 日内无条件向你方支付人民币（大写）_____元。

　　本保函在投标有效期内保持有效。要求我方承担保证责任的通知应在投标有效期内送达我方。

担保人名称：_____（盖单位章）

法定代表人或其委托代理人：_____（签字）

地　　址：_____

邮政编码：_____

电　　话：_____

传　　真：_____

___年___月___日

六、已标价工程量清单

七、施工组织设计

1. 投标人编制施工组织设计的要求：编制时应采用文字并结合图表形式说明施工方法；拟投入本标段的主要施工设备情况、拟配备本标段的试验和检测仪器设备情况、劳动力计划等；结合工程特点提出切实可行的工程质量、安全生产、文明施工、工程进度、技术组织措施，同时应对关键工序、复杂环节重点提出相应技术措施，如冬雨季施工技术、减少噪声、降低环境污染、地下管线及其他地上地下设施的保护加固措施等。

2. 施工组织设计除采用文字表述外可附下列图表，图表及格式要求附后。

附表一 拟投入本标段的主要施工设备表

附表二 拟配备本标段的试验和检测仪器设备表

附表三 劳动力计划表

附表四 计划开、竣工日期和施工进度网络图

附表五 施工总平面图

附表六 临时用地表

附表一　拟投入本标段的主要施工设备表

序号	设备名称	型号规格	数量	国别产地	制造年份	额定功率(KW)	生产能力	用于施工部位	备注

附表二 拟配备本标段的试验和检测仪器设备表

序号	仪器设备名称	型号规格	数量	国别产地	制造年份	已使用台时数	用途	备注

附表三 劳动力计划表

单位：人

工种	按工程施工阶段投入劳动力情况					

附表四　计划开、竣工日期和施工进度网络图

1. 投标人应递交施工进度网络图或施工进度表，说明按招标文件要求的计划工期进行施工的各个关键日期。

2. 施工进度表可采用网络图（或横道图）表示。

附表五 施工总平面图

投标人应递交一份施工总平面图，绘出现场临时设施布置图表并附文字说明，说明临时设施、加工车间、现场办公、设备及仓储、供电、供水、卫生、生活、道路、消防等设施的情况和布置。

附表六　临时用地表

用途	面积（平方米）	位置	需用时间

八、项目管理机构

（一）项目管理机构组成表

职务	姓名	职称	执业或职业资格证明					备注
			证书名称	级别	证号	专业	养老保险	

（二）主要人员简历表

"主要人员简历表"中的项目经理应附项目经理证、身份证、职称证、学历证、养老保险复印件，管理过的项目业绩须附合同协议书复印件；技术负责人应附身份证、职称证、学历证、养老保险复印件，管理过的项目业绩须附证明其所任技术职务的企业文件或用户证明；其他主要人员应附职称证（执业证或上岗证书）、养老保险复印件。

姓　名		年　龄		学　历	
职　称		职　务		拟在本合同任职	
毕业学校	年毕业于		学校	专业	
主要工作经历					
时　间	参加过的类似项目		担任职务	发包人及联系电话	

九、拟分包项目情况表

分包人名称		地　　址	
法定代表人		电　　话	
营业执照号码		资质等级	
拟分包的工程项目	主 要 内 容	预计造价（万元）	已经做过的类似工程

十、资格审查资料

（一）投标人基本情况表

投标人名称					
注册地址			邮政编码		
联系方式	联系人		电话		
	传真		网址		
组织结构					
法定代表人	姓名		技术职称		电话
技术负责人	姓名		技术职称		电话
成立时间			员工总人数		
企业资质等级				项目经理	
营业执照号		其中		高级职称人员	
注册资金				中级职称人员	
开户银行				初级职称人员	
账号				技工	
经营范围					
备注					

（二）近年财务状况表

（三）近年完成的类似项目情况表

项目名称	
项目所在地	
发包人名称	
发包人地址	
发包人电话	
合同价格	
开工日期	
竣工日期	
承担的工作	
工程质量	
项目经理	
技术负责人	
总监理工程师及电话	
项目描述	
备注	

（四）正在施工的和新承接的项目情况表

项目名称	
项目所在地	
发包人名称	
发包人地址	
发包人电话	
签约合同价	
开工日期	
计划竣工日期	
承担的工作	
工程质量	
项目经理	
技术负责人	
总监理工程师及电话	
项目描述	
备注	

（五）近年发生的诉讼及仲裁情况

十一、其他材料

本章小结

1. 本章主要阐述了施工投标的程序和施工投标文件的编制，对建设工程勘察设计、监理、设备、材料的采购投标也作了简单介绍。

2. 本章介绍了对应于公开招标的施工投标程序。从组建投标机构开始，经过获取招标信息、参加资格预审、获取招标文件、质疑、编制投标文件、投递投标文件，最后参加开标会议。

3. 本章重点介绍了如何完整编制一份建设工程施工投标文件，以及在编制过程中应注意的问题，并且对投标报价的方法和技巧做了详细说明。

4. 提供了一个实际施工投标文件作为案例，以供参考。

实训题

1. 请以 5 人为一个小组，按照第 2 章的实训题中其他小组编写的招标文件，参照 3.6 节和其他有关工程投标案例，编写一份完整的投标文件。

2. 某承包商对某办公楼建筑工程进行投标，为了既不影响中标，又能在中标后取得较好的效益，决定采用不平衡报价法对原工程造价做出适当的调整。具体数字见下表：

	基础工程	主体工程	装饰工程	总价
调整前	52 680	158 000	107 600	318 280
调整后	52 600	158 800	106 880	318 280

其中基础工程的工程量将来可能增加。请问这样调整是否合适，为什么？

思考题

1. 简述对应于建设工程公开招标的施工投标程序。
2. 选择投标项目时应注意哪些问题？
3. 简述三种投标策略及其采用条件。
4. 简述建设工程施工投标文件的主要内容。
5. 对于投标人，不平衡报价法的优点是什么？
6. 怎样用定量法检验投标价的准确性？
7. 如何降低来自项目本身的风险？

第 4 章

国际工程招投标概述

学习重点

1. 国际工程招投标的程序；
2. 国际工程招标文件的编制；
3. 国际工程投标文件的编制。

学习难点

国际工程报价。

技能要求

1. 了解国际工程招标的程序；
2. 完整编制简单的国际工程投标文件。

4.1 国际工程招投标的含义

要了解国际工程招投标的含义，首先要了解什么是国际工程。所谓国际工程就是一个工程项目从咨询、投资、招投标、承包（包括分包）、设备采购、培训到监理等各个阶段的参与者来自不止一个国家，并且按照国际上通用的工程项目管理模式进行管理的工程。相应的国际工程招投标就是在国际工程的各个阶段进行的招投标活动，是国际上普遍应用的、有组织的市场交易行为，是国际贸易中一种商品、技术和劳务的买卖方法。招标人是买方，其目的是选优；投标人是卖方，利用商业机会进行销售或出口。

作为一种贸易方式，国际工程招投标的基本程序是：先由招标人发出招标通知，说明拟采购的商品或建设项目的各种交易条件，邀请供应商或承包商参加投标；然后，招标人对报名的供应商或承包商进行资格预审，以决定参加投标的供应商或承包商，要求他们在指定的期限内提出报价或投标书；最后再对所有报价和投标书进行分析和比较，选择其中提出最有利条件的投标人作为中标人，与之签订合同。

国际工程招投标是特殊类型的国际贸易，不是一种简单的商品买卖行为，是一种综合性的较高级的交易方式。其主要特征如下。

（1）标的物的复杂性、批量性。国际工程招投标的标的物不仅是工程项目的施工，还有工程分包及劳务、设备材料的采购、工程技术咨询等，而且这些标的物之所以进行国际招投标往往是因为工程量大，或者是具有很强的专业性和特殊的技术要求。

（2）国际工程招投标行为是有组织、有计划的，有公开、公平、公正的特征。因为这种交易方式的一次性交易额大，交易对象具有复杂性及批量性特征，为了减少和避免交易的风险，国际工程招投标往往在固定的场所，遵循一定的规则和程序进行。正是由于其组织性和计划性，国际工程招投标具有公开、公平、公正的特征，凡符合招标公告所列条件者，均可参加投标，所有合格投标者机会均等，最后定标时，也要完全按照预定的规则进行。

（3）国际工程招投标的过程是多目标系统选优的过程。国际工程招投标无论标的物是什么，都要在质量、工期（交货期）、费用、后续服务等综合目标条件下，获得系统最优化，从而达到最满意的效果，即工期短、成本低、质量优，并获得寿命周期效益最佳。

（4）国际工程招投标的规范标准是国际性的。国际工程都要求采用在国际上被广泛接受的技术标准、规范和各种规程。承包商必须熟悉并适应这些规范标准。

（5）国际工程招投标受国际政治、经济形势的影响较大，具有一定的风险性。国际工程项目可能会受到国际政治和经济形势变化的影响。例如，某些国家对于承包商实行地区和国别的限制或者歧视性政策，还有些国家的项目受到国际资金来源的制约，可能因为国际政治经济形势变动影响（例如制裁、禁运等）而中止。至于工程所在国的政治形势变化（例如内乱、战争、派别斗争等）而使工程中断的情况更是屡见不鲜。

（6）国际工程招投标具有一次性和保密性。招标交易过程采用的方式不同于普通商品买卖，一般没有讨价还价的机会，投标人只能应邀进行一次性报价。国际工程招投标一旦开标后，评标过程是保密的，在公布中标人以前，凡属于对投标书的审查、澄清、评价和比较的资料，以及授予合同的推荐意见均不得向投标人或与此过程无关的其他任何人泄露。投标人对业主投标书处理和授标影响的任何行为都可能导致其标书被拒绝。

4.2　国际工程招投标的招标方式和程序

4.2.1　国际工程招投标的招标方式

国际市场的招标方式基本上可以归纳为三大类，即公开招标、邀请招标、议标（谈判招标）。

4.2.1.1　公开招标

公开招标又称国际竞争性招标，指在国际范围内，采用公平竞争方式，定标时按事先规定的原则，对所有具备要求资格的投标人一视同仁，根据其投标的所有因素进行评标、定标。公开招标是竞争性招标，一般来说，如果工程所在国制订了招标法规，它应当按照该项法规的程序和条件进行。在公开招标时，通常应当公开发布招标通告，这种通告是表明招标具有广泛性和公开性。凡是愿意参加投标的公司，都可以按通告中的地址领取（或购买）稍详细的介绍资料和资格预审表格。只有参加了资格预审且经审查合格的公司才能购买招标文件和参加投标。

公开招标在公共监督之下进行，这种方式的优点是招标人有最大的选择范围，形成买方市场，有利于打破垄断、开展竞争，选择最佳投标人。但这种方式刊登招标公告等各种费用支出较多，投标单位也较多，相应的资格预审和评标的工作量也很大，招标过程需要较长时间。这种方式一般适用于国家投资的大型公共工程，或两国以上合作的工程，世界银行贷款工程项目大都要求必须公开招标。另外一些施工难度大，发包国在技术或人力方面均无实施能力的工程（如工业综合设施、海底工程等），或者跨越国境的国际工程（如非洲公路，连接欧亚两大洲的陆上贸易通道等），一般也会采取公开招标的形式。

公开招标根据项目性质的不同有许多具体的方式，比较特殊的有"两阶段招标法"，即先进行技术方案招标，评标后淘汰其中技术不合格者，通过者才允许投商务标。有时也可以采取在投标时将技术标与商务标分开密封包装，评标时先评技术标，技术标通过者，则打开其商务标进行综合评定；技术标未通过者，商务标原封不动地退还给投标者。两阶段招标花费时间较长，往往用于以下两种情况：

（1）招标工程内容属高新技术，需在第一阶段招标中博采众议，进行评价，选出最佳设计方案，然后在第二阶段中邀请选中方案的投标人进行详细的报价；

（2）在某些新型的大型项目承包之前，招标人对此项目的经营缺乏经验，对此项目的建造方案尚未最后确定，可在第一阶段中先向投标人提出要求，就其最熟悉的经营方案进行投标，经过评价，再进入第二阶段的公开招标。

4.2.1.2 邀请招标

邀请招标实质上是选择性招标，由招标人向具备该项工程施工能力（或该设备供货能力）的两个以上企业发出招标邀请书及招标文件，属于一种有限竞争性招标。在选择性招标条件下，招标人凭借从咨询公司、资格审查或其他途径了解到的承包商的情况，有选择地邀请数家有实力、讲信誉、经验丰富的承包商参加招标，经评定后决定中标者。

采用这种方式一般不刊登招标信息，而是由招标人将有关招标材料直接寄交给被邀请参加投标的承包商，招标人向初步选中的投标商征询是否愿意参加投标，在规定的最后答复日期之后，选择一定数量同意参加投标的施工企业，确定投标人名单，并及时通知未被选中的投标人。确定投标人名单要慎重选择，应保证选定的投标人都是符合招标条件的，并且要确定投标人的适当数量，不宜过多。这样既可以在评标时主要依靠报价的高低来选定中标单位，又可节省招标费用，并且也减少了未中标单位的数量，从而减少了不必要的投标费用。我国香港特别行政区一般在土木工程项目邀请招标时按表4-1中的比例确定邀请的数量。

表4-1 邀请投标人限额表

工程规模(港元)	邀请投标人限额
100万及以下	5
100万~500万	6
500万~1 000万	8
1 000万以上	8

这种方式不仅可以节省招标的费用，缩短招标的时间，也增加了投标者的中标概率，经过选择的投标商在经验、技术和信誉方面比较可靠，基本上能保证招标的质量和进度。这对双方都有一定好处。在国外，私人投资的项目，多采用邀请招标。但这种方式限制了竞争范围，即由于招标人所了解的承包商的数目有限，可能把一些在技术上和报价上有竞争力的投标人排除在外，或者因为具体的招标工作人员的私利影响招标的公正性。因此，对国家投资工程、世界银行贷款项目等，一般不用这种方式，如果使用也是在严格的限制条件下，防止各种欺诈和腐败现象发生。

这种方式通常适用以下情况：

（1）大型或者复杂的专业性很强的工程项目，只有少数承包商能够胜任。如石油化工项目、大型电厂等；

（2）工程性质特殊，要求有专门经验的技术队伍和专门技术设备；

（3）工程项目招标通知发出后无人投标，或投标商数目不足法定人数，招标人可再邀请少数公司投标；

（4）其他不宜公开招标的项目。

4.2.1.3 议标

议标亦称邀请协商。就其本意而言，议标乃是一种非竞争性招标。严格说来，这不算一种招标方式，只是一种合同谈判，即招标人与几家潜在的投标商就招投标事宜进行协商，达成协议后无任何约束地将合同授予其中的一家，无须优先授予报价最优惠者。

这种方法对于招标人来说，无须准备完备的招标文件，没有既定程式的约束，节省了招标的费用和时间，而且在有多家议标对象时，可以充分利用议标的承包商之间的竞争达到理想的成交目的。对于投标人来说，它将带来更多好处：议标毕竟竞争对手不多，因而缔约的可能性较大，而且议标无须一次性报价，可在谈判中争取较好的价格和条件，而且承包商不用出具投标保函。但由于议标不是公开竞争，招标过程不公开、不透明，很可能失去公正性。如招标单位反复压价；招投标双方互相勾结，损害国家的利益；投标方对招标方有关人员进行商业贿赂，以谋取高价或优惠条件。议标工程主要包括以下几种情况：

（1）由于技术的需要或重大投资原因只能委托给特定的承包商或制造商实施的项目，如由国外提供技术或经济援助的项目；

（2）工程性质特殊、内容复杂，发包时不能确定其技术细节和工程量，或需要专门经验、设备、为了保护专利等特定原因；

（3）与已发包的工程相连的小型工程项目，难以分割；

（4）公开或邀请招标没有能决定中标单位，又难以重新进行公开或邀请招标；

（5）军事保密性工程或设备；

（6）出于紧急情况或急迫需求的项目；

（7）已为业主实施过项目并取得业主满意的承包商再次承担基本技术相同的工程项目。

4.2.2 国际工程招投标的程序

随着社会经济的发展，国际上已基本形成了相对固定的招标投标程序，具体过程见图4-1。

从图4-1可以看出，国际工程招标投标程序与目前国内工程招标投标程序基本相似，但由于国际工程涉及较多的主体，其工作内容会在招标投标的各个阶段有所不同。国际工程招标投标工作内容世界各地各有不同，主要有世界银行推行的做法、亚洲开发银行推行的做法、英联邦地区的做法、法语地区的做法、东欧各国的做法等。

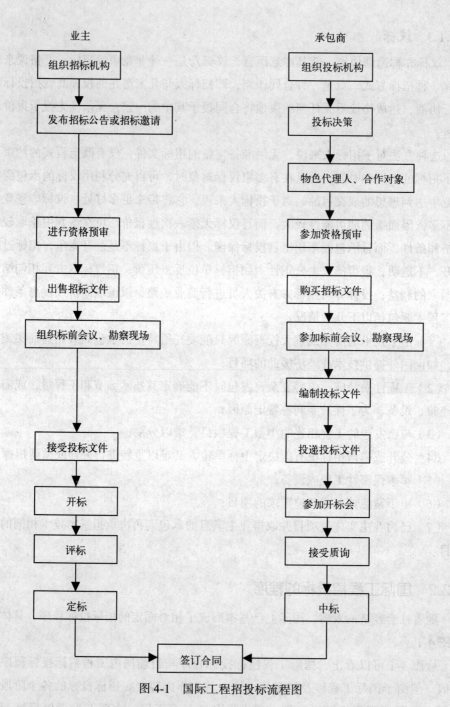

图 4-1　国际工程招投标流程图

4.2.2.1　世界银行及亚洲开发银行推行的做法

世界银行在 1980 年提供给我国第一笔贷款，从此以后我国先后利用国际招标完成了许多大型项目的建设和引进，2005 年世界银行贷款项目达 10 多亿美元。世界银行作为一个权威性的具有雄厚资本的国际多边援助机构，已积累了 40 多年的投资与工程招投标经验，制订了一套完整而系统的有关工程承发包的规定，且被众多援助机构尤其是国际工业发展组织和许多金融机构以及一些国家政府援助机构视为模式。

世界银行对贷款项目的设备、物资采购和建筑安装工程承包，一般都要求通过公开招标，使项目实施能获得成本最低、效果最好的商品和劳务，特殊情况下也可以采用两阶段招标或邀请招标（国际有限招标）、国内竞争性招标、国际或国内选购、直接购买、政府承包或自营等其他方式。同时，为了鼓励和促使借款国的制造和建筑业的发展，在同等条件下，借款国投标商可以享受一定的优惠条件。在谈判和答复贷款协定时，借款国应将拟采取的招标办法列入协定条款。然后借款国（项目单位）可以根据《世界银行贷款和国际开发协会信贷的采购指南》的程序组织招标。凡按世界银行规定的方式进行国际竞争性招标的工程，必须以 FIDIC 条款为管理项目的指导原则。世界银行的公开招标过程概括起来可按下列步骤进行：发布招标公告；准备招标文件；投标前资格预审；颁布招标文件；开标前会议；现场踏勘、标书澄清；开标、评标；投标后资格审定；合同谈判；签订合同。

如果一个项目需要类似的但又可以单独分开的设备品目或土建工程，可以采取几种合同方案进行招标，以便能吸引大小公司都参加投标。可以允许投标公司根据自己的意愿对单个的合同（品目）进行投标或者对一类的合同（包）进行投标，所有的单项投标和组合投标都应该在同一截标时间收到，并同时进行开标和评标，以确定对借款人来说最低评标成本的单项投标或组合投标。银行可以接受或要求采用交钥匙合同，即把设计和工程、设备的供应和安装以及建造一个完整的厂房或工程，都包括在一个合同之内，也可以由借款人负责设计与工程，只对项目所需的所有货物与工程的供应和安装进行招标，签订单一责任制的合同，或者也可以就设计、施工和管理单独签订合同。

在公开招标中，要求借款人向银行提交一份采购总公告草稿，银行将安排把公告刊登在《联合国发展商业报》上，公告应包括下列内容：借款人（或预计借款人）的名称、贷款金额和用途、国际竞争性招标采购的范围以及借款人负责采购的单位名称和地址。如果明确的话，还应说明得到资格预审文件或招标文件的预定日期。有关资格预审文件或招标文件对外发布不得早于刊登采购总公告之后八周。每年应对采购总公告进行更新，以反映剩下的采购内容。作为具体采购公告的资格预审通告或招标通告应至少刊登在借款人国内普遍发行的一种报纸上（如果有的话，还应刊登在官方杂志上）。通告还应发给那些对采购总公告做出反应并表示愿意参加招标的厂商。

通常对报名的投标商应进行资格预审，在允许国内优惠时，资格预审还有助于确定承包商是否有资格享受国内优惠。资格预审应该完全以投标商圆满履行具体合同的能力和资源为基础，应考虑他们的：经历和过去执行类似合同的情况；人员、设备、施工或者制造设施方面的能力；财务状况。借款人应将资格预审的结果通知所有申请者。资格预审一旦完成，就应向通过资格预审的投标商提供招标文件。对于在一段时间内要授予几组合同的资格预审，可以根据投标商的资源对授予任何投标商的合同数或总金额确定一个限额。

招标文件应为投标商提供一切必要的资料，以便他们就将要提供的货物和工程做好投标准备。一般来说，招标文件应包括：招标通告、投标须知、投标书格式、合同格式、合同条款、技术规格和图纸、货物清单或工程量清单、交货时间或完工时间表、必要的附件。如对招标文件收取费用，只能收取招标文件印刷和递交给投标商的成本。招标人应该向所有的投标商提供相同的信息，任何额外的信息、澄清、错误的校正或招标文件的修改应在投标截止之前足够的时间内寄给每个购买招标文件的投标商，以便使他们能采取适当的行动。如果必要的话，投标截止日期应进行延期。

投标书的准备和提交时间一般不少于招标通告刊登之日起或招标文件发布之日起六周时间，如果是大型工程或复杂的设备，准备时间不得少于 12 周。借款人应该在规定的时间和地点公开开标。一般投标截止期以后不允许投标商修改投标书，投标商可以就评标所需的问题进行澄清，但不得改变投标书的实质性内容或价格。澄清的要求和投标商的答复均应采取书面形式。评标的过程应保密，借款人应准备一份详细的评标报告，评标报告中应说明建议授予合同的具体理由。

如果没有对投标商进行资格预审，借款人应确定提供最低评标价投标的投标商是否有能力和资源有效地履行合同义务。满足的标准应该按照招标文件中的规定。如果投标商没有满足要求，其投标应该予以拒绝。在这种情况下，借款人应对下一个最低评标价的投标商进行类似的审查。

亚洲开发银行（以下简称亚行）对亚太地区各国的经济建设，发挥了巨大的促进作用。与世界银行一样，亚行对于其贷款项目的工程招标，也提出了一系列的规定性文件，要求借款国遵照执行。亚行发布的《采购指南》和《招标采购文件范本》，内容基本上与世界银行发布的有关文件相同。对于土建合同，也全文引用 FIDIC 合同条款蓝本的"通用条款"部分，其合同特殊条款的编制方法也与世界银行项目类似。

亚行对项目使用贷款情况也要进行定期的监督检查。在项目准备过程中，借款人在与亚行项目官员进行磋商后提出每种工程、货物、设备的采购方式。一般说来，亚行贷款项目采购中，均要求采用公开招标方式进行。除此以外，亚行还提供了国际采购、国内竞争性招标、直接购买或指定投标人、有限招标或重复订货、自营工程等采购方式供借款人在项目采购时使用。

4.2.2.2 世界其他地区推行的做法

英联邦地区在许多涉外工程项目的承发包方法，基本照搬英国的做法。这些国家的大型工程通常按世界银行的做法发包工程，但是始终保留英联邦地区的传统特色，英联邦地区所实行的主要招标方式是国际有限招标，即邀请招标。通常招标部门保留一份常备的承包商名单，这份常备名单根据实践中对新老承包商的了解加深，不断更新。在确定投标人前要对承包商进行资格预审，以确定接受邀请书的公司名单，一般情况下，被邀请的投标者数目为4~8家，项目规模越大，邀请的投标者越少，在投标竞争中强调完全公平的原则。在发出标书之前，要先对拟邀请的承包商进行调查。在初步调查过程中，招标单位应对工程进行详细介绍，包括场地位置、工程性质、预期开工日、主要工程量，并提供所有具体特征的细节。

法语地区的招标方式与世界大部分地区有所不同，有两大方式：拍卖式和询价式。拍卖是在投标人的报价低于招标人规定的标底价的条件下，报价最低者得标。拍卖的基本原则是自动判标，以报价作为判断的唯一标准，若报价全部超过受标极限，即超过标底的20%，招标单位有权宣布废标，在废标情况下，招标单位可对原招标条件作某些修改，再重新招标。参加拍卖的投标人必须在开标前已取得投标资格，是可以胜任该工程的，而且报价最低的投标人，只是临时中标，评标委员会要对投标报价进行详细复审，经过复审后方可正式签约。拍卖式招标一般适用于简单工程或者工程内容已完全确定、技术要求不高的工程。询价式招标是法语地区国家工程发包的主要方式。询价式招标的工程项目一般比较复杂，规模较大，不仅要求承包商报价优惠，而且在其他诸如技术、工期及外汇支付比例等方面也有较严格的要求。投标人可以根据通知要求提出方案，从而使招标人有充分的选择余地。询价式招标与世界银行的做法大体相似。

随着经济体制的改革，近年来东欧各国也开始委托国际承包商实施工程。但由于这些国家长期实行计划管理体制，加之建设资金严重匮乏，其招标做法与其他地区差别甚大。除了极少国家重点工程或个别有外来资金援助的工程采取国际公开招标或有限招标外，绝大多数工程都是采取议标做法，大多数是采取劳务承包，并且办事随意性大，在授予合同及对合同的管理方面，常带有随意性。

4.3 国际工程招标

4.3.1 招标的前期准备

在招标前要对标的物有充分的了解，确定招标的方式，即是公开招标还是邀请招标或议标。凡是公开招标的项目，应在要求的媒体上发布招标公告，对于邀请招标，通常只向被邀请的承包商或有关单位发出邀请书。

某些对投标资格要求比较严格的项目，需要进行资格预审。资格预审文件一般包括投标申请书、工程简介、资格预审表格、投标人的限制条件、相关的证明资料，其中的核心内容是投标人的限制条件。限制条件应根据项目的具体情况制定，主要包括投标人的资质等级、财务状况、技术力量、相似工程施工的经历等，有些工程项目还有国别的限制。例如，由于资金来源的关系限制投标人的国别；有些工程项目不允许外国公司单独投标，必须与当地公司联合；还有些工程项目由于其性质和规模特点，不允许当地公司独立投标，必须与有经验的外国公司合作。此外，关于支付货币的限制也可在此列出。为了证明满足所有的限制条件，承包商应提供确凿有效的证明材料，例如，公司的注册证书或营业执照、在当地的分公司或办事机构的注册登记证书、银行出具的资金和信誉证明函件、类似工程的业主过去签发的工程验收合格证书等。

4.3.2   招标文件的编制

招标文件的编制是招标准备工作中最为重要的工作，一份完备的招标文件可以帮助招标人顺利找到最满意的承包商，反之可能导致招标失败。招标文件一般是由工程师协助业主编制完成，其中包含投标邀请函、投标者须知、合同条件、规范、图纸、工程量表、投标书格式、评标办法、附件补充资料表、合同协议书和各类保证等。招标文件是提供给承包商的投标依据，也是签订合同的基础。95% 左右的招标文件的内容将成为合同的内容，尽管在招标过程中业主一方可能会对招标文件的内容做出补充和修改，在投标和谈判过程中承包商也会对招标文件提出一些修改的要求和建议，但是招标文件是对工程采购的基本要求，不会做实质性变动。

4.3.2.1   招标文件的编制原则

招标文件的编制必须做到系统、完整、准确、明了，使投标者一目了然，编制招标文件的原则是：

（1）遵守所在国家的法律和法规，如果是国际金融组织贷款，必须遵守该组织的各项规定和要求；

（2）应注意全面反映采购人需求，同时公正地处理业主和承包商的利益，既要使业主在保证质量的情况下尽可能节约费用，又要使承包商获得合理的利润；

（3）招标文件应遵循科学合理、公平竞争的原则；

（4）招标文件用语应力求严谨、明确，能够正确、详尽地反映项目的客观情况，以使投标建立在可靠的基础上，并可减少履约过程中的争议；

（5）招标文件的内容应该统一，避免各份文件之间的矛盾。

4.3.2.2　招标文件的内容

国际工程招标从标的物来分有很多种，本书重点介绍我国最常用的土建工程的招标文件内容。

土建工程国际招标文件一般包括投标邀请书、投标者须知、合同条件、规范、图纸、工程量清单、投标书和投标保证格式、补充资料表、合同协议书等。

1. 投标邀请书

投标邀请书用以邀请经资格预审合格的承包商按业主规定条件和时间前来投标。它一般应说明业主单位及地址和联系人、招标性质、资金来源、工程简况、主要工程量、工期要求，发售招标文件的时间、地点、售价，投标书送交的地点、份数和截止时间，提交投标保证金的规定额度和时间，开标的日期、时间和地点，有的还会有现场考察和召开标前会议的日期、时间和地点。以下是一投标邀请书的范例。

日期：

贷款/信贷号：

招标编号：

1. 中华人民共和国已向/从世界银行申请/获得一笔以多种货币计算的贷款/信贷，用于支付_____项目的费用，并计划将一部分贷款/信贷的资金支付本次招标后所签订的_____合同。所有符合世界银行采购指南规定的投标人均可参加投标。

2. _____(买方)兹邀请合格投标人就下列货物提交密封投标：

_____

_____

有兴趣的合格投标人可从以下地址得到进一步的信息和查看招标文件。

3. 招标文件从_____年_____月_____日起每天(公休日除外)_____时在下述地址公开出售。本招标文件每套_____元人民币/_____美元，售后不退。如欲邮购，请按下述地址汇款，我们将以快件邮寄，邮费每套_____元人民币/_____美元。

4. 所有投标书都应附有_____(固定金额或投标金额的某一百分比)的投标保证金，并于_____年_____月_____日北京时间_____时前递交到_____(地址)。

5. 兹定于_____年_____月_____日北京时间_____时，在_____地点公开开标。届时请参加投标的代表出席开标仪式。

买方：

详细地址：

邮政编码：

电传：

电话：

电报挂号：

传真：

联系人：

房间号：

2. 投标者须知

投标者须知主要是告知投标者投标时有关注意事项，包括资格要求、投标费用、现场勘察、投标文件要求、投标的语言要求、报价计算、货币、投标有效期、投标保证、错误的修正以及本国投标者的优惠等，内容应明确、具体。

3. 合同条件

合同条件是合同中商务条款的重要组成部分。合同条件主要是规范在合同执行过程中双方的职责范围、权利和义务，监理工程师的职责和授权范围，遇到各类问题（诸如工期、进度、质量、检验、支付、索赔、争议、仲裁等）时，各方应遵循的原则及采取的措施等。

根据多年积累的经验，目前国际上已编写了许多合同条件模式，在这些合同条件中有许多通用条件几乎已经标准化、国际化，无论在何处施工，都能适应承发包双方的需要。国际上通用的工程合同条件一般分为两大部分，即"通用条件"和"专用条件"。前者不分具体工程项目，具有国际普遍适应性；而后者则是针对某一特定工程项目合同的有关具体规定，用以将通用条件加以具体化，对通用条件进行某些修改和补充。这种将合同条件分为两部分的做法，既可以节省招标者编写招标文件的工作量，又方便投标者投标，投标者只需重点研究"专用条件"就可以了。

4. 规范与图纸

规范和图纸具体反映了招标单位对工程项目的技术要求，也是施工过程中承包商计算报价、拟定施工方案、控制质量和工程师检查验收的主要依据。

编写规范时一般结合本工程的具体情况和要求，选用各国正式颁布的规范或世界通用的规范。对于有特殊要求的，咨询工程师需编制一部分具体适用于本工程的技术要求和规定。在项目的不同阶段，图纸的设计深度也不同，设计图纸越详细，可使投标者计算报价越精确。

5. 工程量清单

工程量清单就是对招标工程的全部项目和内容按工程部位、性质，根据统一的工程量计算规则计算出工程量，列在一系列表内。工程量清单为投标者提供了一个共同的投标基础，投标者根据市场和本公司的具体情况，通过单价分析对表中各栏目进行报价，最后汇总为投标报价。工程量清单和招标文件中的图纸一样，是随着设计进度和深度的不同而有粗细程度的不同，当施工详图已完成时，就可以编得比较细致。

工程量清单的计价办法有两类，一类是按清单项目报单价，再乘以工程量计算合价，如土方按每立方米报单价、地面按每平方米报单价等；另一类是按"项"包干计价，如工程保险费、临时设施费等。工程量清单除了必要的表格以外，还必须有相应的说明。在说明中应包括：工程量清单中的工程量计算的范围、依据、准确性，报价的要求等内容。

6. 投标书和投标保证格式

招标文件中应提供投标书和投标保证格式。以下是投标书和投标保证格式的范例。

投标函格式

致：

根据贵方_____项目招标采购的_____货物的招标邀请书_____（编号），正式授权的下述签字人_____（姓名和职务）代表投标人_____（投标人的名称），提交下述文件正本1份，副本_____份。

1. 投标报价表。

2. 货物需求一览表。

3. 规格响应表。

4. 资格证明文件。

5. 由_____银行开具的金额为_____的投标保证金。

6. 证明投标人合格的全部文件及其他文件。

据此函，签字人兹宣布同意如下。

（1）按招标文件规定提供交付的货物的投标总价为（大写）_____元人民币。

（2）我们承担根据招标文件的规定，完成合同的责任和义务。

（3）我们已详细审核全部招标文件，包括招标文件修改书（如果有的话）、参考资料及有关附件，我们知道必须放弃提出含混不清或误解的问题的权利。

（4）我们同意在投标人须知第21条规定的开标日期起遵循本投标书，并在投标人须知第15条规定的投标有效期满之前均具有约束力，并有可能中标。

（5）如果在开标后规定的投标有效期内撤回投标，我们的投标保证金可被贵方没收。

（6）同意向贵方提供贵方可能要求的与本投标有关的任何证据或资料。

（7）我们完全理解贵方不一定要接受最低报价的投标或收到的任何投标。

（8）我方为本投标和中标后的合同实施已付和要付给代理的佣金和报酬如下：（如果有的话）

与本投标有关的正式通信地址为：

地址：

电话、电报、传真或电传：

邮政编码：

投标人代表姓名：

地址：

公章：

日期：年　月　日

投标保证金

银行保函格式

致：

本保函作为_____（投标人名称、地址，以下简称投标人）对_____（买方名称）第_____号招标邀请书，关于提供_____（货物名称）的投标保证金。

_____（银行名称）无条件地、不可撤销地保证并约束本行及其后继者，一旦收到贵方提出下列任何一种情况的书面通知后，不管投标人如何反对，立即无追索权地向贵方支付总额_____元人民币：

（1）投标人在开标后至投标有效期期满前撤回其投标；

（2）投标人在收到中标通知书后28天内，未能和贵方签订合同；

（3）投标人在收到中标通知书后28天内，未能提交可接受的履约保证金。

除贵方提前终止或解除本保函外，本保函自开标之日起到投标有效期满后28天有效，以及贵方和投标人同意延长的并通知本行的期限内继续有效。

开证行名称：

正式授权代表本行的代表（姓名和职务，打印和签字）：

公章：

出具日期：

4.3.3　评标和决标

4.3.3.1　评标

公开招标和邀请招标都必须经过开、评标确定中标的单位。开标时间为递交投标的截止时间或紧接于截止时间之后。开标应按招标通告中规定的时间、地点公开进行，允许所有的投标人或其代表参加。启封后应高声朗读投标人名称，每一投标的总报价和是否提供投标保证金，应予以记录。这些记录将出有关的机构保存。在截止日期之后收到的投标将不予考虑，并原封不动地退回投标人。建筑安装工程的评标一般先从形式上审查投标文件的符合性，然后从投标文件的实质上评出最优的投标人。

符合性检验主要是检验投标文件是否符合招标文件的要求，一般包括下列内容：

（1）是否按规定密封投标文件；

（2）是否按规定的格式和数额提交了投标保证金；

（3）投标书是否按要求填写；

（4）投标书的组成内容是否符合招标文件的要求，是否随同投标书递交了必要的支持性文件和资料等，并是否按规定签名；

（5）如为联营体投标，是否提交了合格的联营体协议书以及对投标负责人的授权委托证书；

（6）是否做到对招标文件的实质性"响应"，如对招标文件中任何条文或数据说明是否做任何修改、投标人是否提出任何招标单位无法接受或违反招标文件的保留条件等。即使招标文件中允许投标人提出自己的新方案或新建议，也应当在完整地对原招标方案进行响应报价的基础上，另行单独提出方案建议书及单独报价。

如果投标文件未通过符合性检验，则这类投标书将被视为废标。通过符合性检验的投标文件进入正式评标阶段。一般评标分为技术评审和商务评审，分别由不同的专家评委进行评定。

技术评审的目的是确认备选的中标人完成本工程的技术能力，以及其施工方案的可靠性。技术评审主要应围绕投标书中有关的施工方案、施工计划进行。技术评审的主要内容如下：

（1）技术资料的完备性；

（2）施工方案的可行性；

（3）施工进度计划的可靠性；

（4）施工质量的保证；

（5）工程材料和机器设备的供应及其技术性能；

（6）该项目主要管理人员及工程技术人员的数量与其经历；

（7）其他针对该项目的特殊的技术措施和要求的可行性与先进性。

技术评审不合格，商务评审就失去了意义，如果技术评审合格就可以进行商务评审。有的技术简单要求不高的工程在通过资格预审的基础上，可以不进行技术评审，直接进行商务评审。商务评审的目的是从成本、财务和经济分析等方面评审投标报价的合理性、经济效益和潜在风险等。商务评审在整个评标工作中占有非常重要的地位。能否中标在很大程度上取决于商务评审。

评标时，首先要对投标者的投标报价进行认真细致的核对。当数字金额与大写金额有差异时，以大写金额为准；当单价与数量相乘的总和与投标书的总价不符时，以单价乘数量的总和为准。所有发现的计算错误均应通知投标者，并以投标者书面确认的标价为准。如果投标者不接受经详核后的正确投标价格，则其投标书可被拒绝，并可没收其投标保证金。

商务评审的主要内容如下。

（1）报价的正确性和合理性。它包括计算范围、依据、单价分析等。对于国际招标，要按"投标者须知"中的规定将投标货币折成同一货币，即对每份投标文件的报价，按规定日期"指定银行"公布的外汇总兑换率折算成当地货币，来进行比较。

（2）价格的风险性。如果招标文件规定该项目为可调价格合同，则应分析投标人对调价公式中采用的基价和指数的合理性，估量调价方面可能影响的幅度和风险。

（3）优惠条件。优惠条件如施工设备赠给、软贷款、技术协作、专利转让，以及雇用当地劳动力条件等。

（4）支付与财务问题。

（5）如果有建议方案，应对建议方案进行商务评审。

在评标过程中，如果评标委员会发现没有阐述清楚的问题应要求投标者予以澄清。可以分别约见每个投标者代表，口头或书面提出问题；投标者代表在评标委员会规定时间内应提交书面的、正式的答复，并由授权代表正式签字，声明这个书面的正式答复将作为投标文件的正式组成部分。澄清问题的书面文件不允许对原投标内容作实质性修改，也不允许变更标价。

4.3.3.2　决标

在技术评审和商务评审的基础上，即可最后评定中标者。确定的方法既可采取讨论协商的方法，也可采用评分的方法，对简单项目也可采用最低价中标的方法。

通常由招标机构和工程项目的业主共同商讨裁定中标人。如果业主是一家公司，通常由该公司的董事会根据综合评审报告讨论裁定中标人；如果是政府部门的项目，则政府授予该部门负责人权力，由部门负责人召集会议决定中标人；如果是国际金融组织或财团贷款建设的项目，除借贷国有关机构做出决定外，还要征询贷款金融机构的意见，如果意见不统一，要重新审议后再作决定，甚至有可能导致重新招标。

评分的方法即是根据评分标准，一般包括对投标价、工期、采用的施工方案、同类项目施工经验等设计不同的权重，并制定评分细则，由每209个委员采用不记名打分，最后用一定的统计方式计算打分结果，得分最高者中标。

最低价中标不考虑技术因素，报价最低者直接中标。当然这个价格应通过评标委员会的审查，是合理可行的。

如果未进行资格预审，必须进行资格后审。资格后审即在招标文件中加入资格审查的内容，投标人在报送投标书的同时报送资格审查资料，评标委员会可在正式评标前先对投标者进行资格审查，对资格审查合格的投标者再进行评标，也可在确定中标人后，对中标人进行资格审查，如果资格后审不合格，则取消中标资格，重新确定中标人。资格后审内容与资格预审基本相同。

在裁定中标人后，业主或者招标机构代表业主向中标人发出授标信或者中标通知书，也可能发出一份授标的意向信。授标意向信只是说明向该投标人授标的意向，但是否中标最后取决于业主和该投标人进一步议标的结果。对未能中标的其他投标人，也应发出未能中标的通知书，并退还投标人的投标保证书（银行保函）。

4.4　国际工程投标

4.4.1　国际工程投标前的工作

4.4.1.1　项目决策

国际工程的招投标活动很多，一个成功的承包公司应有广泛的信息来源。国际市场的信息来源主要有：

（1）国际专门机构，如联合国系统内机构、世界银行、区域性国际金融组织等；

（2）国家贸易促进机构；

（3）商业化信息，如《工程新闻记录》《国际建设》《国际建设周刊》等，还可通过网络的方式获得商业化信息；

（4）国际国内行业协会或商会，如国际咨询工程师联合会（FIDIC）、中国国际工程咨询协会（CAIEC）、中国对外承包工程商会（CHINCA）等。

在获得的信息中，业务部门和领导首先必须决定投标的项目，即对项目进行评估和选择。这是提高中标率，获得较好的经济效益的第一步，是一项非常重要的工作，也是在投标过程中投标人面临的第一个决策。

影响投标决策的因素主要有以下几个方面。

1. 业主方面的因素

主要考虑工程项目的背景条件，如业主的信誉和工程项目的资金来源、招标条件的公平合理性以及业主所在国的政治、经济形势、法律规定、社会情况、对外商的限制条件等。很多国家规定，外国承包商或公司在本国承包工程，必须同当地的公司成立联营体才能承包该国的工程。如果这样，还要对合作伙伴的信誉、资历、技术水平、资金、债权与债务等方面进行全面分析，然后再决定是否投标。又如外汇管制情况，外汇管制关系到承包公司能否将在当地所获外汇收益转移回国的问题。目前，各国管制法规不一，有的允许自由兑换、汇出，基本上无任何管制；有的则有一定限制，必须履行一定的审批手续；有的规定外国公司不能将全部利润汇出，只能汇出一部分，其余在当地用做扩大再生产或再投资。这是在该类国家承包工程必须注意的"亏汇"问题。还有工程所在国的税收制度，诸如关税、进口调节税、营业税、印花税、所得税、建筑税、排污税以及临时进入机械押金等。

2. 工程方面的因素

这方面和国内投标基本相同，并且与企业自身的情况是相联系的。主要有工程性质和规模、施工的复杂性、工程现场的条件、工程准备期和工期、材料和设备的供应条件等。

3. 承包商方面的因素

根据本身的经验、施工能力和技术经济方面的实力，确定能否满足工程项目的要求。在施工能力和技术方面，一般公司的实力应与工程项目的大小和难易程度相适应，虽然大型的承包公司技术水平高，善于管理大型复杂工程，其适应性强，可以承包的工程项目范围大，但由于经济和社会效益的缘故，大型复杂工程一般倾向于大型的承包公司，中小型的简单工程由中小型工程公司或当地的工程公司承包可能性大。在经济方面，国际上有的业主要求"带资承包工程"或"实物支付工程"。所谓"带资承包工程"，是指工程由承包商筹资兴建，从建设中期或建成后某一时期开始，业主分批偿还承包商的投资及利息，但有时这种利率低于银行贷款利息。承包这种工程时，承包商需投入大量资金。所谓"实物支付工程"，是指有的发包方用该国滞销的农产品、矿产品折价支付工程款。遇上这种项目需要慎重对待，确定是否有能力垫付工程款或以有利价格变现实物。

4. 竞争对手的因素

竞争对手的实力、优势也是影响投标决策的一个因素。另外，竞争对手的在建工程情况也十分重要。如果竞争者的在建工程即将完工，可能急于获得新承包项目，投标报价不会很高，条件也会较优惠；如其在建工程规模大、时间长，但仍参加投标，则标价可能会较高，条件不会有太大优惠。如果竞争者中有工程所在国的承包公司，它们在当地有熟悉的材料、劳力供应渠道，管理人员也相对比较少等优势，还要注意是否有对本国公司的优惠条件。

在综合上述因素的情况下，对项目进行具体评估，可以采用打分的方法，也可以采用专家讨论的方式。

4.4.1.2 投标准备

当承包商分析研究做出决策对某工程进行投标后，应进行大量的准备工作，包括组建投标班子、物色咨询机构或代理人、寻求合作伙伴、参加资格预审、购买招标文件、现场勘察、参加标前会议、办理投标保函、注册手续等。

1. 组建投标班子

投标班子的人员应由设计施工的工程师、精通报价的造价师、采购和财会人员组成。参加国际投标的人员应具有一定的外文水平，对工程所在国有关法律法规有一定了解，熟悉国际招标的程序。

2. 物色咨询机构或代理人

在国外投标时，可以考虑选择一个专门的咨询公司或代理人，它们能比较全面而又比较快地为投标者提供进行决策所需要的资料，将会大大提高中标机会。理想的咨询机构或代理人应有合法的地位，在工商界有一定的社会活动能力，有较好的声誉，熟悉代理业务。某些国家（如科威特、沙特阿拉伯等国）规定，外国承包企业必须有代理人才能在本国开展业务。承包商与咨询机构或代理人必须签订代理合同，规定双方的权利和义务，有时还需按当地惯例去法院办理委托手续。

代理人的一般职责是：

（1）向雇主（即投标人）传递招标信息；

（2）传递投标人与业主间的信息往来；

（3）提供当地法律咨询服务（包括代请律师）、当地物资、劳力、市场行情及商业活动经验；

（4）协助承包商参加并通过资格预审、取得招标文件；

（5）为外国公司介绍本地的合作伙伴；

（6）如果中标，协助承包商办理入境签证、居留证、劳工证、物资进出口许可证等多种手续，以及协助承包商租用土地、房屋，建立电话、电传、邮政信箱等。

代理费用一般为工程价的2%~3%，视项目大小和代理业务繁简而定。代理费的支付以工程中标为前提，但无论中标与否，在合同期满或特殊原因终止合同时，都应有一笔特殊酬金，除非代理人失职才可以不支付特殊酬金。

3. 寻求合作伙伴

有的国家要求外国公司必须与本国公司合营，共同承包工程项目，共同享受赢利和承担风险。有些合伙人并不入股，只帮助外国公司招揽工程、雇用当地劳务及办理各种行政事务，承包公司付给佣金；有的国家，则明文规定凡在境内开办商业性公司的，必须有本国股东，并且他们要占50%以上股份。有的项目虽无强制要求，但工程所在国公司可享受优惠条件，与它们联合可增加竞争力。选择合作公司时必须进行深入细致的调查研究。首先要了解其信誉和在当地的社会地位，其次了解它的经济状况、施工能力、在建工程和发展趋势。

4. 参加资格预审

有兴趣投标的承包商要先购买资格预审文件，按照资格预审文件的要求如实填写。预审文件中的企业资质等级、财务状况、技术能力、以往业绩、关键技术人员的资格能力等是例行的内容，在平时的工作中应积累一套完整的资料，准备随时应用。对于资格预审中针对该项目的内容应慎重对待，如拟派出人员、项目的实施机构等，要有针对性，并能展现企业在此项目上的优势。投标人必须在规定时间内完成资格预审文件的填写，在截止日期前送达或寄送到指定地点。

5. 现场勘察

在通过资格预审后，投标人应购买招标文件，并按其要求在指定时间和地点进行现场勘察。投标人必须全面认真了解项目的政治、经济、地理、法律等情况，按国际惯例，在报价提出后不得以现场勘察不详作为借口调整报价或请求补偿。在现场勘察中应了解以下几点：

（1）政治形势是否稳定，治安状况如何；

（2）外汇管理制度和货币稳定程度；

（3）当地的市场状况、施工材料的来源和价格水平；

（4）当地的劳务技术水平、劳务状况和价格水平；

（5）项目所在地的地理环境、气候特点、施工现场条件、运输能力；

（6）关于劳务输入、设备材料进出口的规定。

6. 标前会议

投标人应按时参加标前会议，在参加会议前应认真阅读和分析招标文件，如已经进行了现场勘察，则应结合现场勘察的结果，将发现的问题和疑问整理成书面文件，提交给招标人。在会议上应认真记录会议内容，并从其他人的提问中发现对自己有用的信息。所提问题的注意事项与国内投标基本相同。

7. 办理投标保函、注册手续

投标人应按招标文件要求办理投标保函，它表明投标人有信用和诚意履行投标义务。其担保责任为：

（1）投标人在投标截止日以前投递的标书，有效期内不得撤回；

（2）投标人中标后，必须在收到中标通知后的规定时间内去签订合同；

（3）在签约时，提供一份履约保函。

若投标人不能履行以上责任，则业主有权没收投标保证金（一般为标价的3%～5%）作为损害赔偿。投标保函的有效期限一般是从投标截止日起到确定中标人止。若由于评标时间过长而使保函到期，业主要通知承包商延长保函有效期。招标结束后，未中标的投标者可向业主索回投标保函，以便向银行办理注销或使押金解冻，中标的承包商在签订合同时，向业主提交履约保函，业主即可退回投标保函。

目前，我国采用国际竞争性投标方式的大型土建项目中，对担保单位的要求是投标保函可由中国银行、中国银行海外分行、招标公司和业主认可的任何一家外国银行开具，或由外国银行通过中国银行转开。

外国承包商必须按项目所在国的规定办理注册手续，取得合法地位。有的国家要求投标前注册，有的允许中标后再注册。注册时需要提交规定的文件，主要有：企业章程、营业证书、世界各地分支机构清单、企业主要成员名单、申请注册的分支机构名称和地址、分支机构负责人的委任状、招标项目业主与企业签订的有关证明文件等。

4.4.2 投标文件的编制

投标文件应完全按照招标文件的要求编制。目前，国际工程投标中多数采用规定的表格形式填写，这些表格形式在招标文件中已给定，投标人只需将规定的内容、计算结果按要求填入即可。投标文件中的内容主要有：投标书、投标保证书、工程报价表、施工规划及施工进度、施工组织机构、主要管理人员及简历、其他必要的附件及资料等。

投标书的内容、表格等全部完成后，即将其装订密封，要避免因为细节的疏忽和技术上的缺陷而使投标书无效。所有投标文件应装帧美观大方，投标人要在每一页上签字，较小工程可装成一册，大中型工程（或按业主要求）可分下列几部分封装：

（1）有关投标人资历等文件，如投标委任书，证明投标人资历、能力、财力的文件，投标保函，投标人在项目所有国注册证明，投标附加说明等；

（2）与报价有关的技术规范文件，如施工规划计划表等；

（3）报价表，包括工程量表、单价、总价等；

（4）建议方案的设计图纸及有关说明；

（5）备忘录。

标书应按招标文件指定的时间、地点报送。

4.4.3　投标报价的确定

国际工程的投标报价是投标过程中的关键问题，而且影响投标报价的因素很多，需要综合考虑，制定相应的策略，最终确定报价。

4.4.3.1　工程投标报价的程序

工程投标报价的程序如下。

（1）认真研究招标文件，其中包括标前会议的记录、答疑的书面文件、现场勘察的结果。

（2）复核工程量。对业主提供的工程量清单进行审查，其中包括工程量、该项目包含的工作内容。

（3）制定施工规划。进行施工方案设计，制定出施工进度计划。

（4）计算直接费。分别计算构成工程直接费的人工、材料、设备费用，确定分包费用。

（5）计算间接费。

（6）按工程量清单汇总计价。

（7）根据报价策略确定投标报价。

4.4.3.2　国际工程的投标报价的费用构成

国际工程的投标报价的计算和国内工程相比有很大差别，而且计算方法随国家、承包商不同而不同，其费用构成也不尽相同。一般由单项工程造价、分包工程造价、暂定金额构成。分包工程造价主要由分包商的报价和总包管理费和利润构成，暂定金额由业主规定。单项工程造价的构成则比较复杂，本书主要介绍一些基本的费用。

1. 直接费

由于国外没有统一的定额可遵循，确定直接费中的人工费、材料费和施工机械使用费等费用的关键是确定其单价。

（1）人工费单价。国际承包工程施工中的劳动力来源主要有两个渠道：一是国内派遣工人，二是雇用工程所在国的工人或外籍工人。有些国家为了保护本国的市场，规定必须按一定比例雇用当地工人。所以尽管有些当地工人的劳动效率较低、技术不熟练，但还是必须雇用一些。

1）国内派遣工人单价计算。一名国内工人由出国准备到回国修整结束期间的全部费用主要包括出国前期费用、往返机票及其他费用、住宿费、劳保用品费、医疗保险费、工资、交通费、税费及其他根据具体情况发生的费用等。对于工期较长的工程还应考虑工资上涨的因素。为了节省人工费以降低报价，可考虑一些项目的节约，例如配备一专多能的工人，适当增加年工作日，适当减少探亲。我国对外承包工程的实践证明，这些方法都是行之有效的。

$$工人日工资 = 一名工人出国及在国外期间所有费用$$
$$/[工作年数 \times (年工作日 + 年有薪非工作日)]$$

对于工日消耗量可参考国内的劳动定额，根据实际的施工环境和施工方法可作适当调整，也可根据在国外工程施工中积累的工日消耗量资料确定。

2）雇用外籍工人单价计算。外籍工人的工资应包括基本工资、加班工资、津贴、招聘和遣散费，按规定应由雇主支付和税金、福利费、雇员伤害保险等。将所有费用加起来，根据工程施工工期分摊到每日中去，即为雇用外籍工人的人工费日工资标准。工期较长的工程也应考虑工资上涨的因素。外籍工人的工日消耗量要根据实际情况来确定，如果是必须雇用一定比例的工程所在国工人，一般其劳动效率要比国内派遣工人低。

投标报价时，一般应确定一个统一的综合人工资单价，即按比例取其平均值。计算公式如下：

$$综合人工费单价 = (国内派遣工人单价 \times 国内工人工日占总工日百分比)$$
$$+ (外籍工人单价 \times 外籍工人工日占总工日百分比)$$
$$\times 工效比$$

式中，工效比即国内派遣工人的生产效率与外籍工人生产效率之比。

（2）材料预算价格。建筑材料费确定得是否合理对于工程造价计算的准确性有着很大的影响。我国对外工程承包的工程项目，其材料来源主要有三个：国内采购、当地采购和第三国采购。

1）国内采购的材料其预算价格应为到岸价格及卸货口岸至施工现场仓库运杂费之和。

$$国内采购的材料预算价格 = 材料采购价格 + 国内运杂费$$
$$+ 海运及保险费 + 当地运杂费$$

2）当地采购的材料其预算价格为施工现场交货价。

3）第三国采购的材料其预算价格为到岸价加当地运费及关税。

　　在计算材料价格时还要考虑运输损耗和采购保管费、税金和涨价预备费。

（3）施工机械使用费。在国际工程施工中，机械设备可能由国内运去，也可能在当地租赁，或者在第三国采购运至施工现场。

1）如果是自己采购的机械设备，一般按施工机械台班的成本组成来计算：

$$台班单价 =（折旧费 + 大修费 + 保养维修费 + 人工费$$
$$+ 燃料及动力费 + 安拆费 + 保险费）/ 总台班数$$

有时还包括贷款利息、使用税和许可证手续费。

2）如果是租赁机械设备，台班单价应考虑租金和操作人员工资、燃料及动力费及各种消耗材料的费用。

国外承包工程直接费的计算由于没有统一的定额，报价时可根据国内有关定额结合具体情况估算，如果没有相关定额则可以根据定额测定的原理进行测算。

2. 间接费

间接费一般主要由以下项目构成。

（1）施工管理费。施工管理费是指除了直接用于各分部分项工程施工所需的人工、材料和施工机械等费用之外的，但为了实施工程所必需的各项开支。它主要包括管理人员费（包括项目经理、工程师、工长、材料员、二线的司机和炊事员等）、生产工人辅助工资、劳动保护费、办公费、通信和交通费、医疗费、业务经营费、固定资产使用费、国外生活用具购置费、检验试验费等。

（2）临时设施费。临时设施费主要包括生活用房、生产用房、室外工程，包括水、电、暖和通信设施费。临时设施费与国内工程的计算方法不同，国内一般按工程造价的一定比例包干，而国际工程一般应根据工程需要，计算出所需建筑安装和室外工程的费用，还要考虑设备正常使用所需费用。

（3）业主工程师费用。业主工程师，亦称驻地工程师。其所需的居住房屋面积、质量标准及所需的各种生活、办公设施，在招标文件中有明确规定，其所需全部费用应在报价时根据招标文件所列项目进行计算，不得遗漏。

（4）各种税收和银行保函手续费。银行保函主要有投标保函、履约保函、维修保函等。税收主要有合同税、营业税、产业税、印花税、社会福利税、所得税等。

（5）保险费。国际工程风险较大，合同中保险的条款已成为惯例。保险费主要包括工程一切险、第三者责任险。

（6）贷款利息。贷款利息包括国内贷款利息和外汇贷款利息。

（7）上级单位管理费。上级单位管理费是上级管理部门或公司总部对项目部收取的管理费，一般为工程直接费的 3% ~ 5%。

3. 预期利润率的确定

国际承包市场上的利润率随供求情况而波动，也随工程规模的大小、竞争对手的多少而变化。我国承包队伍的利润主要考虑其资金在投标期间的合理报酬，所以预期利润率都定得较低。一般情况下，国际工程的利润率为 3% ~ 5%。

4. 不可预见费

不可预见费是为应付施工过程中的意外事件的预备资金，属于风险费用。如果采用固定价合同，投标人承担风险较大，不可预见费可适当高些；在工程规模大、工期长或地质条件复杂、气候多变的情况下，不可预见费也应增加；社会状况不稳定时，不可预见费也应调高；设计深度不够也会增加不可预见费。

5. 开办费

开办费又称为准备工作费。通常，开办费应分摊于分项工程单价中，但是有时摊销太大，招标文件会规定有些项目按开办费单列。一般开办费占工程总价的 10% ~ 20%，工程规模越小，所占比例越大。开办费应根据工程具体情况和施工组织设计估算。开办费的内容一般包括：

（1）施工用水、用电；

（2）施工机械费；

（3）脚手架费；

（4）临时设施费；

（5）业主和工程师办公费用；

（6）现场材料试验及设备费；

（7）工人现场福利及安全费；

（8）职工交通费；

（9）现场保护、清理费；

（10）现场道路及进出场通道修筑及维持费；

（11）恶劣气候下的工程保护措施费。

4.4.3.3 投标报价的计算

汇总单项工程造价、分包工程造价、暂定金额即可得出工程总价，但这并不是最终报价，还必须对其进行分析，测算工程报价的高低和盈亏的大小，以作为最后确定报价的决策依据。

最后必须结合投标策略对工程总价做出某些必要的调整。

本章小结

1. 本章阐述了国际工程招投标的概念和招标方式。主要介绍了世界银行推行的做法。
2. 本章介绍了国际工程招投标的程序，并从招标与投标两方面介绍了在招投标过程中应注意的问题。
3. 本章重点介绍了如何完整编制一份国际工程施工招标、投标文件。其中重点介绍了招标文件中的评标办法和投标文件中的投标报价。

思考题

1. 国际工程的招标形式有哪几种？简述其含义。
2. 简述世界银行推行的国际工程招投标方式。
3. 确保通过符合性检验要注意哪些问题？
4. 简述在国际工程投标时代理人的作用。
5. 简述国际工程投标时代理人的条件。
6. 投标报价的构成中，哪几项对报价影响最大？为什么？

建设工程合同与合同管理

建设工程施工合同管理。

FIDIC 条款。

1. 能够拟订建设工程施工合同文件；
2. 具备初步判断建设工程合同纠纷的能力。

5.1 概述

5.1.1 合同与合同法

为了保护合同当事人的合法权益，维护社会程序，促进社会主义现代化建设，1999 年 3 月 15 日第九届全国人民代表大会第二次会议批准颁布了《中华人民共和国合同法》(简称《合同法》)，并于 1999 年 10 月 1 日起施行，同时废止了《经济合同法》《涉外经济合同法》和《技术合同法》。

《合同法》第二条将合同定义为"平等主体的自然人、法人、其他组织之间设立、变更、终止民事权利义务关系的协议"。任何合同均具备三大要素，即主体、客体和内容：

（1）主体是指签约双方或多方当事人，又称民事权利义务主体；

（2）客体也叫标的，是指当事人的权利和义务共同指向的对象，如建设工程项目、货物、劳务等；

（3）内容是指合同当事人之间的具体的权利和义务。

5.1.2 建设工程合同的概念

建设工程合同是发包人支付工程价款，承包人进行工程建设的合同。合同双方当事人应当在合同中明确双方的权利义务，以及违约时应当承担的责任。建设工程合同是一种诺成合同，合同订立生效后双方应当严格履行。

从合同理论上说，建设工程合同也是广义的承揽合同的一种，是承包人按照发包人的要求，完成工程建设并交付工作成果（竣工工程），发包人结付报酬的合同。由于工程建设合同在经济活动、社会生活中的重要作用，以及在国家管理、合同标的等方面均有别于一般的承揽合同，因此我国将建设工程合同列为单独的一类合同。《合同法》要求，建设工程合同应当采用书面形式。

5.1.3 建设工程合同的特征

1. 合同主体的严格性

建设工程合同主体一般只能是法人。发包人一般只能是经过批准进行工程项目建设的法人，必须有国家批准的建设项目；承包人则必须具备法人资格，而且应当具备相应的从事勘察、设计、施工、监理等资质。

2. 合同客体的特殊性

建设工程合同客体即标的物是指各类建筑产品。建筑产品具有固定性、单件性、生产的流动性等特性，这就决定了建设工程合同标的物的特殊性。

3. 合同履行的长期性

由于建设工程结构复杂、体积大、建筑材料类型多、工作量大，还可能遇到不可抗力、工程变更、材料供应不及时等情况，合同履行期限都较长。

4. 计划和程序的严格性

国家对建设工程的计划和程序都有严格的管理制度。订立建设工程合同必须以国家批准的投资计划为前提，即使是国家投资以外的，以其他方式筹资的投资也要受到当年的投资规模和批准限额的限制，纳入当年投资规模的平衡，并经过严格的审批程序。建设工程合同的订立和履行还必须符合国家关于建设程序的规定。

5.1.4 建设工程合同的类型

根据合同客体（即标的物）的性质，建设工程合同有以下几种类型：

（1）建设工程可行性研究合同；

（2）建设工程勘察、设计合同；

（3）建设工程监理合同；

（4）建筑安装和装饰工程施工合同；

（5）劳务合同和技术服务合同；

（6）物资采购合同。

下文将对上述的勘察设计合同、监理合同和物资采购合同作简要介绍，对建设工程施工合同作较详细的介绍。

另外，从承发包的工程范围划分，建设工程合同可分为建设工程总承包合同、建设工程承包合同和分包合同。从合同价款的确定方式划分，建设工程合同可分为固定价格合同、计量估价合同、单价合同和成本加酬金合同。

5.1.5 建设工程合同管理的基本原则

（1）符合法律法规的原则；

（2）平等自愿的原则；

（3）公平原则；

（4）诚实信用的原则；

（5）等价有偿的原则。

5.1.6 建设工程合同示范文本

合同示范文本是针对当事人缺乏订立合同的经验和相关的法律常识，由建设部、国家工商总局和行业协会制定，旨在指导合同当事人订立合同的一种方式。合同示范文本对合同当事人的权利和义务进行陈列，以便当事人在订立合同时参考，防止事后发生合同纠纷。

（1）《建设工程施工合同文本》；

（2）《建设工程勘察合同文本》；

（3）《建设工程设计合同文本》；

（4）《建设工程委托监理合同（示范文本）》；

（5）《建设工程造价合同示范文本》等。

另外还有 FIDIC 合同范本等。

5.2   建设工程勘察设计合同管理

5.2.1   建设工程勘察设计合同的概念

建筑工程勘察、设计合同是委托人与承包人为完成一定的勘察、设计任务，明确双方权利、义务关系的协议。建筑工程勘察、设计合同的委托一般是建设单位或建设项目总承包单位。承包人是持有国家认可的勘察、设计证书的勘察、设计单位。

勘察、设计合同的当事人双方一般应具有法人资格；勘察、设计合同的订立必须符合工程项目建设程序。

5.2.2   建设工程勘察设计合同的订立

勘察合同由建设单位、设计单位或有关单位提出委托，经双方同意即可签订。设计合同须具有上级机关批准的设计任务书方能签订。小型单项工程的设计合同须具有上级机关批准的文件方能签订。如单独委托施工图设计任务，应同时具有经有关部门批准的初步设计文件方能签订合同。

建设工程勘察、设计合同必须采用书面形式，并参照国家推荐使用的合同文本签订。

1. 建设工程勘察、设计合同的主体资格

建筑工程勘察、设计合同的主体一般应是法人。承包方承揽建设工程勘察、设计任务必须持有国家颁发的勘察、设计证书，必须具有相应的权利能力和行为能力。国家对设计市场实行从业单位资质，个人执业资格准入管理制度。委托工程设计任务的工程建设项目应当符合国家有关规定：

（1）建设工程项目可行性研究报告或项目建议书已获批准；

（2）已经办理了建设用地规划许可证等手续；

（3）法律、法规规定的其他条件。如发包人应当持有上级主管部门批准的设计任务书等合同文件。

2. 建设工程勘察、设计合同的主要条款

（1）建设工程名称、规模、投资额、建设地点；

（2）发包人提供资料的内容，技术要求及期限，承包人勘察的范围、进度和质量，设计的阶段、进度、质量和设计文件份数；

（3）勘察、设计取费的依据，取费标准及拨付办法；

（4）其他协作条件；

（5）违约责任；

（6）其他约定条款。

5.2.3 建设工程勘察设计合同的履行

1. 勘察、设计合同的订金

勘察、设计合同生效后，根据规定收取的费用，委托人应向承包人付给订金。勘察、设计合同履行后，订金抵作勘察、设计费。勘察任务的订金为估算的勘察费的30%。设计任务的订金为估算的设计费的20%。委托人不履行合同的，无权请求返还订金。承包人不履行合同的，应当双倍返还订金。

2. 勘察、设计合同委托人的义务

（1）向承包人提供开展勘察、设计工作所需的有关基础资料，并对提供的时间、进度和资料的可靠性负责。委托勘察工作的，在勘察工作开展前，应提出勘察技术要求及附图。委托初步设计的，在初步设计前，应提供经过批准的设计任务书、选址报告以及原料（或经过批准的资料报告）、燃料、水、电、运输等方面的协议文件和能满足初步设计要求的勘察资料。委托施工图设计的，在施工图设计前，应提供经过批准的初步设计文件和能满足施工图设计要求的勘察资料、施工条件，以及有关设备的技术资料。

（2）在勘察设计人员进入现场作业或配合施工时，应负责提供必要的工作和生活条件。

（3）委托配合引进项目的设计任务，从询价、对外谈判、国内技术考察直至建成投产的各阶段，应吸收承担有关设计任务的单位参加。

（4）按照合同规定付给勘察设计费。

（5）维护承包人的勘察成果和设计文件，不得擅自修改，不得转让给第三方重复使用。

3. 勘察、设计合同承包人的义务

（1）勘察单位应按照现行的标准、规范、规程和技术条例，进行工程测量、工程地质、水文地质等勘察工作，并按合同规定的进度、质量提交勘察成果。

（2）设计单位要根据批准的设计任务书或上一阶段设计的批准文件，以及有关设计技术经济协议文件、设计标准、技术规范、规程、定额等提出技术要求和进行设计，并按合同规定的进度和质量提交设计文件。

（3）初步设计经上级主管部门审查后，在原定任务书范围内的必要修改由设计单位负责。原定任务书有重大变更而重作或修改设计时，须具有设计审批机关或设计任

务书批准机关的意见书，经双方协商，另订合同。

（4）设计单位对所承担设计任务的建设项目应配合施工，进行设计技术交底，解决施工过程中的有关设计问题，负责设计变更和修改预算，参加试车考核及工程竣工验收。对于大中型工业项目和复杂的民用工程应派现场设计代表，并参加隐蔽工程验收。

4. 设计合同的变更和解除

设计文件批准后，就不得任意修改和变更。如必须修改，也需经有关部门批准，其批准权限根据修改内容所涉及的范围而定。如果修改部分属于初步设计的内容，必须经设计的原批准单位批准；如果修改的部分是属于可行性研究报告的内容，则必须经可行性研究报告的原批准单位批准；施工图设计的修改，必须经设计单位批准。

委托人因故要求修改工程设计的，经承包人同意后，除设计文件的提交时间另定外，委托人还应按承包人实际返工修改的工作量增付设计费。

原定可行性研究报告或初步设计如有重大变更而需重作或修改设计时，须经原批准机关同意，并经双方当事人协商后另订合同。委托人负责支付已经进行了的设计费用。

委托人因故要求中途停止设计时，应及时书面通知承包人，已付的设计费不退还，并按该阶段实际所耗工时，增付和结清设计费，同时终止合同关系。

5. 勘察、设计合同的违约责任

委托人或承包人违反合同规定造成损失的，应承担违约责任：

（1）因勘察、设计质量低劣引起返工或未按期提交勘察、设计文件拖延工期造成损失的，由承包人继续完善勘察、设计任务，并应视造成的损失浪费大小减收或免收勘察、设计费。对于因勘察、设计错误而造成工程重大质量事故的，承包人应承担赔偿责任。

（2）由于变更计划，提供的资料不准确，未按期提供勘察、设计必需的资料或工作条件而造成勘察、设计的返工、停工、窝工或修改设计的，委托人应按承包人实际消耗的工作量增付费用。因委托人责任造成重大返工或重新设计的，应另行增费。

（3）委托人超过合同规定的日期付费时，应偿付逾期的违约金。偿付办法与金额，由双方按照国家的有关规定协商，在合同中明确。

5.3   建设工程监理合同管理

5.3.1   建设工程监理合同的概念

建设工程监理合同是建设单位与监理单位签订，为了委托监理单位承担监理业务

而明确双方权利义务关系的协议。委托监理的内容是依据法律、法规及有关技术标准、设计文件和建设工程合同，对承包单位在工程质量、建设工期和建设资金使用等方面，代表建设单位实施监督。建设监理可以是对工程建设的全过程进行监理，也可以分阶段进行设计监理、施工监理等。目前实践中监理大多是施工监理。

5.3.2　建设工程监理合同的主体

建设监理合同的主体是合同确定的权利的享有者和义务的承担者，包括建设单位和监理单位。双方是平等的主体关系，是委托与被委托的关系。

在我国，建设单位是指全面负责项目投资、项目建设、生产经营、归还贷款和债券本息并承担投资风险的法人或个人。

监理单位是指取得监理资质证书，具有法人资格的监理公司、监理事务所和兼承监理业务的工程设备、科学研究及工程建设咨询单位。

5.3.3　《建设工程委托监理合同》示范文本简介

建设部、国家工商行政管理局 2000 年 2 月 17 日颁发的《建设工程委托监理合同》示范文本（GF—2000—0202）由建设工程委托监理合同、标准条款和专用条款组成。

建设工程委托监理合同实际上是协议书，其篇幅并不大，但它却是监理合同的总纲，规定了监理合同的一些原则、合同的组成文件，意味着建设单位与监理单位对双方商定的监理业务、监理内容的确认。

标准条款适用于各个工程项目建设监理委托，各建设单位和监理单位都应当遵守。标准条款是监理合同的主要部分，它明确而详细地规定了双方的权利和义务。

专用条款是各个工程项目根据自己的个性和所处的自然和社会环境，由建设单位和监理单位协商一致后填写的。双方如果认为需要，还可在其中增加约定的补充条款和修正条款。专用条款是与标准条款相对应的。在专用条款中，并非每一条款都必须出现。专用条款不能单独使用，它必须与标准条款结合在一起才能使用。

5.3.4　建设工程委托监理合同双方的权利和义务

1. 建设单位的权利

（1）授予监理单位权限的权利；

（2）对设计合同、施工合同、采购合同等的承包单位有选定权；

（3）对工程规模、设计标准、规划设计、生产工艺设计和使用功能等要求的认定以及对工程设计变更的审批权；

（4）对监理单位履行合同的监督控制权，包括对监理合同转让和分包的监督、对监理人员的控制监督、对合同履行的监督。

2. 监理单位的权利

（1）选择工程总设计单位和施工总承包单位的建议权。

（2）选择工程分包单位的认可权。

（3）对工程建设有关事项，包括工程规模、设计标准、规划设计、生产工艺设计和使用功能要求，向建设单位的建议权。

（4）对工程设计中的技术问题，按照安全和优化的原则，向设计单位提出建议，并向建设单位提出书面报告。如果拟提出的建议会提高工程造价，或延长工期，应事先取得建设单位的同意。

（5）审批工程施工组织设计和技术方案，按照保质量、保工期和降低成本的原则，向承建商提出建议，并向建设单位提供书面报告。

（6）工程建设有关的协作单位的组织协调的主持权，重要协调事项应当事先向建设单位报告。

（7）工程上使用的材料和施工质量的检验权。对于不符合设计要求及国家质量标准的材料设备，有权通知承建商停止使用；不符合规范和质量标准的工序、分部分项工程和不安全的施工作业，有权通知承建商停工整改、返工。发布开工、停工、复工令应当事先向建设单位报告，如在紧急情况下未能事先报告时，则应在24小时内向建设单位做出书面报告。

（8）工程施工进度的检查、监督权，以及工程实际竣工日期提前或超过工程承包合同规定的竣工期限的签认权。

（9）在工程承包合同约定的工程价格范围内，工程款支付的审核和签认权，以及工程结算的复核确认权与否定权。

（10）监理单位在建设单位授权下，可对任何第三方合同规定的义务提出变更。

（11）在委托的工程范围内，业主或第三方对对方的任何意见和要求（包括索赔要求）均须首先向监理单位提出，由监理单位研究处置意见，再同双方协商确定。

3. 建设单位的义务

（1）负责工程建设的所有外部关系的协调，为监理工作提供外部条件；

（2）在约定的时间内免费向监理单位提供与工程有关的为监理工作所需要的工程资料；

（3）在约定的时间内就监理单位书面提交并要求做出决定的一切事宜做出书面决定；

（4）授权一名熟悉本工程情况、能迅速做出决定的常驻代表，负责与监理单位联系；

（5）将授予监理单位的监理权利，以及该机构主要成员的职能分工、监理权限，及时书面通知已选定的第三方（即承包人），并在与第三方签订的合同中予以明确；

（6）为监理单位提供如下协助：获得本工程使用的原材料、构配件、机械设备等生产厂家名录，提供与本工程有关的协作单位、配合单位的名录；

（7）免费向监理单位提供合同专用条款约定的设施，对监理单位自备的设施给予合理的经济补偿；

（8）如果双方约定由建设单位免费向监理单位提供职员和服务人员，则应在监理合同专用条款中增加与此相应的条款。

4. 监理单位的义务

（1）向建设单位报送委派的总监理工程师及其监理机构主要成员名单、监理规划，完成监理合同专用条款中约定的监理工程范围内的监理业务；

（2）监理单位在履行合同的义务期间，应为建设单位提供与其监理水平相适应的咨询意见，认真、勤奋地工作，帮助建设单位实现合同预定的目标，公正地维护各方的合法权益；

（3）监理单位使用建设单位提供的设施和物品属于建设单位的财产，在监理工作完成或合同终止时，按合同约定的时间和方式移交此类设施和物品，并提交清单；

（4）在合同期内或合同终止后，未征得有关方同意，不得泄露与本工程、本合同业务活动有关的保密资料。

5.3.5　建设工程委托监理合同的履行

建设监理合同的当事人应当严格按照合同的约定履行各自的义务。监理单位应当完成监理工作，建设单位应当按照合同约定支付监理酬金。

1. 监理单位完成的监理工作

监理单位完成的监理工作包括正常的监理工作、附加的工作和额外的工作。正常的监理工作是合同约定的投资、质量、工期三大控制，以及合同、信息管理等。附加的工作是指合同内规定的附加服务或合同以外通过双方书面协议附加于正常服务的那类工作，如由建设单位和承包人的原因而引起的工程量增加和工期延长等。额外工作是指那些由正常工作和附加工作以外的、非监理单位原因而增加的工作，如不可抗力引起的监理工作的增加等。

2. 监理酬金的支付

合同双方当事人可以在专用条款中约定以下内容:

(1) 监理酬金的计取方法;

(2) 支付监理酬金的时间和数额;

(3) 支付监理酬金所采用的货币币种、汇率。

如建设单位在规定的支付期限内未支付监理酬金,自规定支付之日起,应向监理单位补偿应付的酬金利息或滞纳金,应在合同中约定。

3. 违约责任

任何一方对另一方负有违约责任时的赔偿原则是:

(1) 赔偿应限于由违约所造成的、可以合理预见到的损失和损失的数额;

(2) 在任何情况下,赔偿的累计数额不应超过专用条款中规定的最大赔偿限额;对监理单位一方,其赔偿总额不应超出监理酬金总额 (除去税金);

(3) 如果任何一方与第三方共同对另一方负有责任时,则负有责任一方所应付的赔偿比例应限于由其违约所应负责的那部分比例。

监理工作的责任期即监理合同有效期。监理单位在责任期内,如果因过失而造成建设单位经济损失,要负监理失职的责任。在监理过程中,如果因工程进度的推迟或延误而超过合同约定的日期,双方应进一步商定相应延长合同期。监理单位不对责任期以外发生的任何事件所引起的损失或损害负责,也不对第三方违反合同规定的质量要求和交工时限承担责任。

5.4 建设工程物资采购合同管理

5.4.1 建设工程物资采购合同的概念

建设工程物资采购合同,是指具有平等主体的自然人、法人、其他组织之间,为实现建设工程物资买卖,设立、变更、终止相互权利义务关系的协议。建设工程物资采购合同,一般分为材料采购合同和设备采购合同。

建设工程物资采购合同属于买卖合同,它具有买卖合同的一般特点:买卖合同是双务、有偿合同;买卖合同是诺成合同;出卖人 (简称卖方) 与买受人 (简称买方) 订立买卖合同,是以转移财产所有权为目的;买受人取得财产所有权必须支付相应的价款,出卖人转移财产所有权必须以买受人支付价款为对价。

5.4.2 材料采购合同管理

1. 材料采购合同的主要内容

（1）产品名称、型号、商标、生产厂家、订购数量、合同金额、供货时间和供应数量；

（2）技术标准、供货方对质量负责的条件和期限；

（3）交（提）货地点、方式；

（4）运输方式及到站、港和费用的负担责任；

（5）合理消耗和计算方法；

（6）包装标准、包装物的供应与回收；

（7）验收标准、方法及提出异议的期限；

（8）随机备品、配件工具数量及供应办法；

（9）结算方式及期限；

（10）如需提供担保，应另立合同担保书作为合同附件；

（11）违约责任；

（12）解决合同争议的方法；

（13）其他约定事项。

2. 材料采购合同的履行

（1）计量方法。建设材料数量的计量方法一般有理论换算计量、按斤计量和计件三种。合同中应载明所用的计量方法，并明确规定计量单位。供方发货时所采用的计量单位与计量方法，应与合同中所列计量单位和计量方法一致，并在发货明细表或质量证明书上注明，以便需方检验。运输中转单位也应按货方发货时所采用的计量方法进行验收和发货。

（2）验收的依据：

1）供应合同的具体规定；

2）供方提供的发货单、订量单、装箱单和其他凭证；

3）国家标准或专业标准；

4）产品合格证、化验单；

5）图纸及其他技术文件；

6）当事人双方共同封存的样品。

（3）验收内容：

1）查明产品的名称、规格、型号、数量、质量是否与供应合同及其他技术文件相符；

2）设备的主机、配件是否齐全；

3）包装是否完整，外表有无损坏；

4）对需要化验的材料进行必要的物理化学检验；

5）合同规定的其他需要检验事项。

（4）验收方式：

1）驻厂验收，即在制造时期，由需方派人在供应的生产厂家进行材质检验；

2）提运验收，即对于加工定制、市场采购和自提自运的物资，由提货人在提取产品时检验；

3）接运验收，即由接运人员对到达的物资进行检查，发现问题，当场做出记录；

4）入库验收，这是大量采用的正式的验收方式，由仓库管理人员负责数量和外观检验。

（5）验收中发现数量不符的处理。

1）供方交付的材料多于合同规定的数量，需方不同意接收，则在托收承付期内可以拒付超量部分的货款和运杂费。

2）供方交付的材料少于合同规定的数量，需方可凭有关合法证明，在到货后10天内将详细情况和处理意见通知供方，否则被视为数量验收合格；供方应在接到通知后10天内做出答复，否则被视为认可需方的处理意见。

3）发货数与实际验收数之差额不超过有关主管部门规定的合理磅差，正、负尾差；自然减量的范围，则不按多交或少交论处，双方互不退补。

（6）验收中发现质量不符的处理。如果验收中发现材料不符合合同规定的质量要求，需方应将它们妥善保管，并向供方提出书面异议。通常应按如下规定办理：

1）材料的外观、品种、型号、规格不符合合同规定，需方应在到货后10天内提出书面异议；

2）材料的内在质量不符合合同规定，需方应在合同规定的条件和期限内检验，提出书面异议；

3）对某些只有在安装后才能发现内在质量缺陷的产品，除另有规定或当事人双方另有商定的期限外，一般在运转之日起6个月内提出异议；

4）在书面异议中，应说明合同号和检验情况，提出检验证明，对质量不符合合同规定的产品提出具体处理意见。

（7）验收中供需双方责任的确定。

1）凡所交货物的原包装、原封记、原标志完好无异状，而产品数量短少，应由生产厂家或包装单位负责。

2）凡由供方组织装车或装船、凭封印交接的产品，需方在卸货时车、船封印完整无其他异状，但件数缺少，应由供方负责。这时需方应向运输部门取得证明，凭运输部门提供的记录证明，在托收承付期内可以拒付短缺部分的货款，并在到货后10天内通知供方，否则被认为验收无误。供方应在接到通知后10天内答复，提出处理意见，逾期不作答复，即按少交论处。

3）凡由供方组织装车或装船、凭现状或件数交接的产品，需方在卸货时无法从外部发现产品丢失、短缺、损坏的情况，这时需方应向运输部门取得证明，凭运输部门提供的记录证明，在托收承付期内可以拒付丢失、短缺、损坏部分的货款，并在到货后10天内通知供方，否则被认为验收无误。供方应在接到通知后10天内答复，提出处理意见，逾期不作答复，即按少交论处。

（8）验收后提出异议的期限。需方提出异议的通知期限和供方答复期限，应按有关部门规定或当事人双方在合同中商定的期限执行。这里要特别重视交（提）货日期的确定标准。

1）凡供方自备运输工具送货的，以需方收货戳记的日期为准。

2）凡委托运输部门运输、送货或代运的产品的交货日期，不是以向承运部门申请的日期为准，而是以供方发运产品时承运部门签发戳记的日期为准。

3）合同规定需方自提的货物，以供方按合同规定通知的提货日期为准。供方的提货通知中，应给需方以必要的途中时间。实际交、提货日期早于或迟于合同规定的期限，即被视为提前或逾期。

5.4.3 设备采购合同管理

1. 设备供应合同的主要内容

成套设备供应合同的一般条款可参照前述建设材料供应合同的一般条款，主要包括：产品（成套设备）的名称、品种、型号、规格、等级、技术标准或技术性能指标；数量和计量单位；包装标准及包装物的供应与回收的规定；交货单位、交货方式、运输方式、到货地点（包括专用线、码头等）、接（提）货单位；交（提）货期限；验收方法；产品价格；结算方式、开户银行、账户名称、账号、结算单位；违约责任。

此外，在设备供应合同签订时尚须注意如下问题。

（1）设备价格。设备合同价格应根据承包方式确定。按设备费包干的方式以及招标方式确定合同价格较为简捷，而按委托承包方式确定合同价格较为复杂。若在签订合同时确定价格有困难，可由供需双方协商暂定价格，并在合同中注明"按供需双方最后商定的价格（或物价部门批准的价格）结算，多退少补"。

（2）设备数量。除列明成套设备名称、套数外，还要明确规定随主机的辅机、附件、易损耗备用品、配件和安装修理工具等，并于合同后附详细清单。

（3）技术标准。除应注明成套设备系统的主要技术性能外，还要在合同后附有关部分设备的主要技术标准和技术性能的文件。

（4）现场服务。供方应派技术人员进行现场服务，并要对现场服务的内容明确规定。合同中还要对供方技术人员在现场服务期间的工作条件、生活待遇及费用出处做出明确的规定。

（5）验收和保修。成套设备的安装是一项复杂的系统工程。安装成功后，试车是关键。需方应在项目成套设备安装后才能验收，因此合同中应详细注明成套设备验收办法。

对某些必须安装运转后才能发现内在质量缺陷的设备，除另有规定或当事人另行商定提出异议的期限外，一般可在运转之日起6个月内提出异议。

成套设备是否保修、保修期限、费用负担者都应在合同中明确规定，不管设备制造企业是谁，保修都应由设备供应方负责。

2. 设备采购合同供方的责任

（1）组织有关生产企业到现场进行技术服务，处理有关设备技术方面的问题。

（2）掌握进度，保证供应。供方应了解、掌握工程建设进度和设备到货、安装进度，协助联系设备的交、到货等工作，按施工现场设备安装的需要保证供应。

（3）参与验收。参与大型、专用、关键设备的开箱验收工作，配合建设单位或安装单位处理在接运、检验过程中发现的设备质量和缺损件等问题，以明确设备质量问题的责任。

（4）处理事故。及时向有关主管单位报告重大设备质量问题，以及项目现场不能解决的其他问题。当出现重大意见分歧或争执时，应及时写出备忘录备查。

（5）参加工程竣工验收，处理在工程验收中发现的有关设备的质量问题。

（6）监督和了解生产企业派驻现场的技术服务人员的工作情况，并对他们的工作进行指导和协调。

（7）做好现场服务工作日记，及时记录日常服务工作情况，就现场发生的设备质量问题和处理结果，定期向有关单位抄送报表，汇报工作情况，做好现场工作总结。

（8）成套设备生产企业的责任：

1）按照现场服务组的要求，及时派出技术人员到现场，并在现场服务组的统一领导下开展技术服务工作；

2）对本厂供应的产品的技术、质量、数量、交货期、价格等全面负责，配套设备的技术、质量等问题应由主机生产厂统一负责联系和处理解决；

3）及时答复或解决现场服务组提出的有关设备的技术、质量、缺损件等问题。

3. 设备采购合同需方责任

（1）建设单位应向供方提供设备的详细技术设计资料和施工要求；

（2）应配合供方做好设备的计划接运（收）工作，协助驻现场的技术服务组开展工作；

（3）按合同要求参与并监督现场的设备供应、验收、安装、试车等工作；

（4）组织有关各方进行工程设备验收，提出验收报告。

5.5 建设工程施工合同管理

5.5.1 概述

5.5.1.1 建设工程施工合同的概念

建设工程施工合同即建筑安装工程承包合同，是发包人和承包人为完成商定的建筑安装工程，明确相互权利、义务关系的协议。依照施工合同，承包方应完成一定的建筑、安装工程任务，发包方应提供必要的施工条件并支付工程价款。

施工合同是工程建设的主要合同，是进行工程建设的质量控制、进度控制、费用控制的主要依据之一。施工合同的当事人是发包人和承包人，双方是平等的民事主体。承发包双方签订施工合同，必须具备相应资质条件和履行施工合同的能力。

5.5.1.2 建设工程施工合同的作用

（1）施工合同确定了建设工程施工及管理的目标即质量、进度和费用，这些目标是合同当事人在工程施工中进行经济活动的依据；

（2）施工合同明确了在施工阶段承包人和发包人的权利和义务；

（3）施工合同是工程施工过程中承发包双方的最高行为准则，施工中的一切活动都必须按合同办事，受合同约束，以合同为核心；

（4）施工合同是监理工程师监督管理工程的依据；

（5）施工合同是承发包双方解决争议的依据。

5.5.1.3 建设工程施工合同订立的依据和条件

1. 施工合同订立的依据

（1）《中华人民共和国合同法》；

（2）《中华人民共和国建筑法》；

（3）《建设工程施工合同管理办法》；

（4）《建设工程施工合同（示范文本）》。

2. 施工合同订立应具备的条件

（1）初步设计已获批准；

（2）工程项目已列入年度建设计划；

（3）有能够满足施工需要的设计文件和有关技术资料；

（4）建设资金和主要建筑材料设备来源已经落实；

（5）招投标工程的中标通知书已经下达。

5.5.2 《建设工程施工合同（示范文本）》简介

根据有关工程建设施工的法律、法规，结合我国工程建设施工的实际情况，并借鉴国际上广泛使用的"FIDIC土木工程施工合同条件"，国家建设部和国家工商行政管理局于1999年12月24日颁布了《建设工程施工合同（示范文本）》（简称《施工合同文本》），主要适用于各类公用建筑、民用住宅、工业厂房、交通设施、线路、管道的施工合同和设备安装合同的编制。

《施工合同文本》由"协议书""通用条款""专用条款"三部分组成，并附有三个附件。附件一是"承包人承揽工程项目一览表"、附件二是"发包人供应材料设备一览表"、附件三是"工程质量保修书"。

"协议书"是《施工合同文本》中的总纲性文件。其文字量不大，但规定了合同当事人双方最主要的权利义务，规定了组成合同的文件及合同当事人对履行合同义务的承诺，并且双方在这份文件上签字盖章，具有很高的法律效力。"协议书"包括工程概况、承包范围、合同工期、质量标准、合同价款、组成合同的文件等。

"通用条款"是根据《合同法》《建筑法》《建设工程施工合同管理办法》等法律、法规，对承发包双方的权利义务做出的规定，除双方协商一致对其中的某些条款作了修改、补充或取消，双方都必须履行。它是将建设工程施工合同中一些共性的内容抽象出来编写的一份完整的合同文件。"通用条款"具有很强的通用性，基本适用于各类建设工程。"通用条款"共有11部分47条。

由于建设工程的内容各不相同，工期、造价也不相同，承包人和发包人的能力、施工现场环境和条件也各不相同，"通用条款"不能完全适用于各个具体的工程，因此配之以"专用条款"对其作必要的修改和补充，使"通用条款"和"专用条款"成为双方统一意愿的体现。"专用条款"的条款号和"通用条款"相一致，但主要是空格，由当事人根据工程的具体情况予以明确或对"通用条款"进行修改和补充。

《施工合同文本》第二条规定了施工合同文件的组成及解释顺序，具体包括：

（1）施工合同协议书；

（2）中标通知书；

（3）投标书及其附件；

（4）施工合同专用条款；

（5）施工合同通用条款；

（6）标准、规范及有关技术文件；

（7）图纸；

（8）工程量清单；

（9）工程报价单或预算书。

施工合同文件是一个整体，各组成部分之间应能互相解释，互为补充和说明。在组成文件之间出现不一致时，按从（1）~（9）的顺序解释，称为施工合同文件的优先解释顺序。

5.5.3　施工合同的订立

5.5.3.1　工期和合同价款

1. 工期

工期是指发包人承包人在协议书中约定，按总日历天数（包括法定节假日）计算的承包天数。在协议书中应明确开工和竣工日期。如果承包人在投标书中承诺的工期短于招标文件限定的工期，协议书中应按承包人承诺的工期为准。如果发包人要求分阶段移交部分工程的，在专用条款中应予以明确。

2. 合同价款

（1）合同价款的确定。合同价款是指发包人承包人在协议书中约定，发包人用以支付承包人按照合同约定完成承包范围内全部工程并承担质量保修责任的款项。招标工程的合同价款由发包人承包人依据中标通知书中的中标价格在协议书内约定。非招标工程的合同价款由发包人承包人依据工程预算书在协议书内约定。

（2）追加合同价款。追加合同价款是指在合同履行中发生需要增加合同价款的情况，经发包人确认后按计算合同价款的方法增加的合同价款。

（3）合同计价方式的确定。合同价款在协议书内约定后，任何一方不得擅自改变。下列三种确定合同价款的方式，双方可在专用条款内约定采用其中一种。

1）固定价格合同。双方在专用条款内约定合同价款包含的风险范围和风险费用的计算方法，在约定的风险范围内合同价款不再调整。风险范围以外的合同价款调整方法，应当在专用条款内约定。

2）可调价格合同。可调合同的计价与固定价格合同基本相同，只是增加可调价的条款。合同价款可根据双方的约定而调整，双方在专用条款内约定合同价款调整方法。

3）成本加酬金合同。合同价款包括成本和酬金两部分，双方在专用条款内约定成本构成和酬金的计算方法。

（4）工程预付款的约定。是否有预付款，取决于工程的性质、承包工程量的大小以及招标文件的规定。在专用条款内应约定预付款总额、一次或分阶段支付的时间和每次付款的比例（或金额）、扣回的时间和每次扣回的计算方法、是否需要承包人提供预付款保函等内容。

（5）支付工程进度款的约定。工程进度款的支付时间和方式应在专用条款内约定。工程进度款可以按月计量支付、按完成工程的进度分阶段支付或完成工程后一次性支付等方式。对合同内的不同工程部分或内容也可采用不同的支付方式。

5.5.3.2　合同条件出现矛盾或歧义时的处理

通用条款规定，当合同文件内容含混不清或不一致时，在不影响工程正常进行时，由合同双方协商处理，也可以提请负责监理的工程师做出解释。双方协商不成或不同意工程师的解释时，按合同约定的解决争议的方式处理。

5.5.3.3　标准和规范

双方在专用条款内约定适用国家标准、规范的名称；没有国家标准、规范但有行业标准、规范的，约定适用行业标准、规范的名称；没有国家和行业标准、规范的，约定适用工程所在地地方标准、规范的名称。发包人应按专用条款约定的时间向承包人提供一式两份约定的标准、规范。

国内没有相应标准、规范的，由发包人按专用条款约定的时间向承包人提出施工技术要求，承包人按约定的时间和要求提出施工工艺，经发包人认可后执行。发包人要求使用国外标准、规范的，应负责提供中文译本。

5.5.3.4　发包人和承包人的工作

1. 发包人按专用条款约定的内容和时间完成以下工作

（1）办理土地征用、拆迁补偿、平整施工场地等工作，使施工场地具备施工条件，在开工后继续负责解决以上事项遗留问题；

（2）将施工所需水、电、电信线路从施工场地外部接至专用条款约定地点，保证施工期间的需要；

（3）开通施工场地与城乡公共道路的通道，以及专用条款约定的施工场地内的主要道路，满足施工运输的需要，保证施工期间的畅通；

（4）向承包人提供施工场地的工程地质和地下管线资料，对资料的真实准确性负责；

（5）办理施工许可证及其他施工所需证件、批件和临时用地、停水、停电、中断道路交通、爆破作业等的申请批准手续（证明承包人自身资质的证件除外）；

（6）确定水准点与坐标控制点，以书面形式交给承包人，进行现场交验；

（7）组织承包人和设计单位进行图纸会审和设计交底；

（8）协调处理施工场地周围地下管线和邻近建筑物、构筑物（包括文物保护建筑）、古树名木的保护工作，承担有关费用；

（9）发包人应做的其他工作，双方在专用条款内约定。

发包人可以将部分工作委托承包人办理，双方在专用条款内约定，其费用由发包人承担。发包人未能履行各项义务，导致工期延误或给承包人造成损失的，发包人赔偿承包人有关损失，顺延延误的工期。

2. 承包人按专用条款约定的内容和时间完成以下工作

（1）根据发包人委托，在其设计资质等级和业务允许的范围内，完成施工图设计或与工程配套的设计，经工程师确认后使用，发包人承担由此发生的费用；

（2）向工程师提供年、季、月度工程进度计划及相应进度统计报表；

（3）根据工程需要，提供和维修非夜间施工使用的照明、围栏设施，并负责安全保卫；

（4）按专用条款约定的数量和要求，向发包人提供施工场地办公和生活的房屋及设施，发包人承担由此发生的费用；

（5）遵守政府有关主管部门对施工场地交通、施工噪声以及环境保护和安全生产等的管理规定，按规定办理有关手续，并以书面形式通知发包人，发包人承担由此发生的费用，因承包人责任造成的罚款除外；

（6）已竣工工程未交付发包人之前，承包人按专用条款约定负责已完工程的保护工作，保护期间发生损坏，承包人自费予以修复；发包人要求承包人采取特殊措施保护的工程部位和相应的追加合同价款，双方在专用条款内约定；

（7）按专用条款约定做好施工场地地下管线和邻近建筑物、构筑物（包括文物保护建筑）、古树名木的保护工作；

（8）保证施工场地清洁符合环境卫生管理的有关规定，交工前清理现场达到专用条款约定的要求，承担因自身原因违反有关规定造成的损失和罚款；

（9）承包人应做的其他工作，双方在专用条款内约定。

承包人未能履行各项义务，造成发包人损失的，承包人赔偿发包人有关损失。

5.5.3.5　工程师的委派

工程师是指本工程监理单位委派的总监理工程师或发包人指定的履行本合同的代表，其具体身份和职权由发包人、承包人在专用条款中约定。

监理单位委派的总监理工程师的姓名、职务、职权由发包人承包人在专用条款内写明。工程师按合同约定行使职权，发包人在专用条款内要求工程师在行使某些职权前需要征得发包人批准的，工程师应征得发包人批准。

发包人派驻施工场地履行合同的代表的姓名、职务、职权由发包人在专用条款内写明，但职权不得与监理单位委派的总监理工程师职权相互交叉。双方职权发生交叉或不明确时，由发包人予以明确，并以书面形式通知承包人。

5.5.3.6　材料和设备的供应

实行发包人供应材料设备的，双方应当约定发包人供应材料设备的一览表，作为本合同附件。一览表包括发包人供应材料设备的品种、规格、型号、数量、单价、质量等级、提供时间和地点。同时在专用条款中应明确发包人提供材料设备的合同责任。

5.5.3.7　担保和保险

发包人承包人为了全面履行合同，应互相提供以下担保：发包人向承包人提供履约担保，按合同约定支付工程价款及履行合同约定的其他义务；承包人向发包人提供履约担保，按合同约定履行自己的各项义务。

提供担保的内容、方式和相关责任，发包人承包人除在专用条款中约定外，被担保方与担保方还应签订担保合同，作为本合同附件。一方违约后，另一方可要求提供担保的第三人承担相应责任。

工程保险是转移工程风险的重要手段，如果合同约定有保险的话，具体投保内容和相关责任，发包人承包人在专用条款中约定。

5.5.3.8　解决合同争议的方式

发包人承包人在履行合同时发生争议，可以和解或者要求有关主管部门调解。当事人不愿和解、调解或者和解、调解不成的，双方可以在专用条款内约定以下两种方式之一解决争议：

第一种解决方式是，双方达成仲裁协议，向约定的仲裁委员会申请仲裁；

第二种解决方式是，向有管辖权的人民法院起诉。

5.5.4 施工准备阶段的合同管理

5.5.4.1 图纸

图纸是指由发包人提供或由承包人提供并经发包人批准，满足承包人施工需要的所有图纸（包括配套说明和有关资料）。

发包人应按专用条款约定的日期和套数，向承包人提供图纸。承包人需要增加图纸套数的，发包人应代为复制，复制费用由承包人承担。发包人对工程有保密要求的，应在专用条款中提出保密要求，保密措施费用由发包人承担；承包人在约定保密期限内履行保密义务。

承包人未经发包人同意，不得将本工程图纸转给第三人。工程质量保修期满后，除承包人存档需要的图纸外，应将全部图纸退还给发包人。承包人应在施工现场保留一套完整图纸，供工程师及有关人员进行工程检查时使用。

5.5.4.2 施工进度计划

承包人应按专用条款约定的日期，将施工组织设计和工程进度计划提交工程师，工程师按专用条款约定的时间予以确认或提出修改意见，逾期不确认也不提出书面意见的，视为同意。群体工程中单位工程分期进行施工的，承包人应按照发包人提供图纸及有关资料的时间，按单位工程编制进度计划，其具体内容双方在专用条款中约定。

承包人必须按工程师确认的进度计划组织施工，接受工程师对进度的检查、监督。工程实际进度与经确认的进度计划不符时，承包人应按工程师的要求提出改进措施，经工程师确认后执行。因承包人的原因导致实际进度与进度计划不符，承包人无权就改进措施提出追加合同价款。

5.5.4.3 双方做好施工前的有关工作

发包人应按专用条款的规定使施工现场具备施工条件、开通施工现场公共道路，承包人做好施工人员和设备的调配工作。工程师做好水准点与坐标控制点的交验，提供标准、规范，做好设计单位的协调工作，按时向承包人提供图纸，组织图纸会审和设计交底。

5.5.4.4　开工

承包人应当按照协议书约定的开工日期开工。承包人不能按时开工，应当不迟于协议书约定的开工日期前7天，以书面形式向工程师提出延期开工的理由和要求。工程师应当在接到延期开工申请后的48小时内以书面形式答复承包人。工程师在接到延期开工申请后48小时内不答复，视为同意承包人要求，工期相应顺延。工程师不同意延期要求或承包人未在规定时间内提出延期开工要求，工期不予顺延。

因发包人原因不能按照协议书约定的开工日期开工，工程师应以书面形式通知承包人，推迟开工日期。发包人赔偿承包人因延期开工造成的损失，并相应顺延工期。

5.5.4.5　分包

承包人按专用条款的约定分包所承包的部分工程，并与分包单位签订分包合同。非经发包人同意，承包人不得将承包工程的任何部分分包。承包人不得将其承包的全部工程转包给他人，也不得将其承包的全部工程肢解以后以分包的名义分别转包给他人。

工程分包不能解除承包人任何责任与义务。承包人应在分包场地派驻相应管理人员，保证本合同的履行。分包单位的任何违约行为或疏忽导致工程损害或给发包人造成其他损失，承包人承担连带责任。

分包工程价款由承包人与分包单位结算。发包人未经承包人同意不得以任何形式向分包单位支付各种工程款项。

5.5.4.6　支付工程预付款

实行工程预付款的，双方应当在专用条款内约定发包人向承包人预付工程款的时间和数额，开工后按约定的时间和比例逐次扣回。预付时间应不迟于约定的开工日期前7天。发包人不按约定预付，承包人在约定预付时间7天后向发包人发出要求预付的通知，发包人收到通知后仍不能按要求预付，承包人可在发出通知后7天停止施工，发包人应从约定应付之日起向承包人支付应付款的利息，并承担违约责任。

5.5.5　施工过程的合同管理

5.5.5.1　材料和设备的质量控制

1. 发包人供应材料设备

发包人按一览表约定的内容提供材料设备，并向承包人提供产品合格证明，对其质量负责。发包人在所供材料设备到货前24小时，以书面形式通知承包人，由承包人派人与发包人共同清点。发包人供应的材料设备，承包人派人参加清点后由承包人妥善保管，发包人支付相应保管费用。因承包人原因发生丢失损坏，由承包人负责赔偿。

发包人未通知承包人清点，承包人不负责材料设备的保管，丢失损坏由发包人负责。

发包人供应的材料设备与一览表不符时，发包人承担有关责任。发包人应承担责任的具体内容，双方根据下列在专用条款内约定的情况处理：

（1）材料设备单价与一览表不符，由发包人承担所有价差；

（2）材料设备的品种、规格、型号、质量等级与一览表不符，承包人可拒绝接收保管，由发包人运出施工场地并重新采购；

（3）发包人供应的材料规格、型号与一览表不符，经发包人同意，承包人可代为调剂串换，由发包人承担相应费用；

（4）到货地点与一览表不符，由发包人负责运至一览表指定地点；

（5）供应数量少于一览表约定的数量时，由发包人补齐，多于一览表约定数量时，发包人负责将多出部分运出施工场地；

（6）到货时间早于一览表约定时间，由发包人承担因此发生的保管费用；到货时间迟于一览表约定的供应时间，发包人赔偿由此造成的承包人损失，造成工期延误的，相应顺延工期。

发包人供应的材料设备使用前，由承包人负责检验或试验，不合格的不得使用，检验或试验费用由发包人承担。发包人供应材料设备的结算按照双方在专用条款内约定的方法处理。

2. 承包人采购材料设备

承包人负责采购材料设备的，应按照专用条款约定及设计和有关标准要求采购，并提供产品合格证明，对材料设备质量负责。承包人在材料设备到货前24小时通知工程师清点。承包人采购的材料设备与设计或标准要求不符时，承包人应按工程师要求的时间运出施工场地，重新采购符合要求的产品，承担由此发生的费用，由此延误的工期不予顺延。

承包人采购的材料设备在使用前，承包人应按工程师的要求进行检验或试验，不合格的不得使用，检验或试验费用由承包人承担。工程师发现承包人采购并使用不符合设计和标准要求的材料设备时，应要求承包人负责修复、拆除或重新采购，由承包人承担发生的费用，由此延误的工期不予顺延。承包人需要使用代用材料时，应经工程师认可后才能使用，由此增减的合同价款双方以书面形式议定。

由承包人采购的材料设备，发包人不得指定生产厂或供应商。

5.5.5.2　施工质量的监督管理

工程师在施工过程中应采用巡视、旁站、平行检验等方式监督检查承包人的施工质量，对建设产品的生产过程进行严格控制。

1. 工程质量

工程质量应当达到协议书约定的质量标准。发包人对质量有特殊要求的，应支付由此增加的追加合同价款，对工期有影响的应给予顺延。工程师发现质量达不到约定标准的部分，可要求承包人返工，直到符合约定标准，并由承包人承担返工费用，工期不予顺延。

双方对工程质量有争议，由双方同意的工程质量检测机构鉴定，所需费用及因此造成的损失，由责任方承担。双方均有责任，由双方根据其责任分别承担。

2. 检查和返工

承包人应认真按照标准、规范和设计图纸要求以及工程师依据合同发出的指令施工，随时接受工程师的检查检验，为检查检验提供便利条件。工程质量达不到约定标准的部分，工程师一经发现，应要求承包人拆除和重新施工，承包人应按工程师的要求拆除和重新施工，直到符合约定标准。因承包人原因达不到约定标准，由承包人承担拆除和重新施工的费用，工期不予顺延。

工程师的检查检验不应影响施工的正常进行。如影响施工正常进行，检查检验不合格时，影响正常施工的费用由承包人承担。除此之外影响正常施工的追加合同价款由发包人承担，相应顺延工期。

因工程师指令失误或其他非承包人原因发生的追加合同价款，由发包人承担。

3. 隐蔽工程和中间验收

工程具备隐蔽条件或达到专用条款约定的中间验收部位，承包人进行自检，并在隐蔽或中间验收前 48 小时以书面形式通知工程师验收。通知包括隐蔽和中间验收的内容、验收时间和地点。承包人准备验收记录，验收合格，工程师在验收记录上签字后，承包人可进行隐蔽和继续施工；验收不合格，承包人在工程师限定的时间内修改后重新验收。

工程师不能按时进行验收，应在验收前 24 小时以书面形式向承包人提出延期要求，延期不能超过 48 小时。工程师未能按以上时间提出延期要求，不进行验收，承包人可自行组织验收，工程师应承认验收记录。

经工程师验收，工程质量符合标准、规范和设计图纸等要求，验收 24 小时后，工程师不在验收记录上签字，视为工程师已经认可验收记录，承包人可进行隐蔽或继续施工。

4. 重新检验

无论工程师是否进行验收，当其要求对已经隐蔽的工程重新检验时，承包人应按要求进行剥离或开孔，并在检验后重新覆盖或修复。检验合格，发包人承担由此发生的全部追加合同价款，赔偿承包人损失，并相应顺延工期。检验不合格，承包人承担发生的全部费用，工期不予顺延。

5. 专利技术及特殊工艺

发包人要求使用专利技术或特殊工艺，应负责办理相应的申报手续，承担申报、试验、使用等费用；承包人提出使用专利技术或特殊工艺，应取得工程师认可，承包人负责办理申报手续并承担有关费用。擅自使用专利技术侵犯他人专利权的，责任者依法承担相应责任。

5.5.5.3 施工进度管理

施工进度管理的首要任务是控制施工工作按进度计划执行，确保施工任务在规定的合同工期内完成。

1. 按计划施工

施工过程中，承包人根据工程师确认的计划进度组织施工，接受工程师的检查监督。工程师一般每月检查一次承包人的进度计划执行情况，由承包人提交一份上月进度计划执行情况和本月的进度计划。

2. 承包人修改进度计划

由于受到外界环境条件、人为条件、现场情况等影响，常常导致实际施工进度和计划进度不符，这时，工程师有权通知承包人修改进度计划，以便更好地进行后续施工的协调管理。修改后的进度计划须经过工程师确认后执行。修改后的进度计划不能按期完工的，承包人仍应承担相应的违约责任。

3. 暂停施工

工程师认为确有必要暂停施工时，应当以书面形式要求承包人暂停施工，并在提出要求后48小时内提出书面处理意见。承包人应当按工程师要求停止施工，并妥善保护已完工程。承包人实施工程师做出的处理意见后，可以书面形式提出复工要求，工程师应当在48小时内给予答复。工程师未能在规定时间内提出处理意见，或收到承包人复工要求后48小时内未予答复，承包人可自行复工。因发包人原因造成停工的，由发包人承担所发生的追加合同价款，赔偿承包人由此造成的损失，相应顺延工期；因承包人原因造成停工的，由承包人承担发生的费用，工期不予顺延。

4. 工期延误

因以下原因造成工期延误，经工程师确认，工期相应顺延：

（1）发包人未能按专用条款的约定提供图纸及开工条件；

（2）发包人未能按约定日期支付工程预付款、进度款，致使施工不能正常进行；

（3）工程师未按合同约定提供所需指令、批准等，致使施工不能正常进行；

（4）设计变更和工程量增加；

（5）一周内非承包人原因停水、停电、停气造成停工累计超过 8 小时；

（6）不可抗力；

（7）专用条款中约定或工程师同意工期顺延的其他情况。

承包人在上述情况发生后 14 天内，就延误的工期以书面形式向工程师提出报告。工程师在收到报告后 14 天内予以确认，逾期不予确认也不提出修改意见，视为同意顺延工期。

5. 工程竣工

承包人必须按照协议书约定的竣工日期或工程师同意顺延的工期竣工。因承包人原因不能按照协议书约定的竣工日期或工程师同意顺延的工期竣工的，承包人承担违约责任。

施工中发包人如需提前竣工，双方协商一致后应签订提前竣工协议，作为合同文件组成部分。提前竣工协议应包括承包人为保证工程质量和安全采取的措施、发包人为提前竣工提供的条件以及提前竣工所需的追加合同价款等内容。

5.5.5.4　设计变更管理

1. 工程设计变更

施工中发包人需对原工程设计进行变更，应提前 14 天以书面形式向承包人发出变更通知。变更超过原设计标准或批准的建设规模时，发包人应报规划管理部门和其他有关部门重新审查批准，并由原设计单位提供变更的相应图纸和说明。承包人按照工程师发出的变更通知及有关要求，进行下列需要的变更：

（1）更改工程有关部分的标高、基线、位置和尺寸；

（2）增减合同中约定的工程量；

（3）改变有关工程的施工时间和顺序；

（4）其他有关工程变更需要的附加工作。

因变更导致合同价款的增减及造成的承包人损失，由发包人承担，延误的工期相应顺延。

承包人提出适当的变更价格，经工程师确认后执行。

工程师应在收到变更工程价款报告之日起 14 天内予以确认，工程师无正当理由不确认时,自变更工程价款报告送达之日起 14 天后视为变更工程价款报告已被确认。工程师确认增加的工程变更价款作为追加合同价款,与工程款同期支付。

承包人在双方确定变更后 14 天内不向工程师提出变更的,承包人不得对原工程设计进行变更。因承包人擅自变更设计发生的费用和由此导致发包人的直接损失,由承包人承担,延误的工期不予顺延。承包人在施工中提出的合理化建议涉及对设计图纸或施工组织设计的更改及对材料、设备的换用,须经工程师同意,未经同意擅自更改或换用时,承包人承担由此发生的费用,并赔偿发包人的有关损失,延误的工期不予顺延。工程师同意采用承包人合理化建议,所发生的费用和获得的收益,发包人承包人另行约定分担或分享。

2. 变更价款的确定

承包人在工程变更确定后 14 天内,提出变更工程价款的报告,经工程师确认后调整合同价款。变更合同价款按下列方法进行:

(1)合同中已有适用于变更工程的价格,按合同已有的价格变更合同价款;

(2)合同中只有类似于变更工程的价格,可以参照类似价格变更合同价款;

(3)合同中没有适用或类似于变更工程的价格,视为该项变更不涉及合同价款的变更。因承包人自身原因导致的工程变更,承包人无权要求追加合同价款。

5.5.5.5 工程量的确认

承包人应按专用条款约定的时间,向工程师提交已完工程量的报告。工程师接到报告后 7 天内按设计图纸核实已完工程量(以下称计量),并在计量前 24 小时通知承包人,承包人为计量提供便利条件并派人参加。承包人收到通知后不参加计量,计量结果有效,作为工程价款支付的依据。

工程师收到承包人报告后 7 天内未进行计量,从第 8 天起,承包人报告中开列的工程量即视为被确认,作为工程价款支付的依据。工程师不按约定时间通知承包人,致使承包人未能参加计量,计量结果无效。对承包人超出设计图纸范围和因承包人原因造成返工的工程量,工程师不予计量。

5.5.5.6 支付管理

1. 允许调整合同价款的情况

采用可调价格合同时,遇到以下 4 种情况,可以调整合同价款:

(1)法律、行政法规和国家有关政策变化影响合同价款;

(2)工程造价管理部门公布的价格调整;

(3)一周内非承包人原因停水、停电、停气造成停工累计超过 8 小时;

（4）双方约定的其他因素。

承包人应当在上述情况发生后 14 天内，将调整原因、金额以书面形式通知工程师，工程师确认调整金额后作为追加合同价款，与工程款同期支付。工程师收到承包人通知后 14 天内不予确认也不提出修改意见，视为已经同意该项调整。

2. 工程进度款的支付

计算本期应支付给承包人的工程进度款的内容包括：

（1）通过确认核实的完成工程量对应报价单的相应价格计算应支付的工程款；

（2）设计变更调整的合同价款；

（3）本期应扣回的工程预付款；

（4）根据合同的允许调整合同价款的原因，应补偿承包人的款项和应扣减的款项；

（5）经过工程师批准的承包人赔偿款等。

在确认计量结果后 14 天内，发包人应向承包人支付工程款（进度款）。按约定时间发包人应扣回的预付款，与工程款（进度款）同期结算。工程变更调整的合同价款、约定的追加合同价款以及其他确定调整的合同价款，应与工程款（进度款）同期调整支付。

发包人超过约定的支付时间不支付工程款（进度款），承包人可向发包人发出要求付款的通知，发包人收到承包人通知后仍不能按要求付款，可与承包人协商签订延期付款协议，经承包人同意后可延期支付。协议应明确延期支付的时间和从计量结果确认后第 15 天起应付款的贷款利息。

发包人不按合同约定支付工程款（进度款），双方又未达成延期付款协议，导致施工无法进行，承包人可停止施工，由发包人承担违约责任。

5.5.5.7　不可抗力

不可抗力是指不能预见、不能避免并不能克服的客观情况。不可抗力包括因战争、动乱、空中飞行物体坠落或其他非发包人承包人责任造成的爆炸、火灾，以及专用条款约定的风、雨、雪、洪、震等自然灾害。

不可抗力事件发生后，承包人应立即通知工程师，并在力所能及的条件下迅速采取措施，尽力减少损失，发包人应协助承包人采取措施。工程师认为应当暂停施工的，承包人应暂停施工。不可抗力事件结束后 48 小时内承包人向工程师通报受害情况和损失情况，及预计清理和修复的费用。不可抗力事件持续发生，承包人应每隔 7 天向工程师报告一次受害情况。不可抗力事件结束后 14 天内，承包人向工程师提交清理和修复费用的正式报告及有关资料。

因不可抗力事件导致的费用及延误的工期由双方按以下方法分别承担：

（1）工程本身的损害、因工程损害导致第三人人员伤亡和财产损失以及运至施工场地用于施工的材料和待安装的设备的损害，由发包人承担；

（2）发包人承包人人员伤亡由其所在单位负责，并承担相应费用；

（3）承包人机械设备损坏及停工损失，由承包人承担；

（4）停工期间，承包人应工程师要求留在施工场地的必要的管理人员及保卫人员的费用由发包人承担；

（5）工程所需清理、修复费用，由发包人承担；

（6）延误的工期相应顺延。

因合同一方迟延履行合同后发生不可抗力的，不能免除迟延履行方的相应责任。

5.5.5.8　安全施工管理

1. 安全施工与检查

承包人应遵守工程建设安全生产有关管理规定，严格按安全标准组织施工，并随时接受行业安全检查人员依法实施的监督检查，采取必要的安全防护措施，消除事故隐患。由于承包人安全措施不力造成事故的责任和因此发生的费用，由承包人承担。

发包人应对其在施工场地的工作人员进行安全教育，并对他们的安全负责。发包人不得要求承包人违反安全管理的规定进行施工。因发包人原因导致的安全事故，由发包人承担相应责任及发生的费用。

2. 安全防护

承包人在动力设备、输电线路、地下管道、密封防震车间、易燃易爆地段以及临街交通要道附近施工时，施工开始前应向工程师提出安全防护措施，经工程师认可后实施，防护措施费用由发包人承担。

实施爆破作业，在放射、毒害性环境中施工（含储存、运输、使用）及使用毒害性、腐蚀性物品施工时，承包人应在施工前14天以书面形式通知工程师，并提出相应的安全防护措施，经工程师认可后实施，由发包人承担安全防护措施费用。

3. 事故处理

发生重大伤亡及其他安全事故，承包人应按有关规定立即上报有关部门并通知工程师，同时按政府有关部门要求处理，由事故责任方承担发生的费用。发包人承包人对事故责任有争议时，应按政府有关部门的认定处理。

5.5.6　竣工阶段的合同管理

5.5.6.1　工程试车

双方约定需要试车的，试车内容应与承包人承包的安装范围相一致。

设备安装工程具备单机无负荷试车条件，承包人组织试车，并在试车前 48 小时以书面形式通知工程师。通知包括试车内容、时间、地点。承包人准备试车记录，发包人根据承包人要求为试车提供必要条件。试车合格，工程师在试车记录上签字。工程师不能按时参加试车，须在开始试车前 24 小时以书面形式向承包人提出延期要求，延期不能超过 48 小时。工程师未能按以上时间提出延期要求，不参加试车，应承认试车记录。

设备安装工程具备无负荷联动试车条件，发包人组织试车，并在试车前 48 小时以书面形式通知承包人。通知包括试车内容、时间、地点和对承包人的要求，承包人按要求做好准备工作。试车合格，双方在试车记录上签字。

承发包双方在工程试车中的责任。

（1）由于设计原因试车达不到验收要求，发包人应要求设计单位修改设计，承包人按修改后的设计重新安装。发包人承担修改设计、拆除及重新安装的全部费用和追加合同价款，工期相应顺延。

（2）由于设备制造原因试车达不到验收要求，由该设备采购一方负责重新购置或修理，承包人负责拆除和重新安装。设备由承包人采购的，由承包人承担修理或重新购置、拆除及重新安装的费用，工期不予顺延；设备由发包人采购的，发包人承担上述各项追加合同价款，工期相应顺延。

（3）由于承包人施工原因试车达不到验收要求，承包人按工程师要求重新安装和试车，并承担重新安装和试车的费用，工期不予顺延。

（4）试车费用除已包括在合同价款之内或专用条款另有约定外，均由发包人承担。

（5）工程师在试车合格后不在试车记录上签字，试车结束 24 小时后，视为工程师已经认可试车记录，承包人可继续施工或办理竣工手续。

投料试车应在工程竣工验收后由发包人负责，如发包人要求在工程竣工验收前进行或需要承包人配合时，应征得承包人同意，另行签订补充协议。

5.5.6.2　竣工验收

1. 竣工交付使用的工程必须符合的基本要求

（1）完成工程设计和合同中规定的各项工作内容，达到国家规定的竣工条件；

（2）工程质量应符合国家现行有关法律、法规、技术标准、设计文件及合同规定的要求，并经质量监督机构核定为合格；

（3）工程所有的设备和主要建筑材料、构件应具有产品质量合格证明和技术标准规定的必要的进场试验报告；

（4）具有完整的工程技术档案和竣工图，已办理工程竣工交付使用的有关手续；

（5）已签署工程保修证书。

2. 竣工验收的一般规定

（1）工程具备竣工验收条件，承包人按国家工程竣工验收有关规定，向发包人提供完整竣工资料及竣工验收报告。双方约定由承包人提供竣工图的，应当在专用条款内约定提供的日期和份数。

（2）发包人收到竣工验收报告后28天内组织有关单位验收，并在验收后14天内给予认可或提出修改意见。承包人按要求修改，并承担由自身原因造成修改的费用。

（3）发包人收到承包人送交的竣工验收报告后28天内不组织验收，或验收后14天内不提出修改意见，视为竣工验收报告已被认可。

（4）工程竣工验收通过，承包人送交竣工验收报告的日期为实际竣工日期。工程按发包人要求修改后通过竣工验收的，实际竣工日期为承包人修改后提请发包人验收的日期。

（5）发包人收到承包人竣工验收报告后28天内不组织验收，从第29天起承担工程保管及一切意外责任。

（6）因特殊原因，发包人要求部分单位工程或工程部位甩项竣工的，双方另行签订甩项竣工协议，明确双方责任和工程价款的支付方法。

（7）工程未经竣工验收或竣工验收未通过的，发包人不得使用。发包人强行使用时，由此发生的质量问题及其他问题，由发包人承担责任。

5.5.6.3　工程保修

承包人应按法律、行政法规或国家关于工程质量保修的有关规定，对交付发包人使用的工程在质量保修期内承担质量保修责任。承包人应在工程竣工验收之前，与发包人签订质量保修书，作为合同附件。质量保修书的主要内容包括质量保修项目内容及范围，质量保修期，质量保修责任，质量保修金的支付方法。

1. 工程质量保修内容和质量保修期

保修期从工程竣工验收合格之日起算。分单项验收的工程，按单项工程分别计算质量保修期。合同当事人双方可以根据国家的有关规定，结合具体工程约定质量保修期，但双方的约定不得低于国家规定的最低质量保修期。《建设工程质量管理条例》和建设部颁布的《房屋建筑工程质量保修办法》规定，建设工程在正常使用条件下的保修内容和最低保修期限为：

（1）地基基础工程和主体结构工程为设计文件规定的该工程的合理使用年限；

（2）屋面防水工程、有防水要求的卫生间、房间和外墙面的防渗漏，为5年；

（3）供热与供冷系统，为2个采暖期和供冷期；

（4）电气管线和给排水管道、设备安装和装修工程，为2年。

2. 保修责任

（1）属于保修范围的，承包人应在接到发包人的保修通知起7日内派人保修。承包人不在约定期限内派人保修，发包人可委托其他人修理，费用由承包人承担；

（2）发生紧急抢修事故时，承包人接到通知后应立即到达事故现场抢修；

（3）涉及结构安全的质量问题，应立即向当地工程建设行政主管部门报告，采取相应的安全防范措施。由原设计单位或具有相应资质等级的设计单位提出保修方案，承包人实施保修；

（4）质量保修完成后，由发包人组织验收。

3. 保修费用

《建设工程质量管理条例》颁布后，由于保修期限较长，为了维护承包人的合法利益，竣工结算时不再扣留质量保修金。保修费用由造成质量缺陷的责任方承担。

5.5.6.4 竣工结算

工程竣工验收报告经发包人认可后28天内，承包人向发包人递交竣工结算报告及完整的结算资料，双方按照协议书约定的合同价款及专用条款约定的合同价款调整内容，进行工程竣工结算。发包人收到承包人递交的竣工结算报告及结算资料后28天内进行核实，给予确认或者提出修改意见。发包人确认竣工结算报告后通知经办银行向承包人支付工程竣工结算价款。承包人收到竣工结算价款后14天内将竣工工程交付发包人。

发包人收到竣工结算报告及结算资料后28天内无正当理由不支付工程竣工价款，从第29天起按承包人同期向银行贷款利率支付拖欠工程价款的利息，并承担违约责任。发包人收到竣工结算报告及结算资料后28天内不支付工程竣工结算价款，承包人可以催告发包人支付结算价款。发包人在收到竣工结算报告及结算资料后56天内仍不支付的，承包人可以与发包人协议将该工程折价，也可以由承包人申请人民法院将该工程依法拍卖，承包人就该工程折价或者拍卖的价款优先受偿。

工程竣工验收报告经发包人认可后28天内，承包人未能向发包人递交竣工结算报告及完整的结算资料，造成工程竣工结算不能正常进行或工程竣工结算价款不能及时支付，发包人要求交付工程的，承包人应当交付；发包人不要求交付工程的，承包人承担保管责任。

5.6　FIDIC 合同条件

FIDIC 是国际咨询工程师联合会法文名称的缩写，是各国咨询工程师协会的联合会，拥有遍布全球的 67 个成员协会，是世界上最具有权威性的国际咨询工程师组织。FIDIC 下设许多专业委员会，如雇主咨询工程师关系委员会（CCRC）、土木工程合同委员会（CECC）、电气机械合同委员会（EMCC）、职业责任委员会（PLC）等。

FIDIC 编制了一系列的合同条件，主要有《施工合同条件》（简称 FIDIC "红皮书"）、《雇主 / 咨询工程师标准服务协议书》（简称 FIDIC "白皮书"）、《生产设备和设计——施工合同条件》（简称 "黄皮书"）、《设计采购施工（EPC）交钥匙项目合同条件（简称 "银皮书"）、《简明合同格式》（简称 "绿皮书"）。本书主要介绍《施工合同条件》（1999 年版），它是目前国际上最为流行的施工合同条件，除了协会的成员外，世界银行、亚洲开发银行和非洲开发银行也规定，所有利用其贷款的工程项目都必须采用此合同条件。国际上常用的施工合同条件还有英国土木工程师学会的《ICE 土木工程施工合同条件》和美国建筑师学会的《AIA 合同条件》等。

5.6.1　《施工合同条件》的特点

《施工合同条件》具有如下特点：

1. 国际性、权威性、通用性

《施工合同条件》在总结了国际工程合同管理方面的经验教训，并且随着经济技术的发展不断地修改完善，由于其成员众多，是国际工程招标中使用最多的合同条件。世界银行、亚洲开发银行、非洲开发银行等国际金融组织的贷款项目，也都采用 FIDIC 编制的合同条件。我国有关部委编制的合同条件范本也都把 FIDIC 编制的合同条件作为重要的参考文本。FIDIC 条件包括通用条件和专用条件两部分，专用条件是通用条件的具体化、修改和补充。通用条件和专用条件将工程合同的一般性与特殊性相结合，使 FIDIC 条件既保证了普遍的适用性，又照顾了合同双方的特殊要求和工程特点，因而具有良好的通用性。

2. 公正合理

FIDIC 合同条件考虑了合同双方的利益，合理地分配工程的责任与风险，同时也明确规定了业主、承包商、工程师的义务、权利和职责，并要求所有当事人必须合作、诚实、公正地行事。

3. 条款严密、程序严谨、便于操作

合同条件具有严密的系统性，并且非常注意语言的严密性。合同条件中处理各种

问题的程序严谨，特别强调各种书面文件及证据的重要性，对合同双方和工程师的权利义务都有明确规定，并对其实施规定了时间限制，这些规定使履行合同时有章可循，易于操作和实施。

4. 强化了监理的作用

合同条件明确规定了工程师的权力和职责，赋予工程师在工程管理方面的充分权力。工程师是独立的、公正的第三方，工程师受雇主聘用，负责合同管理和工程监督。承包商应严格遵守和执行工程师的指令，简化了工程项目管理中一些不必要的环节，为工程项目的顺利实施创造了条件。

5.6.2　简介《施工合同条件》

该合同条件推荐用于雇主设计的或由其代表（工程师）设计的，承包商只负责施工（可能也会做少量的设计工作）的建筑工程项目。该合同条件的第一部分是工程项目普遍适用的通用条件，内容包括一般规定、雇主、工程师、承包商、指定分包商、员工、生产设备、材料和工艺、开工、延误和暂停、雇主的接受、缺陷责任、测量和估价、变更和调整、合同价格和付款、由雇主终止、由承包商暂停和终止、风险和责任、保险、不可抗力、索赔、争端和仲裁。第二部分专用条件用以说明与具体工程项目有关的特殊规定。FIDIC 编制的标准化合同文本，除了通用条件和专用条件以外，还包括标准化的投标书（及附录）和协议书的格式文件。

该合同为雇主与承包商之间签订的施工合同，适用于大型复杂工程，属于单价合同，工程必须实行监理制度。合同应指定一种或几种语言，如果使用一种以上语言编写，则还应指明，以哪种语言为合同的"主导语言"。当不同语言的合同文本的解释出现不一致时，应以"主导语言"的合同文本的解释为准。

合同文件包括的几个文件之间应能互相解释，当它们之间出现矛盾和不一致时，应由工程师对此做出解释或校正。通常，合同文件解释和执行的优先次序为：

（1）合同协议书；

（2）中标函；

（3）投标书；

（4）FIDIC 条件第二部分，即专用条件；

（5）FIDIC 条件第一部分，即通用条件；

（6）构成合同组成部分的其他文件。

5.6.2.1　雇主的权利与义务

雇主的权利主要有：

（1）要求承包商按照合同规定的工期提交质量合格的工程。

（2）批准合同转让。

（3）指定分包商。雇主有权对在暂定金额中列出的任何分项指定分包商，分包商与承包商签订分包合同。如果指定分包商失误，造成承包商损失，承包商可以向雇主索赔。

（4）在承包商不愿或不能执行工程师指令时有权雇用他人完成任务。

（5）除属于雇主原因和特殊风险外，雇主对承包商的损失不承担责任。

（6）在一定条件下，雇主可以终止合同。

（7）有权提出仲裁。

雇主的义务主要有：

（1）委派工程师管理工程施工，雇主应为工程师的行为承担责任。

（2）编制双方的合同协议书。

（3）承担拟签订和签订合同的费用和多于合同规定的设计文件的费用。

（4）批准承包商的履约担保、担保机构及保险条件。在承包商没有足够的保险证明文件的情况下，雇主应代为保险（可在付款时从承包商处扣回该项费用）。

（5）协助承包商做好工作。

（6）按时提供合乎标准的施工场地。

（7）按合同约定时间及时提供施工图纸。

（8）按时支付工程款。如果雇主拖欠工程款，承包商有权将未付款额在延误期按月计复利作为融资费，年利率为支付货币所在国中央银行的贴现率加三个百分点。

（9）负责已移交工程的照管。

（10）雇主对因自己的风险因素造成的承包商的损失应负有补偿义务；对一个有经验的承包商不能合理预见到的风险导致承包商的实际投入成本增加应给予相应补偿。

（11）对在现场的自己授权的工作人员的安全负全部责任。

5.6.2.2　承包商的权利与义务

承包商的权利主要有：

（1）进入施工现场的权利。

（2）按时得到工程款的权利。

（3）有索赔的权利。

（4）在雇主违约的情况下，有权终止合同或者暂停施工。

（5）对雇主准备撤换的工程师有拒绝的权利。

（6）有提出仲裁的权利。

承包商的义务主要有：

（1）遵守工程所在地的法律法规。

（2）承认合同的完备性和正确性，严格履行合同，并提交履约担保书。

（3）应对设计文件和图纸负责。有义务妥善保管设计文件和图纸，保证工程师和其授权的其他监理人员随时使用。未取得工程师同意，承包商不能将本工程的图纸、技术规范和其他文件用于其他工程或传播给第三方。对于合同规定由承包商设计的项目，对其设计文件和图纸负有设计责任。

（4）提交进度计划、月进度报告和现金流量估算。

（5）根据工程需要任命项目经理。

（6）保证工程质量。

（7）必须执行工程师发布的各项指令并配合工程师的工作。

（8）承担责任范围内的相关费用。

（9）按期完成施工任务。

（10）负责施工现场的照管。

（11）与其他承包商做必要的配合。

（12）及时通知工程师发生的意外事件并做出应对措施。

5.6.2.3　工程师的权利和职责

工程师是独立的第三方，受雇主委托负责合同履约的协调管理和监督施工。工程师可以行使合同内规定的权力，以及必然引申的权力，承包商要严格遵守并执行工程师的指令，工程师的决定对雇主也同样具有约束力。

工程师分三个层次。通用条件中将施工阶段参与监理工作的人员分为工程师、工程师代表和助理三个层次。工程师是业主所聘请的监理单位委派的，直接对业主负责的委员会或小组，行使合同授予的和必然引申的权力。工程师代表由少数级别较高、经验丰富的人员组成，工程师代表仅对工程师负责。工程师委派工程师代表常驻工地，并授予他一定的权力负责现场施工的日常监督、管理、协调工作。在授权范围内，工程师代表向承包商发布的任何指示，与工程师的指示具有同等效力。工程师和工程师代表可以任命任意数量的助理协助工程师代表工作。助理在授权范围内发布的指示，均被视为工程师代表发出的指示。

工程师的权利和职责主要有：

（1）工程师可以行使合同中规定的或必然隐含的应属于工程师的权力，并应视为代表雇主执行。如果要求工程师在行使规定的权力前必须取得雇主的批准，这些要求应在专用条件中写明。但工程师无权修改合同或解除合同责任。工程师的权力主要可概括为质量管理、进度管理、支付管理、合同管理几个方面。

（2）工程师最根本的职责是认真地按照业主和承包商签订的合同工作，另一个职责是协调施工的有关事宜。

（3）工程师应具有相当的专业资质水平，合理行使权力。工程师有时可以向其助手指派任务和托付权力，也可以撤销这种指派或托付，助手应是具有适当资质的人员，能履行这些任务，行使此项权力。工程师应公正行事，严格遵守合同规定，在充分考虑业主和承包商双方的观点后，基于事实做出决定。

（4）工程师可在任何时候按照合同规定向承包商发出指示与实施工程和修补缺陷需要的附加或修正图纸。

（5）如果雇主可替换工程师，但应在替换日期 42 天前将具体情况通知承包商，如果承包商提出合理的反对意见，并附有详细依据，雇主就不应该替换工程师。

5.6.2.4 风险责任的划分

合同履行过程中可能发生某些风险，这些可能发生的风险有的应由承包商承担，有的业主应依据承包商受到的实际影响给予补偿，有些应由业主承担。

1. 合同条件规定的业主风险

（1）战争、敌对行动、入侵、外敌行动。

（2）叛乱、革命、暴动或军事政变、篡夺政权或内战。

（3）核爆炸、核废料、有毒气体的污染等。

（4）超音速或亚音速飞行物产生的压力波。

（5）暴乱、骚乱或混乱，但不包括承包商及分包商的雇员因执行合同而引起的行为。

（6）因业主在合同规定以外使用或占用永久工程的某一部分或某一区段造成的损失或损害。

（7）业主提供的设计不当造成的损失。

（8）一个有经验的承包商通常无法预测和防范的任何自然力作用。

前五种风险被定义为"特殊风险"。因特殊风险事件发生导致合同被迫终止时，业主应对承包商受到的实际损失（不包括利润损失）给予补偿。

2. 其他不能合理预见的风险

（1）如果遇到了现场气候条件以外的外界条件或障碍影响了承包商按预定计划施工，经工程师确认该事件属于有经验的承包商无法合理预见的情况，则承包商实际施工成本的增加和工期损失应得到补偿。

（2）汇率变化会对支付外币产生影响。不论采用何种方式业主均应承担汇率实际变化对工程总造价的影响，可能对其有利，也可能不利。

（3）法令、政策变化对工程成本往往会产生很大影响。如果投标截止日期前第28天后，由于法律、法令和政策变化引起承包商实际投入成本的变化，利益与风险均应由业主承担。

5.6.2.5　合同的转让和分包

合同条件规定，没有取得雇主的事先书面同意，承包商不得将合同或合同任何部分的好处转让给其开户的银行和投保的保险公司以外的任何第三者，否则可视为承包商严重违约，雇主有权和他解除合同关系。

雇主有权将部分工程项目的施工任务或涉及提供材料、设备、服务等工作内容发包给指定分包商实施。指定分包商与承包商签订分包合同。承包商也可对某些项目进行分包，但是这种分包必须经过批准。如果在订立合同时已列入，则意味着雇主已批准，如果在工程开工后再雇用分包商，则必须经过工程师事先同意，并且工程师有对分包商的批准权。

5.6.2.6　工程师颁发证书程序

1. 颁发工程移交证书

工程移交证书在合同管理中有着重要的作用。证书中指明的竣工日期将用于判定承包商是应承担拖期违约赔偿责任，还是可获得提前竣工的奖励。颁发证书日，即为对已竣工工程照管责任的转移日期。颁发工程移交证书后，可按合同规定进行竣工结算。颁发工程移交证书后，业主应释放保留金的一半给承包商。

（1）颁发工程移交证书的程序。

工程施工达到了合同规定的"基本竣工"要求后，承包商以书面形式向工程师申请颁发移交证书，同时附上一份书面保证，保证在缺陷责任期内及时完成任何未尽事宜。基本竣工是指工程已通过竣工检验，能够按照预定目的交给业主占用或使用，但并不意味着最终竣工，承包商还须完成合同规定的扫尾、清理施工现场及某些次要部位缺陷修复工作，这些剩余工作允许承包商在缺陷责任期内继续完成。这样的规定既有助于准确判定承包商是否按合同规定的工期完成施工义务，也有利于业主尽早使用或占有工程，及时发挥工程效益。

工程师接到承包商申请后的21天内，如果认为已满足基本竣工条件，即可颁发工程移交证书；若不满意，则应书面通知承包商，指出还需完成哪些工作。承包商按指示完成相应工作并被工程师认可后，不需再次申请颁发证书，工程师应在指定工作最后一项完成的 21 天内主动签发证书。工程移交证书应说明以下主要内容：

1）确认工程基本竣工；

2）注明达到基本竣工的具体日期；

3）详细列出按照合同规定承包商在缺陷责任期内还需完成工作的项目一览表。

如果合同约定工程不同区段有不同竣工日期时，每完成一个区段均应按上述程序颁发分工程的移交证书。

（2）特殊情况下的证书颁发程序。

1）如果业主提前占用工程，工程师应及时颁发工程移交证书，并确认业主占用日为竣工提前占用或使用，表明该部分工程已达到竣工要求，对工程照管责任也相应转移给业主，但承包商对该部分工程的质量缺陷仍负有责任，在缺陷责任期内出现的施工质量问题属于承包商的责任。若是业主提前使用或照管责任导致的质量缺陷，则由业主负责。

2）因非承包商原因导致不能进行规定的竣工检验，如果此等条件具备，进行竣工检验后再颁发移交证书，既会因推迟竣工时间而影响到对承包商是否按期竣工的判定，也会使这段时间内该部分工程的使用和照管责任不明。这种情况下，工程师应以合同中约定的竣工检验日签发工程移交证书，将这部分工程移交给业主，但仍应在缺陷责任期内进行补充检验。当竣工检验条件具备后，承包商应在接到工程师指示进行竣工检验通知的 14 天内完成检验工作。由于非承包商原因导致缺陷责任期内进行的补检，该项检查检验比正常检验多支出的费用应由业主承担。

2. 颁发解除缺陷责任证书

设置缺陷责任期的目的是检验已竣工的工程在运行条件下施工质量是否达到合同规定的要求。缺陷责任期内，承包商的义务主要表现在两个方面：一是按工程师颁发移交证书开列的后续工作一览表完成承包范围内的全部工作；二是对工程运行过程中发现的任何缺陷，按工程师的指示进行修复工作，以便缺陷责任期满时将符合合同约定条件（合理磨损除外）的工程进行最终移交。

缺陷责任期内工程圆满地通过运行考验，工程师应在期满后的 28 天内向业主签发解除承包商承担工程缺陷责任的证书，并将副本送给承包商。解除缺陷责任证书是承包商履行合同规定完成全部施工任务的证明，因此该证书颁发后工程师就无权再指示承包商进行任何施工工作，承包商即可办理最终结算手续。但此时合同尚未终止，双方剩余的合同义务在于财务和管理方面。业主应在证书颁发后的 14 天内，退还承包商的履约保证书。

缺陷责任期满时，如果工程师认为还存在影响工程运行或使用的较大缺陷，可以延迟缺陷责任期，推迟颁发证书，若认为剩余的工作无足轻重，则可以书面指示承包商必须在期满后的 14 天内完成，而后按期颁发证书。

合同内规定有分项移交工程时，工程师将颁发多个工程移交证书。但一个合同工程只颁发一个解除缺陷责任证书，即在最后一项移交工程的缺陷责任期满后颁发。较早到期的部分工程，通常以工程师向业主报送最终检验合格证明的形式说明该部分已通过了运行考验，并将副本送给承包商。

《施工合同条件》还有详细的关于质量、进度、计量与支付、变更和索赔、仲裁等内容的具体规定，本书在此不再抄录。

5.7　工程合同案例分析

案例 5-1

某建设单位拟建造一栋职工住宅，采用招标方式由某施工单位承建。甲乙双方签订的施工合同摘要如下：

1. 协议书中的部分条款

（1）工程概况

工程名称：职工住宅楼

工程地点：市区天堂村 14 号

工程内容：建筑面积为 3 500m² 的砖混结构住宅楼

（2）工程承包范围

某建筑设计院设计的施工图所包括的土建、装饰和水暖电工程。

（3）合同工期

开工日期：2005 年 3 月 21 日

竣工日期：2005 年 9 月 30 日

合同工期总日历天数：190 天（扣除 5 月 1 ~ 3 日 3 天）

（4）质量标准

工程质量标准达到甲方规定的质量标准。

（5）合同价款

合同总价为贰佰捌拾陆万肆仟元人民币（￥286.4 万元）。

（6）乙方承诺的质量保修

在该项目设计规定的使用年限（70 年）内，乙方承担全部保修责任。

（7）甲方承诺的合同价款支付期限与方式

1）工程预付款：于开工之日支付合同总价的 10% 作为预付款。预付款不予扣回，直接抵作工程进度款。

2）工程进度款：基础工程完成后，支付合同总价的 10%；主体结构三层完成后，支付合同总价的 20%；主体结构全部封顶后，支付合同总价的 20%；工程基本竣工时，支付合同总价的 30%。为确保工程如期竣工，乙方不得因甲方资金的暂时不到位而停工和拖延工期。

3）竣工结算：工程竣工验收后，进行竣工结算。结算时按全部工程造价的 4% 扣留工程保修金。

（8）合同生效

合同订立时间：2005 年 3 月 5 日

合同订立地点：×× 市白下区光华街 20 号

本合同双方约定经双方主管部门批准及公证后合同生效。

2. 专用条款中有关合同价款的条款

（1）合同价款与支付

本合同价款采用固定价格合同方式确定。

（2）合同价款包括的风险范围

合同价款包括的风险范围如下：

1）工程变更事件发生导致工程总造价增加不超过合同总价 10%；

2）政策性规定以外的材料价格涨落等因素造成工程成本变化。

风险费用的计算方法：风险费用已包括在合同总价中。

风险范围以外合同价款调整方法：按实际竣工建筑面积 818.00 元 /m² 调整合同价款。

3. 补充协议条款

在上述施工合同协议条款签订后，甲乙双方又接着签订了补充施工合同协议条款。摘要如下：

补 1. 木门窗均用柚木板包门窗套；

补 2. 铝合金窗 90 系列改用某铝合金厂 42 型系列产品；

补 3. 挑阳台均采用某铝合金厂 42 型系列铝合金窗全封闭。

问题

1. 该合同签订的条款有哪些不妥当之处？应如何修改？

2. 对合同中未规定的承包商义务，合同实施过程中又必须进行的工程内容，承包商应如何处理？

点评

问题 1　该合同条款存在的不妥当之处及其修改内容如下：

（1）合同工期总日历天数不应扣除节假日，可以将该节假日时间加到总日历天数中。

（2）不应以甲方规定的质量标准作为该工程的质量标准，而应以《建筑工程施工质量验收统一标准》（GB50300—2001）中规定的质量标准作为该工程的质量标准。

（3）质量保修条款不妥，应按《建设工程质量管理条例》的有关规定进行修改。

（4）工程价款支付条款中的"基本竣工时间"不明确，应修订为具体明确的时间；"乙方不得因甲方资金的暂时不到位而停工和拖延工期"条款显失公平，应说明如甲方资金不到位，在什么期限内乙方不得停工和拖延工期，且应规定逾期支付的利息如何计算。

（5）从该案例背景来看，合同双方是合法的独立法人，不应约定经双方主管部门批准后该合同生效。

（6）专用条款中有关风险范围以外合同价款调整方法（按实际竣工建筑面积818.00 元 /m² 调整合同价款）与合同的风险范围、风险费用的计算方法相矛盾，该条款应针对可能出现的除合同价款包括的风险范围以外的内容约定合同价款调整方法。

（7）在补充合同协议条款中，不仅要补充工程内容，而且要说明其价款是否需要调整，若需调整应如何调整。

问题 2　首先应及时与甲方协商，确认该部分工程内容是否由乙方完成。如果需要由乙方完成，则应与甲方商签补充合同条款，就该部分工程内容明确双方各自的权利义务，并对工程计划做出相应的调整；如果由其他承包商完成，乙方也要与甲方就该部分工程内容的协作配合条件及相应的费用等问题达成一致意见，以保证工程的顺利进行。

案例 5-2

某教学楼建设场地原为农田。按设计要求在厂房建造时，教学楼地坪范围内的耕植土应清除，基础必须埋在老土层下 2m 处。为此，建设单位在"三通一平"阶段就委托土方施工公司清除了耕植土，并用好土回填夯实至一定设计标高，故在施工招标文件中指出，施工单位无须再考虑清除耕植土问题。然而，开工后，施工单位在开挖基坑（槽）时发现，相当一部分基础开挖深度虽已达到设计标高，但仍未见老土，且在基础和场地范围内仍有一部分深层的耕植土和池塘淤泥等必须清除。

问题

1. 在工程中遇到地基条件与原设计所依据的地质资料不符时，承包商应该怎么办？

2. 根据修改的设计图纸，基础开挖要加深加大。为此，承包商提出了变更工程价格和展延工期的要求。请问承包商的要求是否合理？为什么？

3. 对于工程施工中出现变更工程价款和工期的事件之后，甲乙双方需要注意哪些时效性问题？

点评

因地基条件变化引起的设计修改属于工程变更的一种。该案例主要考核承包商遇到工程地质条件发生变化时的工作程序，《建设工程施工合同（示范文本）》对工程变更的有关规定，特别要注意有关时效性的规定。

问题1 第一步，根据《建设工程施工合同（示范文本）》的规定，在工程中遇到地基条件与原设计所依据的地质资料不符时，承包方应及时通知甲方，要求对原设计进行变更。

第二步，在建设工程施工合同文件规定的时限内，向甲方提出设计变更价款和工期顺延的要求。甲方如确认，则调整合同；如不同意，应由甲方在合同规定的时限内，通知乙方就变更价格协商，协商一致后，修改合同。若协商不一致，按工程承包合同纠纷处理方式解决。

问题2 承包商的要求合理。因为工程地质条件的变化，不是一个有经验的承包商能够合理预见到的，属于业主风险。基础开挖加深加大必然增加费用和延长工期。

问题3 在出现变更工程价款和工期事件之后，主要应注意：

（1）乙方提出变更工程价款和工期的时间；

（2）甲方确认的时间；

（3）双方变更工程价款和工期不能达成一致意见时的解决办法和时间。

▓ 本章小结

1. 建设工程合同的概念、特征和类型，建设工程合同管理的原则。

2. 简单介绍了勘察设计合同、监理合同和物资采购合同，详细介绍了施工合同管理。

3. 建设工程施工过程中的质量、进度和成本三个方面的控制管理。

4. 本章的理论和案例部分帮助学生阅读和理解合同文件，使学生初步具备拟订建设工程施工合同书的能力。

5. FIDIC 的简单介绍。

▓ 实训题

请以5人为一个小组，按照第2章和第3章的实训题中编写的招标文件和对应的投标文件，以两组为一个单元，展开谈判，拟定一份完整的工程施工合同文件。

思考题

1. 简述建设工程合同的类型。

2. 简述建设工程合同管理的基本原则。

3. 简述建设工程设计合同变更的处理。

4. 简述监理单位的权利和义务。

5. 签订设备供应合同时应注意哪些问题?

6. 订立施工合同应具备哪些条件?

7. 简述施工合同文件的组成及解释顺序。

8. 在施工合同管理中,发包人按专用条款约定的内容和时间一般应完成哪些工作?

9. 如何理解工程师的含义?

10. 工程师在施工质量监督管理中应采用什么方式? 如何进行监督管理?

11. 在由于不可抗力造成的费用和工期的影响上,甲乙双方分别是如何承担的?

12. 我国对质量保修期是如何规定的?

13. FIDIC 合同条件下,工程师的权利和职责有哪些?

工 程 索 赔

1. 施工索赔的程序;
2. 施工索赔的计算;
3. 施工索赔的关键与技巧。

施工索赔的计算。

1. 能够掌握索赔程序,初步运用索赔技巧;
2. 撰写简单的索赔文件,计算索赔值。

6.1 概述

施工索赔是项目管理的有效手段,是合同管理的重要内容。在合同实施过程中,由于条件和环境的变化,使承包商的工期延长、实际工程成本增加,承包商为挽回这些损失,只有通过索赔这种合法的手段才能做到。

6.1.1 施工索赔的概念

近年来,由于市场经济的发展,建筑市场中的工程索赔已成为非常普遍的现象。施工索赔是在施工合同履行过程中,承包人根据合同和法律的规定,对并非由于自己的过错,而是由对方承担责任的情况所造成的损失,或承担了合同规定之外的工作所付的额外支出,承包人向业主提出在经济或时间上要求补偿的权利。从广义上讲,施工索赔还包括业主对承包商的索赔，通常称为反索赔。

从以上索赔的基本含义可以看出，索赔是双向的，即在施工合同履行过程中承包人可以向发包人索赔，发包人也可以向承包人索赔。但在工程实践中，发包人往往处于主动和有利的地位，可以通过扣抵工程款、扣抵保留金或通过履约保函的索赔来弥补自己的损失，所以发包人的索赔是比较容易达成的。而承包人因种种情况往往受制于人，承包人向发包人索赔时索赔过程相对困难，这类索赔范围广泛，情况复杂，处理比较困难，是施工合同管理的重点内容之一。索赔是施工合同履行过程中双方为了维护自己正当利益的一种合法、合理的行为，合同双方守约、合作并不矛盾。大部分索赔可以通过协商、调解的方式解决，少部分情形须由仲裁或诉讼解决。

6.1.2　施工索赔分类

1. 按合同状态分类

（1）正常施工索赔指正常履行合同中发生的各种违约、变更、不可预见因素、加速施工、政策变化等情况引起的索赔。正常施工索赔是最常见的索赔形式。

（2）工程停、缓建索赔指履行合同的工程因故必须中途停止施工所引起的索赔。

（3）解除合同索赔指合同一方严重违约，使合同无法正常履行的情况下，合同的另一方行使解除合同的权利所产生的索赔。

2. 按索赔目的分类

（1）费用索赔就是要求经济上的补偿。当合同约定的某些条件发生改变而导致承包人额外增加开支，承包人要求发包人对不应归责于承包人的经济损失给予补偿。

（2）工期索赔指由于非承包人责任导致施工进程延误的，承包人要求顺延工期的索赔。工期索赔一旦获得批准，承包人就可以避免在合同原定竣工日不能完工时被发包人追究拖期违约责任，按顺延的工期，如提前完工还可得到相应的奖励。所以工期索赔的实质最终仍反映在经济效益上。

3. 按索赔处理方式和处理时时间不同分类

（1）单项索赔指在工程实施过程中，出现了干扰原合同的索赔事件，承包商为此事件提出的索赔。应当注意，单项索赔往往在合同中规定必须在索赔有效期内完成，即在索赔有效期内提出索赔报告，经监理工程师审核后交业主批准。如果超过规定的索赔有效期，则该索赔无效。因此对于该项索赔，必须有合同管理人员对日常的每个合同事件跟踪，一旦发现问题即应迅速研究是否对此提出索赔要求。在我国目前的施工管理体制下，一般单项索赔由施工员或项目组中的预算员来完成。单项索赔由于涉及的合同事件比较简单，事实比较清晰，责任分析和索赔值计算不太复杂，金额也不会太大，双方往往容易达成协议，获得成功。

（2）一揽子索赔，又称总索赔，是指承包商在工程竣工前后，将施工过程中已提出但未解决的索赔汇总一起，向业主提出一份总索赔报告的索赔。这种索赔有的是因合同实施过程中，一些单项索赔问题比较复杂，不能立即解决，经双方协商同意留待以后解决；有的是业主对索赔迟迟不作答复采取拖延的办法，使索赔谈判旷日持久；有的是承包商合同管理水平差，平时没有注意对索赔的管理，当工程快完工时，发现即将亏损才进行索赔。

4. 依据索赔依据的范围分类

（1）合同内索赔是以合同条款为依据，在合同中有明文规定的索赔，如工程延误、工程变更、工程师给出错误数据导致放线的差错、业主不按合同规定支付进度款等。这种索赔由于在合同中明文规定往往容易得到。

（2）合同外索赔一般是难于直接从合同的某条款中找到依据，但可以从对合同条件的合理推断或同其他的有关条款联系起来论证该索赔是属合同规定的索赔。例如，因天气的影响对承包商造成的损失一般应由承包商自己负责，如果承包商能证明是特殊反常的气候条件是有经验的承包商无法预见的，就可利用合同条款中规定的"一个有经验的承包商无法合理预见不利的条件"而得以成功索赔。合同外的索赔需要承包商非常熟悉合同和相关法律，并有比较丰富的索赔经验。

（3）道义索赔指承包人无论在合同内或合同外都找不到索赔依据，但在履行合同中诚恳可信，与发包人合作良好，而且在施工中确实遭到很大损失，希望向业主寻求优惠性质的额外付款。这种额外付款实际上是一种道义上的救助，只有在遇到通情达理的业主时才有希望成功。

6.1.3 索赔的起因

索赔的内容与索赔的起因有着必然的联系，要想做好索赔工作，必须了解索赔的具体起因。因为现实工程情况千差万别，所以起因也各自不同，但总的来说不外乎是非承包人责任的一系列情况。一般来说，施工索赔发生的原因大致有以下四个方面：

1. 合同内容变更

随着新技术、新工艺的不断发展，业主对项目的要求越来越高，使设计、施工难度不断增大，而且现场经常会发生不可预见的情况。所以设计人员在设计中尽善尽美，完全不出差错是不太可能的，往往在施工过程中需要进行设计变更，有时根据现场情况，工程师也会指示变更施工方法，这就会导致施工费用和工期的变化。

2. 合同文件（包括技术规范）缺陷

有时合同进入实施阶段，才发现合同本身有难以弥补的缺陷，或者语言含糊，或者存在漏洞和矛盾，造成双方理解不一致。这就会造成争议，导致索赔。

3. 发包人或工程师违约

发包人违约主要表现在不按规定提供施工场地、材料、设备，不按时支付工程款；工程师违约主要表现在因不能及时解决问题、工作失误、苛刻检查等原因，造成对正常施工的干扰。

4. 第三方原因

由于与工程有关的与发包人签订或约定的第三方所发生的问题，造成对工程工期或费用的影响，也可以是索赔的起因。这里所指的第三方包括材料供应商、设备供应商、分包商、交通运输部门等。

5. 政策、法规的变化

政策、法规的变化主要是指与工程造价有关的政策、法规，因为工程造价具有很强的时间性、地域性，所以国家及各地相关管理部门都会出台相关政策、法规，有些是强制执行的，而且会随着市场、技术的变化而经常变化，所以会造成工期与费用的变化，成为索赔的重要起因。

6.2 索赔程序

因为索赔中所占比重最大的是承包人向发包人提出的索赔，所以这里主要介绍承包人向发包人提出索赔的执行程序。《建设工程施工合同（示范文本）》的通用条款36.2款规定：发包人未能按合同约定履行自己的各项义务或发生错误以及应由发包人承担责任的其他情况，造成工期延误和（或）承包人不能及时得到合同价款及承包人的其他经济损失，承包人可按下列程序以书面形式向发包人索赔：

（1）索赔事件发生后 28 天内，向工程师发出索赔意向通知；

（2）发出索赔意向通知后 28 天内，向工程师提出延长工期和（或）补偿经济损失的索赔报告及有关资料；

（3）工程师在收到承包人送交的索赔报告和有关资料后，于 28 天内给予答复，或要求承包人进一步补充索赔理由和证据；

（4）工程师在收到承包人送交的索赔报告和有关资料后 28 天内未予答复或未对承包人作进一步要求，视为该项索赔已经认可；

（5）当该索赔事件持续进行时，承包人应当阶段性向工程师发出索赔意向，在索赔事件终了后 28 天内，向工程师送交索赔的有关资料和最终索赔报告。索赔答复程序与（3）、（4）规定相同。

6.2.1 发出索赔意向通知

索赔事件发生后，承包人应在索赔事件发生后的 28 天内向工程师递交索赔意向通知，声明将对此事提出索赔。该意向通知是承包人就具体的索赔事件向工程师和发包人表示的索赔愿望和要求。超过这个期限，工程师和发包人有权拒绝承包人的索赔要求。索赔事件发生后，承包人有义务做好现场施工的同期记录，工程师有权随时检查和调阅，以判断索赔事件造成的实际损害。

一般可考虑下述内容：

（1）索赔事件发生的时间、地点、工程部位；

（2）索赔事件发生的有关人员；

（3）索赔事件发生的原因、性质；

（4）承包人对索赔事件发生后的态度、采取的行动；

（5）索赔事件发生后对承包人的不利影响；

（6）提出索赔意向，并注明合同条款依据。

6.2.2 递交索赔报告

索赔意向通知提交后的 28 天内，承包人应递送正式索赔报告。索赔报告是索赔文件的正文，是索赔过程中的重要文件，对索赔的解决有重大的影响，承包人应慎重对待，务求翔实、准确。如果索赔事件的影响持续存在，28 天内还不能算出索赔额和工期展延天数，承包人应按工程师合理要求的时间间隔（一般为 28 天），定期陆续报出每个时间段内的索赔证据资料和索赔要求。在该项索赔事件的影响结束后的 28 天内，报出最终详细报告，提出索赔论证资料和累计索赔额。

索赔报告的内容应包括。

（1）标题。

（2）索赔事件叙述。要阐述清楚时间、地点，所发生事件与承包人所遭受损失之间的因果关系。

（3）索赔要求及依据。要明确索赔事件的发生属非承包人的责任，是一个有经验的承包人所不能预测的。

（4）索赔计算。计算要准确，计算的依据、方法、结果应详细列出。

（5）索赔证据资料。其中包括索赔证明文件、证据、索赔金额及（或）工期的详细计算书。

6.2.3　工程师审核索赔报告

接到承包人的索赔意向通知后，工程师应建立自己的索赔档案，密切关注事件的影响。在接到正式索赔报告以后，工程师应认真研究承包人报送的索赔资料。首先工程师应客观分析事件发生的原因，研究承包人的索赔证据，检查他的同期记录。然后对比合同的有关条款，划清责任界限，必要时还可以要求承包人进一步提供补充资料。最后再审查承包人提出的索赔补偿要求，剔除其中的不合理部分，拟定自己计算的合理索赔款额和工期顺延天数。

一般对索赔报告的审查内容如下。

（1）索赔事件发生的时间、持续的时间、结束的时间。

（2）损害事件原因分析，包括直接原因和间接原因。即分析索赔事件是出于何种原因引起，进行责任分解，划分责任范围，按责任大小承担损失。

（3）分析索赔理由。主要依据合同文件判明是否在合同规定的赔偿范围之内。只有符合合同规定的索赔要求才有合法性、才能成立。例如，某合同规定，在工程总价5%范围内的工程变更属于承包人承担的风险，若发包人指令增加工程量在这个范围内，承包人不能提出索赔。

（4）实际损失分析，即分析索赔事件的影响，主要表现为工期的延长和费用的增加。对于工期的延长主要审查延误的工作是否位于网络计划的关键线路上，延误的时间是否超过该工作的总时差。对于费用的增加主要审查分担比例是否合理，计算费用的原始数据来源是否正确，计算过程是否合理、准确。

6.2.4　施工索赔的解决

施工索赔的解决是多途径的。工程师核查后初步确定应予以补偿的额度有时与承包人没有分歧，但多数时候与承包人的索赔报告中要求的额度不一致，甚至差额较大。主要原因大多为对事件损害责任的界限划分不一致，索赔证据不充分、索赔计算的依据和方法分歧较大等，因此双方应就索赔的处理进行协商。在经过认真分析研究，与承包人、发包人广泛讨论后，工程师应该向发包人和承包人提出自己的"索赔处理决定"。当工程师确定的索赔额超过其权限范围时，必须报请发包人批准。工程师在"工程延期审批表"和"费用索赔审批表"中应该简明地叙述索赔事项、理由、建议给予补偿的金额及延长的工期，论述承包人索赔合理方面及不合理方面。工程师收到承包人递交的索赔报告和有关资料后，如果在28天内既未予答复，也未对承包人作进一步要求，则视为承包人提出的该项索赔要求已经被认可。

索赔事件的解决通过协商未能达成共识时，承发包双方可以请有关部门调解，双方按调解方案履行。如果调解也不能解决，双方可按施工合同的专用条款的规定，通过仲裁或诉讼来解决。

6.3 施工索赔的关键与技巧

工程索赔是一门综合性强的边缘学科，它不仅是一门科学，也是一门艺术，要想获得好的索赔成果，除了要掌握相关的技术、经济、法律知识，还要有正确的索赔战略和机动灵活的索赔技巧，这也是取得索赔成功的关键。

6.3.1 认真履行合同，遵守"诚信原则"

承包人认真履行合同，遵守"诚信原则"不仅反映了企业的管理水平，形成良好的信誉，而且是索赔的前提。这样能够获得发包人的信任，与发包人建立良好的合作关系，从而为将来的索赔打下基础。具体表现在：

（1）严格按合同约定施工，做到工程师在场与不在场一个样；

（2）主动配合发包人和工程师审查施工图，发现错误和遗漏及时提出修改和补充；

（3）当对工程有损害的事件发生后，无论是否为自己的责任，都应积极采取措施，控制事态发展，降低工程损失，切不可任其发展，甚至幸灾乐祸，希望从中渔利；

（4）对于工程师和发包人的一些没有造成实际危害的违约行为，承包人一般应采取容忍、谅解的态度；

（5）处理问题实事求是，考虑双方利益，找出双方都能接受的公平合理的解决方案，使双方继续顺利合作下去。

6.3.2 组建强有力的、稳定的索赔班子

索赔是一项复杂细致而艰巨的工作，组建一个知识全面、有丰富索赔经验、稳定的索赔小组从事索赔工作，是索赔成功的重要条件，一般根据工程的规模及复杂程度、工期长短、技术难度、合同的严密性、发包方的管理能力等因素配备索赔小组。对于大型工程，索赔小组应由项目经理、合同法律专家、工程经济专家、技术专家、施工工程师等组成。工程规模较小、工期较短、技术难度不大、合同较严密的工程，可以由有经验的造价工程师或合同管理人员承担索赔任务。

索赔小组的人员一定要稳定，不仅各负其责，而且每个成员要积极配合，齐心协力，内部讨论的战略和对策要保守秘密。

6.3.3 着眼于重大、实际的损失

承包商的索赔目标是指承包商对索赔的基本要求，可对要达到的目标分难易程度

进行排队，并大致分析它们实现的可能性，从而确定最低、最高目标。要集中精力抓对工程影响大，索赔额高的索赔，相对较小的索赔可灵活处理。有时可将小项作为谈判中的让步余地，以获得重大索赔的成功。

索赔时要实事求是，过高的要求会使对方感到被愚弄，认为承包人不诚实，结果不仅不能多获益，反而弄巧成拙，使索赔不能在友好的气氛下妥善处理，有时会使索赔报告束之高阁，长期得不到解决。另外还有可能让业主形成周密的反索赔计价，以高额的反索赔对付高额的索赔，使索赔工作更加复杂化。而且可能给以后的索赔带来不良影响。当然，索赔额的计算也不宜过于谨慎，该争的不争，会影响项目的正当利益。

6.3.4　注意索赔证据资料的收集

在索赔过程中，当工程师或发包人提出质疑时，必须要有充分的证据证明索赔的合理性，如果证据不完备，索赔很可能失败。因此，收集完整、详细的索赔证据资料是非常重要的工作。

索赔的证据一般包括：

（1）招标文件、合同文本及附件；

（2）来往文件、签证及更改通知等；

（3）各种会谈纪要；

（4）施工进度计划和实际施工进度表；

（5）施工现场工程文件；

（6）隐蔽工程掩盖前状况、工程照片；

（7）施工日志；

（8）准确可靠的异常天气资料；

（9）建筑材料和设备采购、订货运输使用记录等；

（10）市场行情记录；

（11）各种会计核算资料；

（12）反映材料调价、运费提高、人工费标准提高、银行利率提高、税收增加的国家法律、法令、政策文件等。

从以上内容可以看出，索赔证据资料的收集贯穿于工程施工的整个过程及各个方面，工作量很大。为了做好索赔资料的收集工作，必须建立健全文档资料管理制度，建立一个专人管理，责任分工的组织体系。也就是说任何人都应具备索赔意识，都有责任收集相关证据，而专职管理人员应对所有资料及时整理、归档、保存，同时督促有关人员收集资料。对重大索赔事件要重点分析，相关资料要有意识地重点收集。

6.3.5 索赔的技巧

除了以上应注意的问题，成功的索赔少不了灵活机动的技巧。索赔技巧应因人、因客观环境条件而异，现提出以下几项供参考。

1. 要在投标报价时就考虑索赔的可能

一个有经验的承包商，在投标报价时就应考虑将来可能要发生索赔的问题，要仔细研究招标文件中的合同条款和规范。仔细查勘施工现场，探索可能索赔的机会，在报价时要考虑索赔的需要，利用不平衡报价法，将未来可能会发生索赔的工作单价报高。还可在进行单价分析时列入生产效率，把工程成本与投入资源的效率结合起来。这样，在施工过程中论证索赔时可引用效率降低来论证索赔的根据。

2. 商签好合同协议

在商签合同过程中，特别要对业主推脱责任、转嫁风险的条款特别注意，如：合同中不列索赔条款；拖期付款无时限、无利息；没有调价公式；发包人认为对某部分工程不够满意，即有权决定扣减工程款；发包人对不可预见的工程施工条件不承担责任等。如果这些问题在签订合同协议时不谈判清楚，承包人就很难有机会索赔成功。

3. 对口头变更指令要有书面确认

监理工程师常常乐于用口头指令变更，但是一切口头承诺或口头协议都没有法律效力，只有书面文件才能作为索赔的证据。如果承包商不对口头指令予以书面确认，有的监理工程师可能会因为时间长、事情多而遗忘，有的甚至为了自身利益而故意否认当时的指令。没有证据造成承包人索赔失败、有苦难言。所以对口头变更一定要有书面确认。

4. 力争单项索赔，避免一揽子索赔

单项索赔事件简单，容易解决，而且能及时得到支付。一揽子索赔数额大，不易解决，往往到工程结束后还得不到付款。对于不能及时解决的一揽子索赔，要注意资料的积累和保存。

5. 余额追索

在索赔支付过程中，承包商和监理师对确定新单价和工程量方面经常存在不同意见。按合同规定，工程师有决定单价的权力，如果承包商认为工程师的决定不尽合理，而坚持自己的要求时，可先接受工程师决定的"临时价格"，确保拿到一部分索赔款，对其余不足部分，则应书面通知工程师和业主，作为索赔款的余额，保留自己的索赔权利。

6. 力争友好解决，防止对立情绪

索赔争端是难免的，如果遇到争端不能理智协商讨论问题，会使一些本来可以解决的问题因双方的对立情绪长期僵持，甚至激怒工程师导致其故意刁难承包人。承包人在发生争端时要头脑冷静，可以以换位思考的方法来进行索赔谈判，以双方都能接受的方式来解决问题。承包人一方面要据理力争，一方面要把握好分寸，适当让步、机动灵活，切不可对工程师个人恶言相向，力争友好解决索赔争端。

7. 搞好公共关系

成功的索赔和良好的公共关系是分不开的。首先要和工程师和发包人建立友好合作的关系，便于工作的开展。除此以外还要同监理工程师、设计单位、发包人的上级主管部门搞好关系，取得他们的同情和支持，在索赔遇到难以克服的阻力时，可以利用他们同工程师和发包人的微妙关系从中斡旋、调停，对其施加影响，这往往比同业主直接谈判有效，能使索赔达到十分理想的效果。

6.4　索赔的计算

索赔的计算包括费用和工期延长的计算，是索赔的核心问题。只有根据实际情况选择适当的方法，准确合理地计算，才能具有说服力，以达到索赔的目的。

6.4.1　施工索赔的原则

施工索赔原则通常包括成本费用原则、风险共担原则和初始延误原则。这些基本原则是工程合同履行过程中，承发包双方及中介咨询机构处理工程索赔的共同准则。

1. 成本费用原则

一般索赔事件中，工程延误通常带来人员窝工和机械闲置。因此，在进行费用索赔时应计算出窝工人工费和机械闲置台班费。由于工程的延误并不会影响这部分工程的管理费及利润损失、索赔计算中一般只补偿直接费损失，而不计取管理费及利润，即按照成本费用原则处理合同内工程的窝工闲置。

2. 风险共担原则

风险共担原则主要是针对不可抗力而言的。当不可抗力发生后，必然给双方造成经济损失和人员伤亡。根据合同的一般原则，合同缔约及履行过程中，应合理分摊从而转移风险。风险事件发生后，对于无法通过保险等手段转移的风险，双方应共同承担，这就是风险共担原则的基本内涵。

按照风险共担原则，不可抗力事件导致的费用增加及工期延误通常按下列方法分

别承担：

（1）工程本身的损害指当工程损害导致第三方人员伤亡和财产损失和用于施工的材料和待安装设备的损害，由业主承担；

（2）业主和承包商双方的人员伤亡由各方自己负责并承担相应费用；

（3）工程所需修复及现场清理费用由业主承担；

（4）停工期间，承包商应监理工程师要求留在施工现场的必要的管理人员及保卫人员费用由业主承担；

（5）承包商机械设备损坏及停工损失由承包商承担；

（6）延误的工期相应顺延。

3. 初始延误原则

施工索赔过程中，在同一个时间段可能发生两个或两个以上索赔事件，这些索赔事件的责任人可能是业主、承包商，也可能是承包合同之外的第三方或不可抗力。如何处理多起索赔事件共同作用下的索赔计算，是工程索赔实践中经常遇见的一类问题。初始延误原则是解决此类索赔问题的基本准则。

所谓初始延误原则，就是索赔事件发生在先者承担索赔责任的原则。如果业主是初始延误者，则在共同延误时间内，业主应承担工程延误责任，此时，承包商既可得到工期补偿，又可得到经济补偿。如果不可抗力是初始延误者，则在共同延误时间内，承包人只能得到工期补偿，而无法得到经济补偿。

6.4.2 索赔的计算

6.4.2.1 索赔费用计算

索赔费用的主要组成内容，与建设工程造价的组成内容基本一致，即包括人工费、材料费、机械费、管理费、利润、规定费用与税金，但是对于由于不同原因引起的索赔，承包人可索赔的具体费用内容是不完全相同的。因此，在索赔时应按照索赔事件的性质、条件以及各项费用的特点进行具体分析，确定哪些费用项目可以索赔，以及应该索赔的具体金额。

索赔费用的计算原则是弥补承包人的损失，使承包人的利益回到不受影响的状态（除不可抗力外），但也不能因索赔而额外得利。索赔计算方法主要有以下几种。

1. 总费用法和修正的总费用法

总费用法又称总成本法，就是计算出该项工程的总费用，再从这个已实际开支的总费用中减去投标报价时的成本费用，即为要求补偿的索赔费用额。计算公式为：

$$索赔金额 = 实际总费用 - 投标报价总费用$$

因为实际完成工程的总费用中，可能包括由于施工单位的原因（如管理不善，材料浪费，效率太低等）所增加的费用，而这些费用是属于不该索赔的，所以常常会引起责任划分不清，承担费用比例难以确定等后果，所以总费用法并不十分合理。但总费用法仍被经常采用，原因是某些索赔事件综合导致各项费用增加，或现场记录不足，具体计算索赔金额很困难，甚至不可能时，总费用法则便于计算。一般认为在具备以下条件时采用总费用法是合理的：

（1）已开支的实际总费用和原始报价是经过审核，认为是合理的；

（2）费用的增加是由于对方原因造成的，其中没有承包商管理不善的责任；

（3）由于该项索赔事件的性质以及现场记录的不足，难于采用更精确的计算方法。

修正总费用法是对总费用法的改进，即在总费用法的基础上，去掉某些不合理的因素，使其更加合理。其具体做法如下：

（1）将计算索赔额的时段局限于受到影响的时间，而不是整个施工期；

（2）只计算受影响时段内受影响的工作量，而不是计算该时段内所有工作量；

（3）对投标报价费用重新进行核算，按受影响时段内该项工作的实际单价进行核算，以实际完成的该项工作的工程量，得出调整后的报价费用。

修正的总费用法的计算公式为：

$$索赔金额 = 某项工作调整后的实际总费用 - 该项工作的报价费用$$

2. 实际费用法

实际费用法是索赔计算时最常用到的一种方法。其计算的原则是，以承包人为某项索赔事件所支付的实际开支为根据，向业主要求费用补偿。用实际费用法计算索赔费用时，其过程与一般工程造价的计算过程相似，即先计算由于索赔事件的发生而导致发生的额外人工费、材料费、机械费，在此额外费用的基础上，再计算相应增加的管理费、利润、规费、税金，最后相加得出总费用，即为索赔费用。其具体内容如下。

（1）直接成本索赔。

1）人工费索赔，包括额外用工、人员闲置和劳动生产率降低的费用。有时由于工程变更，使承包人大量人力资源的使用推后，而后期工资水平上调，并且超出承包人所承担的风险范围，这种工资上涨也是人工索赔的内容。

对于额外用工，用投标时的人工单价乘以工时数即可；对于人员闲置费用，一般折算为人工单价的 0.75，工资上涨是指因此应得到相应的补偿。有时工程师指令进行计日工，则人工费按计日工表中的人工单价计算。

对于由劳动生产率降低导致的人工费索赔，一般可用实际成本和投标报价成本比较法。这种方法是对受干扰工作的实际成本与投标报价的成本进行比较，索赔其差额。这种方法需要有正确合理的估价体系和详细的施工记录。

如某工程的人工挖土，原计划 1 557m³，投标报价人工工时为 456 工日，直接人工成本 11 000 元。因业主提供的土壤类别与现场施工情况不符，使承包人工效下降，实际人工工时 550 工日，人工成本为 13 200 元，造成承包人生产率降低的损失为 2 200 元。这种索赔，只要投标报价成本和实际成本计算合理，并且成本的增加确是业主的原因，其索赔成功的把握是很大的。

2）材料费索赔，包括材料消耗量增加和材料单位成本增加两种方面，可能同时出现，也可能只有一方面。设计变更和改变施工方法等，都可能造成材料用量的增加或使用不同的材料，从而造成材料消耗量增加和材料单位成本增加，材料单位成本增加的原因还有材料价格上涨、手续费增加、运输费用、仓储保管费增加等。

材料费索赔需要提供准确的数据和充分的证据。首先要根据变更通知准确计算变更后的材料用量。然后再计算材料的价格，材料价格由五部分构成：原价、供销部门手续费、包装费（注意应减去可回收的价值）、运输费、采购及保管费。在此过程中一定要注意保管购货合同、运输合同和各类相关发票，以便作为索赔的证据。最后材料用量和材料价格相乘得出材料费用，再减投标报价中的此项材料费，即为材料费的索赔。

3）施工机械费索赔，包括增加台班数量、机械闲置或工作效率降低、台班费上涨等费用。

对于增加台班数量，台班费根据合同，按照有关定额和标准手册取值，或按实取值，台班增加量来自机械使用记录。

对于机械闲置费，如系租赁设备，一般按实际台班租金加上每台班分摊的机械进出场费计算；如系承包商自有设备，一般按台班折旧费计算，或是按定额标准的计算方法，将其中的不变费用和可变费用分别扣除一定的百分比计算。

对于工作效率降低一般可用实际成本和投标报价成本比较法。这种方法是对受干扰工作的实际成本与投标报价的成本进行比较，索赔其差额。

如某工程吊装浇注混凝土，前 5 天工作正常，第 6 天起业主架设临时电线，共有 6 天时间使吊车不能在正常角度下工作，导致吊运混凝土的方量减少。承包商有未受干扰时正常施工记录和受干扰时施工记录。

表 6-1 未受干扰时施工记录					(m³/h)
时间（天）	1	2	3	4	5	平均值
平均劳动生产率	7	6	6.5	8	6	8.04

表 6-2 受干扰时施工记录						(m³/h)
时间（天）	1	2	3	4	5	6	平均值
平均劳动生产率	5	5	4	4.5	6	4	4.67

通过以上施工记录比较，劳动生产率降低值为：

$$8.04-4.67=3.37（m^3/h）$$

索赔费用的计算公式为：

索赔费用 = 计划台班 ×（劳动生产率降低值 / 预期劳动生产率）× 台班单价

（2）间接费索赔。

1）管理费索赔计算。管理费包括现场管理费和总部管理费。现场管理费索赔是指承包商完成索赔事项期间的工地管理费，包括工地管理人员的工资、津贴、办公费等。总部管理费主要指总部在工程延误期间所增加的管理费。总部管理费与现场管理费相比，数额较为固定，一般仅在工程延期和工程范围变更时允许索赔总部管理费。

现场管理费索赔计算的方法一般为：

现场管理费索赔值 = 索赔的直接成本费用 × 现场管理费率

现场管理费率的确定选用下面的方法：合同百分比法，即管理费比率在合同中规定；行业平均水平法，即采用公开认可的行业标准费率；原始估价法，即采用投标报价时确定的费率；历史数据法，即采用以往相似工程的管理费率。

进一步获得总部管理费索赔的方法分为已获工期索赔的和已获得工程直接成本索赔的两种情况。

对于已获工期索赔的，就相当于该工程因拖期占用了应调往其他工程的施工力量，也就影响了总部在这一时期内的其他合同收入，总部管理费应在延期项目中索赔。计算方法如下：

延期的合同应分摊的管理费 A=（被延期合同原价

/ 同期公司所有合同价之和）

× 同期公司计划总部管理费

单位时间（日或周）总部管理费率 B=A / 计划合同工期（日或周）

总部管理费索赔费 C=B × 工程延期索赔（日或周）

对于已获得工程直接成本索赔的，总部管理费可以参照已获工期索赔的情况计算：

$$被索赔合同应分摊总部管理费 A = 被索赔合同原计划直接成本$$
$$/ 同期所有合同直接成本总和$$
$$\times 同期公司计划总部管理费$$
$$每元直接成本包含的总部管理费 B = A / 被索赔合同计划直接成本$$
$$应索赔总部管理费 C = B \times 工程直接成本索赔值$$

总部管理费也可与现场管理费一并计算，以已获得的工程直接成本索赔为基数，乘以投标报价的费率或合同约定的费率（有的合同约定如遇政策调整，费率可以依政策改变而调整）。

2）利息的索赔。由于承包人只有在索赔事件处理完结后一段时间内才能得到其索赔的金额，而工期的延长也使应付工程款延期，或业主推迟支付工程款，所以承包人往往需从银行贷款或以自有资金垫付，这就产生了融资成本问题，主要表现在额外贷款利息的支付和自有资金的机会利润损失。在这种情况下，可以索赔利息。一般可以参照有关金融机构的利率标准。当垫付自有资金时，也可以参照拟定把这些资金用于其他工程承包可得到的收益计算索赔金额，这实际上是机会利润损失的计算，目前这种方法在我国建筑市场竞争十分激烈的情况下，实施较为困难。

（3）利润的索赔。

利润是完成一定工程量的报酬，因此在工程量增加时可索赔利润。不同的国家和地区对利润的理解和规定有所不同，有的将利润归入总部管理费中，则不能单独索赔利润。

6.4.2.2 工期延长计算

导致工期索赔的原因一般有两种：一是由于灾害性气候、不可抗力等原因而导致的工期索赔；二是由于业主未能及时提供合同中约定的施工条件，导致承包人无法正常施工而引起的工期索赔。因为工期和费用往往是互相联系的，工期的延长一般都会造成费用的增加，所以工期索赔往往伴随有费用索赔。对已经产生的工期延长，建设单位一般采用两种解决办法：一是不采取加速措施，工程仍按原方案和计划实施，但将合同期顺延；二是指令施工单位采取加速措施，以全部或部分弥补已经损失的工期。如果建设单位已认可施工单位的工期索赔，则施工单位还可以提出因采取加速措施而增加的费用索赔。

在处理工期索赔时，首先应确定发生进度拖延的责任。在实际施工中发生进度拖延的原因很多，也很复杂，有非承包人原因，也有承包人的原因。另外有的工期延误可能同时包含业主和承包人双方的责任，此时更应进行详细分析，分清责任比例，从而合理确定顺延的工期。

工期索赔的计算主要有网络分析和比例计算法两种。

网络分析法是通过分析索赔事件发生前后的网络计划、对比前后两种工期的计算结果，计算出索赔工期。在利用网络分析法计算索赔工期时，应注意只有由于非承包人的原因且影响到关键线路上的工作内容，从而导致的工期延误才能计算为索赔工期。非关键线路上的工作内容不能作为索赔工期的依据。当然，如果非关键线路上的工期延误超过了其总的时差，则超过部分也应该获得相应的工期补偿。可以看出，只有承包商切实使用网络技术进行进度控制，才能依据网络计划提出工期索赔，并容易得到认可。

比例计算法是用工程的费用比例来确定工期应占的比例，往往用在工程量增加的情况下。此方法简单方便，但有时不符合实际情况。

$$索赔工期 = (增加的工程量 / 原合同价) × 原工期$$

6.5　反索赔

广义上讲索赔是追回己方损失的手段，反索赔是防止和减少对方向自己索赔的手段。国际工程中通常把承包人对发包人的索赔叫作"索赔"，发包人对承包人的索赔叫作"反索赔"。其实在业主向承包商索赔时，承包人对其索赔的反击，也是反索赔。下面分两方面来介绍。

6.5.1　发包人的索赔

习惯上，我们常常把发包人提出的索赔称为反索赔。这种反索赔指由于承包商的行为使业主受到损失时，业主为了维护自己的利益，向承包商提出的索赔。它一般包括两个方面的含义；其一是业主对承包人提出的索赔要求进行分析和评审，否定其不合理的要求，即反驳对方不合理的索赔要求；其二是对承包人在履约中的缺陷责任，如工期拖延、施工质量达不到要求等提出损失补偿，即向对方提出索赔。本节主要分析第二方面，第一方面在本章第二节工程师审核索赔报告中已有详细描述。

在工程建设过程中，由于承包人和发包人的出发点及根本利益不同，存在逆向选择和道德风险，其中不健康的索赔会使发包人的利益受到重大损失，发包人应当提高防范意识，利用可能的反索赔机会，更好地保证工程目标的实现。

6.5.1.1 反索赔的原因

1. 对承包商履约中的违约责任进行索赔

因承包方原因不能按照协议书约定的竣工日期或工程师同意顺延的工期竣工，这会影响到发包人对该工程的利用，承包方应赔偿发包人的赢利损失和因工期延误而导致的各种费用的增加，但累计赔偿额一般不超过合同总额10%。

因承包方原因工程质量达不到协议书约定的质量标准，以及未完成应该负责修补的工程时，发包人有权向承包人追究责任。承包人在工程保修期内不履行维修义务，发包人也有权索赔。或因承包方不履行合同义务或不按合同约定履行义务的其他情况。承包方均应承担违约责任，赔偿因其违约给发包方造成的损失。

2. 对超额利润的索赔

如果工程量增加很多（超过有效合同价的15%）使承包商预期的收入大增，因工程量增加承包商并不增加固定成本，合同价应由双方协商调整，收回部分超额利润。或者法规的变化导致承包商在工程实施中降低了成本，产生了超额利润，应重新调整合同价格，收回部分超额利润。

3. 由于承包人责任造成的其他损失

工伤事故给发包人和第三方人员造成的人身或财产损失的索赔。或者由于承包人方法不当造成的对公共设施的损坏引起的索赔，如桥梁、公路、地下管线的损坏。

4. 承包人索赔的不合理要求

6.5.1.2 反索赔的措施

发包人向承包人的索赔，目的主要是按时获得自己满意的工程，不仅仅是为了索取费用。所以其处理方法不同于承包人的索赔。

1. 强化管理，管帮结合

加强合同管理。业主应认真研究合同条款的内涵，签订内容全面、切实可行的合同，要充分考虑到工程在未来建设和结算中的各种可能的风险，把工程建设管理紧扣在合同之内。对索赔费用的结算原则作明确的规定，以保证索赔部分的利润水平与投标价相当。

加强监理管理。明确监理的职责范围，对工程材料质量、施工质量、工期进行全面的监督。对施工过程中的签证材料进行严格的审查，分清责任，对于承包商自己责任造成的一切损失、无法核实的、超过时限的，一律不予签证。但在承包人遇到困难时，应积极采取措施，在技术、管理方面进行指导与帮助。

加强前期管理。从设计、监理和施工全过程招投标，杜绝边施工边设计，不给承包商因为工程变更而获得大量的索赔机会。通过制定招标文件和对承包人进行资格审查，把不合适的承包商和项目经理挡在投标的门外。

2. 坚持扣款、留置材料设备

发包人为维护自身利益，可以利用合同的约束力，从工程款中扣除一定的款项，或留置材料设备，确保能追回自己的损失。

3. 不可滥用职权

发包人在索赔处理中占有利地位，索赔容易成功。但不可滥用扣款、留置材料设备的权利，这样做只会适得其反，使工程不能在保证质量的情况下顺利按时完工，最后是两败俱伤。扣款、留置材料设备的权利只有在承包人确实严重违约，造成重大损失，而且双方已无协商解决可能的情况下使用。

6.5.2 承包人反索赔

发包人的反索赔与索赔是不可分离的，索赔管理人员应具备这两方面的能力，才能在工作中掌握主动权。成功的反索赔能减少或防止经济损失。成功的反索赔可有效促进有效索赔。在工程施工中干扰事件原因复杂，往往双方都有责任，都有损失，所以索赔同时有反索赔，反索赔同时有索赔，索赔与反索赔互相依存，做好反索赔必然会促进成功的索赔。而且成功的反索赔可增长己方人员的士气，促进工作的开展。

发包人的反索赔涉及两方面内容，一是防止对方提出索赔，一是反击对方的索赔。要防止对方索赔，就必须严格执行合同，避免己方违约；要反击对方索赔，就是要反驳对方的索赔报告，找出理由和证据，证明对方的索赔不符合事实或合同条款，索赔值计算不准确，减轻己方的赔偿责任。

承包人的反索赔报告的主要内容如下：

（1）概括叙述对对方索赔报告的评价；

（2）针对索赔内容根据合同进行总体分析，重点应强调对方的责任；

（3）逐条反驳对方的索赔要求；

（4）在对方的索赔报告中发现新的索赔机会，趁机提出索赔，或仅提出意向，另外出具新的索赔报告；

（5）结论；

（6）附各种证据资料。

6.6 工程索赔案例分析

某厂（甲方）与某建筑公司（乙方）订立某工程项目施工合同，同时向某降水公司订立了工程降水合同。甲、乙双方合同规定：采用单价合同，每一分项工程的实际工程量增加（或减少）超过招标文件中工程量的10%以上时调整单价；工作B、E、G作业使用的施工机械一台（乙方自备），台班费为400元／台班，其中台班折旧费为50元／台班：施工网络如图6-1所示（单位：天）。

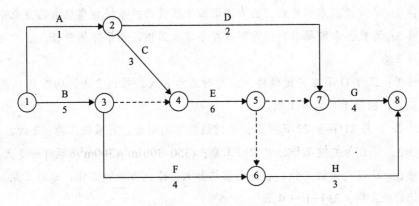

图6-1　施工网络图

甲、乙双方合同约定8月15日开工。工程施工中发生如下事件：

（1）降水方案错误，致使工作D推迟2天，乙方人员配合用工5个工日，窝工6个工日；

（2）8月21日至22日，场外停电，停工2天，造成人员窝工16个工日；

（3）因设计变更，工作E招标文件内工程量中的300m³增至350m³，超过了10%，原该工作的综合单价为55元／m³，经协商调整后综合单价为50元／m³；

（4）为保证施工质量，乙方在施工中将工作面B设计尺寸扩大，增加工程量15m³，综合单价为78元／m³；

（5）在工作D、E均完成后，甲方指令增加一项临时工作K，经核准。完成该工作需要1天时间，机械1台班，人工10个工日。

问题

1. 哪些事件乙方可以提出索赔要求？哪些事件不能提出索赔要求？说明其原因。
2. 每项事件工期索赔各是多少？总工期索赔多少天？
3. 工作E结算价应为多少？

4. 假设人工工日单价为 25 元 / 工日，合同规定窝工人窝工费补偿标准为 12 元 / 工日，如用工所需管理费为增加人工费的 20%：试计算除事件 3 外合理的费用索赔总额（不含税）。

答案

问题 1

事件 1：可提出索赔要求，因为降水工程由甲方另行发包，是甲方的责任。

事件 2：可提出索赔要求，因为因停水、停电造成的人员窝工是甲方的责任。

事件 3：可提出索赔要求，因为设计变更是甲方的责任，且工作 E 的工程量增加了 50m³ 超过了招标文件中工程量的 10%。

事件 4：不应提出索赔要求，因为保证施工质量的技术措施费应由乙方承担。

事件 5：可提出索赔要求，因为甲方指令增加工作，是甲方的责任。

问题 2

事件 1：工作 D 不在关键线路上，总时差为 8 天，推迟 2 天，尚有总时差 6 天，不影响工期，因此不可索赔工期。

事件 2：8 月 21 日至 22 日停工，关键线路工期延长，可索赔工期：2 天。

事件 3：因 E 为关键工作，可索赔工期：$(350–300)m³/(300m³/6 天) = 1$ 天。

事件 5：因 G 为关键工作，在此之前增加 K，K 也为关键工作，索赔工期：1 天。

总计索赔工期：2+1+1 = 4 天

问题 3

按原单价结算的工程量：300m³×(1+10%)=330 m³

按新单价结算的工程量：350m³–330m³ = 20 m³

总结算价 = 330m³×55 元 / m³+20m³×50 元 / m³=19 150 元

问题 4

事件 1：人工费；6 工日 ×12 元 / 工日 +5 工日 ×25 元 / 工日 ×（1+20%）= 222 元

（注意新增用工要增加管理费）

事件 2：人工费：16 工日 ×12 元 / 工日 =192 元

机械费：2 台班 ×50 元 / 台班 =100 元

事件 5：人工费：10 工日 ×25 元 / 工日 ×(1+20%)=300 元

机械费：1 台班 ×400 元 / 台班 = 400 元

索赔总额 =222+192+100+300+400=1 214 元

案例 6-2

某房屋建筑工程项目，建设单位与施工单位按照《建设工程施工合同（示范）文本》签订了施工承包合同。施工合同中规定：

1. 设备由建设单位采购，施工单位安装；

2. 建设单位原因导致的施工单位人员窝工，按18元/工日补偿，建设单位原因导致的施工单位设备闲置，按表6-3中所列标准补偿；

表6-3 设备闲置补偿标准表

机械名称	台班单价（元/台班）	补偿标准
大型起重机	1 060	台班单价的60%
自卸汽车（5t）	318	台班单价的40%
自卸汽车（8t）	458	台班单价的50%

3. 施工过程中发生的设计变更，其价款按规定以工料单价计价程序计价（直接费为计算基础），间接费费率为10%，利润率为5%，税率为3.41%。

该工程在施工过程中发生以下事件：

事件1 施工单位在土方工程填筑时，发现取土区的土壤含水量过大，必须经过晾晒后才能填筑，增加费用30 000元，工期延误10天。

事件2 基坑开挖深度为3m，施工组织设计中考虑的放坡系数为0.3（已经监理工程师批准）。施工单位为避免坑壁塌方，开挖时加大了放坡系数，使土方开挖量增加，导致费用超支10 000元，工期延误3天。

事件3 施工单位在主体钢结构吊装安装阶段发现钢筋混凝土结构上缺少相应的预埋件，经查实是由于土建施工图纸遗漏该预埋件的错误所致。返工处理后，增加费用20 000元，工期延误8天。

事件4 建设单位采购的设备没有按计划时间到场，施工受到影响，施工单位一台大型起重机、两台自卸汽车（载重5t、8t各一台）闲置5天，工人窝工助工日，工期延误5天。

事件5 某分项工程由于建设单位提出工程使用功能的调整，须进行设计变更。设计变更后，经确认直接工程费增加18 000元，措施费增加2 000元。

上述事件发生后，施工单位及时向建设单位造价工程师提出索赔要求。

问题

1. 分析以上各事件中造价工程师是否应该批准施工单位的索赔要求？为什么？

2. 造价工程师应批准的索赔金额是多少元？工程延期是多少天？

答案

问题1

事件1　不应该批准。这是施工单位应该预料到的（属施工单位的责任）。

事件2　不应该批准。施工单位为确定安全，自行调整施工方案（属施工单位的责任）。

事件3　应该批准。这是由于土建施工图纸中的错误造成的（属建设单位的责任）。

事件4　应该批准。这是由建设单位采购的设备没按计划时间到场造成的（属建设单位的责任）。

事件5　应该批准。这是由于建设单位设计变更造成的（属建设单位的责任）。

问题2

（1）造价工程师应批准的索赔金额为：

事件3　返工费用20 000元

事件4　机械台班费（1 060×60%+318×40%+458×50%）×5=4 961（元）

人工费：86×18=1 548（元）

事件5　应给施工单位补偿：

直接费：18 000+2 000=30 000（元）

间接费：20 000×10%=2 000（元）

利润：（20 000+2 000）×5%=1100（元）

（注意工程量增加要增加利润）

税金：（20 000+2 000+1 100）×3.41%=787.71（元）

应补偿：20 000+2 000+1 100+787.71=23 887.71（元）

或：（18 000+2 000）(1+10%)(1+5%)(1+3.41%)=23 887.71（元）（或23 888元）

合计：20 000+4 961+1 548+23 887.71=50396.71（元）

（2）造价工程师应批准的工程延期为：

事件3　8天

事件4　5天

合计：13天

案例6-3

某承包商通过竞争性投标中标承建一个宾馆工程，该工程由三个部分组成：两座结构形式相同的大楼，坐落在宾馆花园的东西两侧，中部是庭院工程，包括花园、亭阁和游泳池。东西大楼的中标价各为158万美元，庭院工程的中标价为52.4万美元，共计合同价368.4万美元。在工程实施过程中，出现了不少的工程变更与施工难题，主要是：

1. 西大楼最先动工，在施工中因地基出现问题而被迫修改设计，从而导致了多项工程变更，因此使工程实际成本超过计划（即标价）甚多。万幸的是，东大楼的施工没有受干扰。

2. 在庭院工程施工中，由于遇到了连绵阴雨，被迫停工多日。又因为游泳池施工和安装时，专用设备交货期延误，几度处于停工待料状态，因而使工程费增多，给承包商带来亏损。

这三个部分工程的费用开支情况见表 6-4。

表 6-4　工程的费用开支情况表

工程部分	合同价	实际费用	盈亏状况
西大楼	158	183.5	−25.5
西大楼变更	15.5	15.5	
东大楼	158	145	13
庭院工程	52.4	75.5	−23.1
合计	383.9	419.5	−35.6

点评

从表 6-4 中可以看出：

1. 承包商在西大楼工程和庭院工程中均有亏损。唯在东大楼施工中有赢利，盈亏相抵，总亏损为 35.6 万美元。

2. 在西大楼施工中，由于发生工程变更，承包商取得额外开支补偿款 15.5 万美元。

在这一合同项目施工费用实际盈亏状况下，如果采取不同的赔款计价方法，其结果也不同。

1. 如果按总费用法结算，就要考虑工程项目所有的三个部分工程的总费用。则其合同总计为 368.4 万美元，但实际开支的总费用为 404 万美元。按照总费用的理论承包商有权得到的经济补偿为 35.6 万美元。但是，在采用总费用法时，业主肯定要提出许多的质疑，认为承包商亦应对其亏损承担责任，不能把全部的费用超支 35.6 万美元都要求业主补偿；况且，为了弥补承包商在西大楼施工中遇到的干扰所造成的损失，业主和工程师已经以工程变更的方式的向承包商补偿了 15.5 万美元。

因此，承包商还要提出许多的证据和说明，来证明他要求的款额是合理的。

2. 如果按照修正的总费用法来计算索赔款，则不考虑三个部分工程的总费用，而仅考虑东、西两大楼工程的综合盈亏状况来索赔。因为这两座楼的结构形式相同，工程量相同；西大楼发生工程变更，东大楼没有受到干扰影响，因而是可比的。这样，其索赔款额应是 328.5–316=12.5（万美元）。

这样的计价，由于可比性强且款额较小，容易为业主所接受。

根据以上的两种计价的比较，采用修正的总费用法计算出来的索赔款额，仅占总成本法计算成果的35%，自然容易被业主接受。但是，对承包商来说，他所得到的索赔仅仅是西大楼的，而没有包括庭院工程施工中的费用亏损 (75.5 — 52.4) ＝ 23.1 万美元。对于庭院工程施工所受的亏损23.1万美元，承包商仍有权进行索赔，只要他的计价法合理，证据齐全可靠，仍然可以获得庭院工程的索赔款。

■■■ 本章小结

1. 本章阐述了索赔、反索赔的概念，从不同角度将索赔分类，根据《建设工程施工合同（示范文本）》说明了索赔的程序。
2. 本章重点介绍了索赔的关键与技巧。
3. 本章的核心是索赔费用的计算。索赔费用的计算分为总费用法与实际费用法，从费用与工期两方面计算索赔值。
4. 提供了索赔案例以供参考。

■■■ 思考题

1. 什么是索赔与反索赔？
2. 简述索赔的程序。
3. 介绍几种索赔技巧。
4. 某分包商承建某段道路的土方挖填工作，挖填方总量为 3 000m³，计划用 10 个台班的推土机，70 个工日劳动力。推土机台班费为 700 元，人工费 30 元，管理费为 8%，利润为 4.8%。施工过程中，由于总承包商的干扰，使这项工作用了 13 天才完成，而每天出勤的设备和人数均未减少。因此，该分包商向总包商提出了由于工效降低增加的附加开支的索赔要求，试计算索赔款为多少？
5. 某工程为包工包料、固定总价合同。工程招标文件参考资料中提供了钢筋供货商。
   但开工后检查发现其钢筋质量不符合要求，承包商只得选择其他价格较高的供应商。还在一个关键工作面上发生了几种原因造成的暂时停工：
   （1）2 月 21 ~ 22 日承包商的施工设备发生从未出现的故障；
   （2）应于 2 月 25 日交给承包商的后续图纸直到 3 月 10 日才交给承包商；
   （3）3 月 7 ~ 12 日工地出现特大风暴，造成了 3 月 11 ~ 14 日该地区的供电中断。

问题
   （1）由于钢筋供应商的变化，钢筋价格发生变化，必然引起费用的增加，在业主指令下达后的第 5 日，承包商向业主的造价工程师提交了钢筋每吨提价 10 元人民币的索赔要求。试问造价工程师能否批准该索赔要求？

（2）由于几种情况的暂时停工，承包商在 3 月 15 日向业主的造价工程师提交了延长工期 25 天。成本损失费人民币 1.5 万元 / 天 (此费用已经造价工程师核准) 和利润损失费人民币 3 000 元 / 天的索赔要求，共计索赔款人民币 45 万元。请问造价工程师批准的索赔额应为多少？

6. 某工程建设项目，业主与施工单位签订了施工合同。其中规定，在施工过程中，如因业主原因造成窝工，则人工窝工费和机械的停工费可按工日费和台班费的 60 % 结算支付。工程按照图所示网络计划进行。

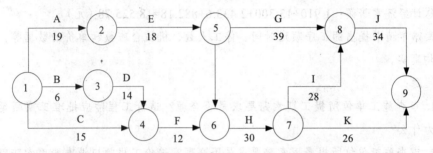

关键线路 A-E-H-I-J。在计划执行过程中，出现了影响下列工作而暂时停工的情况 (同一工作由不同原因引起的停工时间，都不在同一时间)：

（1）因业主不能及时供应材料使 E 延误 3 天、G 延误 2 天、H 延误 3 天。

（2）因机械发生故障检修使 E 延误 2 天、G 延误 2 天。

（3）因业主要求设计变更使 F 延误 3 天。

（4）因公网停电使 F 延误 1 天、I 延误 1 天。

施工单位及时向造价工程师提交了一份索赔申请报告，并附有有关资料、证据和下列要求。

（1）工期顺延：E 停工 5 天，F 停工 4 天，G 停工 4 天，H 停工 3 天，I 停工 1 天，总计要求工期顺延 17 天。

（2）经济损失索赔。

1）机械设备窝工费包括

E 工序吊车：（3+2）台班 ×240 元 / 台班 =1 200（元）

J 工序搅拌机：（3+1）台班 ×70 台班 =280（元）

G 工序小机械：（2+2）台班 ×55 元 / 台班 =220（元）

H 工序搅拌机：3 台班 ×70 元 / 台班 =210（元）

合计机械类费用索赔 1 910 元。

2）人工窝工费包括

E工序：5天×30人×28元/工日=4 200（元）

F工序：4天×35人×28元/工日=3 920（元）

G工序：4天×15人×28元/工日=1 680（元）

H工序：3天×35人×28元/工日=2 940（元）

I工序：1天×20人×28元/工日=560（元）

合计人工费索赔13 300元。

3）间接费增加：（1 910+13 300）×16%=2 433.6（元）

4）利润损失：（1 910+13 300+2 433.6）×5%=882.18（元）

总计经济索赔额：1 910+13 300+2 433.6+882.18=18 525.78（元）

索赔申请书提出的工序顺延时间、停工人数、机械台班数和单价的数据等，经审查后均真实。

问题：

1. 审查施工单位所提工期索赔要求是否合理？造价工程师应批准工期顺延多少天？为什么？

2. 审查施工单位所提费用索赔要求是否合理？造价工程师应批准费用索赔额为多少？为什么？（请列出详细的计算过程）

参考答案：

1. 施工单位提出工期顺延17天，要求不合理。

因业主直接原因或按合同应由业主承担风险的因素，同时延误工期在关键线路上（包括出现新的关键线路）实际产生工期顺延，均应审核索赔要求成立。E工序3天，H工序3天，I工序1天均可以给予工期补偿。G工序2天，F工序4天因不在关键线路上，不予工期补偿。机械故障E工序2天，G工序2天，属承包单位原因造成，不予工期补偿。故同意工期补偿（顺延）3+3+1＝7天。

2. 施工单位要求的费用索赔不合理。

1）机械窝工费要求索赔1 910元不合理。凡由业主直接原因或按合同应当由业主承担风险的因素，只要实际发生，不论工序是否在关键线路上均应审核索赔要求成立。E工序吊车3天，F工序混凝土搅拌机4天，G工序小机械2天，H工序混凝土搅拌机3天，应给予费用索赔。

E吊车：3×240×60%＝432（元）

H搅拌机：3×70×60%＝126（元）

G混凝土搅拌机：2×55×60%＝66（元）

合计机械窝工费应为432+126+66＝624（元）

2) 窝工人工费，要求索赔 13 300 元不合理。

E 工序：$3 \times 30 \times 28 \times 60\% = 1\ 512$（元）

F 工序：$4 \times 35 \times 28 \times 60\% = 2\ 352$（元）

G 工序：$2 \times 15 \times 28 \times 60\% = 504$（元）

H 工序：$3 \times 35 \times 28 \times 60\% = 1\ 764$（元）

I 工序：$1 \times 20 \times 28 \times 60\% = 336$（元）

合计工人窝工费为 $1\ 512+2\ 352+504+1\ 764+336 = 6\ 468$（元）

3) 间接费索赔一般不予补偿。

4) 属暂时停工，所以不予补偿利润损失。

结论：经审定索赔成立，工期顺延 7 天，经济补偿 7 092 元。

附　录

中华人民共和国招标投标法

（1999 年 8 月 30 日第九届全国人民代表大会常务委员会第十一次会议通过）

目　　录

第一章　总　　则

第一条　为了规范招标投标活动，保护国家利益、社会公共利益和招标活动当事人的合法权益，提高经济效益，保证项目质量，制定本法。

第二条　在中华人民共和国境内进行招标投资活动适用本法。

第三条　在中华人民共和国境内进行下列工程建设项目包括项目的勘察、设计、施工、监理以及工程建设有关的重要设备、材料等的采购，必须进行招标：

（一）大型基础建设、公用事业等关系社会公共利益、公共安全的项目；

（二）全部或者部分使用国有资金投资或者国家融资的项目；

（三）使用国际组织或者外国政府贷款、援助资金的项目。

前款所列项目的具体范围和规模标准，由国务院发展计划部门会同国务院有关部门制定，报国务院批准。

法律或者国务院对必须进行招标的其他项目的范围有规定的，依照其规定。

第四条　任何单位和个人不得将依法必须进行招标的项目化整为零或者以其他任

何方式规避招标。

第五条　招投标活动应当遵循公开、公平、公正和诚实信用的原则。

第六条　依法必须进行招标的活动项目，其招标投标活动不受地区或者部门的限制。任何单位和个人不得违法限制或者排斥本地区、本系统以外的法人或者其他组织参加投标，不得以任何方式非法干涉招标投标活动。

第七条　招标投标活动及其当事人应当接受依法实施的监督。

有关行政监督部门依法对招标投标活动实施监督，依法查处招标投标活动中的违法行为。

对招标投标活动的行政监督及有关部门的具体职权划分，由国务院规定。

第二章　招　　标

第八条　招标人是依照本法规定提出招标项目、进行招标的法人或者其他组织。

第九条　招标项目按照国家有关规定需要履行项目审批手续的，应当先履行审批手续，取得批准。

招标人应当有进行招标项目的相应资金或者资金来源已经落实，并应当在招标文件中如实载明。

第十条　招标分为公开招标和邀请招标。

公开招标，是指招标人以招标公告的方式邀请不特定的法人或者其他组织投标。

邀请招标，是指招标人以投标邀请书的方式邀请特定的法人或者其他组织投标。

第十一条　国务院发展计划部门确定的国家重点项目和省、自治区、直辖市人民政府确定的地方重点项目不适宜公开招标的，经国务院发展计划部门或者省、自治区、直辖市人民政府批准，可以进行邀请招标。

第十二条　招标人有权自行选择招标代理机构，委托其办理招标事宜。任何单位和个人不得以任何方式为招标人指定招标代理机构。

招标人具有编制招标文件和组织评标能力的，可以自行办理招标事宜、任何单位和个人不得强制其委托招标代理机构办理招标事宜。

依法必须进行招标的项目，招标人自行办理招标事宜的，应当向有关行政监督部门备案。

第十三条　招标代理机构是依法设立、从事招标代理业务并提供相关服务的社会中介组织。

招标代理机构应当具备下列条件：

（一）有从事招标代理业务的营业场所和相应资金；

（二）有能够编制招标文件和组织评标的相应专业力量；

（三）有符合本法第三十七条第三款规定条件、可以作为评标委员会成员人选的技术、经济等方面的专家库。

第十四条 从事工程建设项目招标代理业务的招标代理机构，其资格由国务院或者省、自治区、直辖市人民政府的建设行政主管部门认定。具体办法由国务院建设行政主管部门会同国务院有关部门制定。从事其他招标代理业务的招标代理机构，其资格认定的主管部门由国务院规定。

招标代理机构与行政机关和其他国家机关不得存在隶属关系或者其他利益关系。

第十五条 招标代理机构应当在招标人委托的范围内办理招标事宜，并遵守本法关于招标人的规定。

第十六条 招标人采取公开招标方式，应当发布招标公告。依法必须进行招标的项目的招标公告，应当通过国家指定的报刊、信息网络或者其他媒介发布。

招标公告应当载明招标人的名称和地址、招标项目的性质、数量、实施地点和时间以及获取招标文件的办法等事项。

第十七条 招标人采取邀请招标的方式的，应当向三个以上具备承担招标项目的能力、资信良好的特定的法人或者其他组织发出投标邀请书。

投标邀请书应当载明本法第十六条第二款规定的事项。

第十八条 招标人可以根据招标项目本身的要求，在招标公告或者招标邀请书中，要求潜在投标人进行提供有关资质证明文件和业绩情况，并对潜在投标人进行资格审查；国家对投标人的资格条件有规定的，依照其规定。

招标人不得以不合适的条件限制或者排斥潜在投标人，不得对潜在投标人实行歧视待遇。

第十九条 招标人应当根据项目的特点和需要编制招标文件。招标文件应当包括招标项目的技术要求、对投标人资格审查的标准、投标报价要求和评标标准等所有实质性要求和条件以及拟签订合同的主要条款。

国家对招标项目的技术、标准有规定的，招标人应当按照其规定在招标文件中提出相应要求。

招标项目需要划分标段、确定工期的，招标人应当合理划分标段、确定工期，并在招标文件中载明。

第二十条 招标文件不得要求或者表明特定的生产供应者以及含有倾向或者排斥潜在招标人的其他内容。

第二十一条 招标人根据招标项目的具体情况，可以组织潜在投标人踏勘项目现场。

第二十二条 招标人不得向他人透露已获取招标文件的潜在投标人的名称、数量以及可能影响公平竞争的有关招标的其他情况。

招标人设有标底的，标底必须保密。

第二十三条 招标人对已发出的招标文件进行必要的澄清或者修改的，应当在招标文件要求提交投标文件截止时间至十五日前，以书面形式通知所有招标文件收受人。该澄清或者修改的内容为招标文件的组成部分。

第二十四条 招标人应当确定投标人编制招标文件所需要的合理时间；但是，依法必须进行招标的项目，自招标文件开始发出日起至投标人提交截止之日止，最短不得少于二十日。

第三章 投 标

第二十五条 招标人是响应招标、参加投标竞争的法人或者其他组织。

依法招标的科研项目允许个人参加投标的，投标的个人适用本法有关投标人的规定。

第二十六条 投标人应当具备承担招标项目的能力；国家有关规定对投标人资格条件或者招标文件对投标人资格条件有关规定的，投标人应当具备规定的资格条件。

第二十七条 投标人应当按照招标文件的要求编制投标文件。投标文件应当对招标文件提出的实质性要求和条件做出响应。

招标项目属于建设施工的，投标文件的内容应当包括拟派出的项目负责人与主要技术人员的简历、业绩和拟用于完成招标项目的机械设备等。

第二十八条 投标人应当在招标文件要求提交投标文件的截止时间前，将投标文件送达投标地点。招标人收到投标文件后，应当签收保存，不得开启。投标人少于三个的，招标人应当依照本法重新招标。

在招标文件要求提交投标文件的截止时间后送达的投标文件，招标人应当拒收。

第二十九条 招标人在招标文件要求提交投标文件的截止时间前，可以补充、修改或者撤回已提交的投标文件，并书面通知招标人。补充、修改的内容为招标文件的组成部分。

第三十条 招标人根据招标文件载明的项目的实际情况，拟在中标后将中标项目的部分非主体、非关键性工作进行分包的，应当在投标文件中载明。

第三十一条 两个以上法人或者其他组织可以组成一个联合体，以一个投标人的身份共同投标。

联合体各方应当具备承担招标项目的相应能力；国家有关规定或者招标文件对投

标人资格条件有关规定的，联合体各方均应当具备规定的相应资格条件。由同一专业的单位组成的联合体，按照资质等级较低的单位确定资质等级。

联合体各方应当签订共同招标协商，明确约定各方拟承担的工作和责任，并将共同投标协议连同招标文件一并提交招标人。联合体中标的，联合体各方应当共同与招标人签订合同，就中标项目向招标人承担连带责任。

招标人不得强制投标人组成联合体共同投标，不得限制投标人之间的竞争。

第三十二条　招标人不得相互串通投标报价，不得排挤其他投标人的公平竞争，损害招标人或者其他投标人的合法权益。

投标人不得与招标人串通投标，损害国家利益、社会公共利益或者其他人的合法权益。

禁止投标人以向招标人或者评标委员会成员行贿的手段谋取中标。

第三十三条　投标人不得以低于成本的报价竞标，也不得以他人的名誉投标或者以其他的方式弄虚作假，骗取中标。

第四章　开标、评标和中标

第三十四条　开标应当在招标文件确定的提交招标文件截止时间的同一时间公开进行；开标地点应当为招标文件中预先确定的地点。

第三十五条　开标由招标人主持，邀请所有投标人参加。

第三十六条　开标时，由投标人或者其推选的代表检查投标文件的密封情况，也可以由招标人委托的公证机构检查并公证；经确认无误后，由工作人员当众拆封，宣读投标人名称、投标价格和招标文件的其他主要内容。

招标人在招标文件要求提交投标文件的截止时间前收到的所有投标文件，开标时都应当当众予以拆封、宣读。

开标过程应当记录，并存档备案。

第三十七条　评标由招标人依法组建的评标委员会负责。

依法必须进行招标的项目，其评标委员会由招标人的代表和有关技术、经济等方面的专家组成，成员人数为五人以上单数，其中技术、经济等方面的专家不得少于成员总数的三分之二。

前款专家应当从事相关领域工作满八年并具有高级职称或者具有同等专业水平，由招标人从国务院有关部门或者省、自治区、直辖市人民政府有关部门提供的专家名册或者招标代理机构的专家库内的相关专业的专家名单确定；一般招标项目可以采取随机抽取方式，特殊招标项目可以由招标人直接确定。

与招标人有利害关系的人不得进入相关项目的评标委员会；已经进入的应当更换。
评标委员会成员的名单在中标结果确定前应当保密。

第三十八条　招标人应当采取必要的措施，保证评标在严格保密的情况下进行。

任何单位和个人不能非法干预、影响评标过程和结果。

第三十九条　评标委员会可以要求投标人对投标文件中含义不明确的内容作必要的澄清或者说明，但是澄清或者说明不得超出投标文件的范围或者改变投标文件的实质性内容。

第四十条　评标委员会应当按照招标文件确定的评标标准和方法，对投标文件进行评审和比较；设有标底的，应当参考标底。评标委员会完成评标后，应当向招标人提出书面评标报告，并推荐合格的中标候选人。

招标人根据评标委员会提出的书面评标报告和推荐的中标候选人确定的中标人。招标人也可以授权评标委员会直接确定中标人。国务院对特定的招标项目的评标有特别规定的，从其规定。

第四十一条　中标人的投标应当符合下列条件之一：

（一）能够最大限度地满足招标文件中规定的各项综合评价标准；

（二）能够满足招标文件的实质性要求，并且经评审的投标价格最低；但是投标价格低于成本的除外。

第四十二条　评标委员会经评审，认为所有投标都不符合招标文件要求的，可以否决所有投标。

依法必须进行招标的项目的所有投标被否决的，招标人应当依照本法重新招标。

第四十三条　在确定中标人前，招标人不得与投标人就投标价格、投标方案等实质性内容进行谈判。

第四十四条　评标委员会成员应当客观、公正地履行职务，遵守职业道德，对所提出的评审意见承担个人责任。

评标委员会成员不得私下接触招标人，不得收受投标人的财物或者其他好处。

评标委员会成员和参与评标的有关工作人员不得透露对投标文件的评审和比较、中标候选人的推荐情况以及与评标有关的其他情况。

第四十五条　中标人确定后，招标人应当向中标人发出中标通知书，并同时将中标结果通知所有未中标的投标人。

中标通知书对招标人和中标人具有法律效力。中标通知书发出后，招标人改变中标结果的，或者中标人放弃中标项目的，应当依法承担法律责任。

第四十六条　招标人和中标人应当自中标通知书发出之日起三十日内，按照招标文件和中标人的投标文件订立书面合同。招标人和中标人不得再行订立背离合同实质性内容的其他协议。

　　招标文件要求中标人提交履约保证金的，招标人应当提交。

　　第四十七条　依法必须进招标的项目，招标人应当自确定中标人之日起十五日内，向有关行政监督部门提交招标情况的书面报告。

　　第四十八条　中标人应按照合同约定履行义务，完成中标项目。中标人不得向他人转让中标项目，也不得将中标项目肢解后分别向他人转让。

　　中标人按照合同约定或者经招标人同意，可以将中标项目的部分非主体、非关键性工作分包给他人完成。接受分包的人应当具备相应的资格条件，并不得再次分包。

　　招标人应当就分包项目向招标人负责，接受分包的人就分包项目承担连带责任。

第五章　法 律 责 任

　　第四十九条　违反本法规定，必须进行招标的项目而不招标的，将必须进行招标的项目化整为零或者以其他任何方式规避招标的，责令限期改正，可以处项目合同金额千分之五以上千分之十以下的罚款；对全部或者部分使用国有资金的项目，可以暂停项目执行或者暂停资金拨付；对单位直接负责的主管人员和其他直接责任人员依法给予处分。

　　第五十条　招标代理机构违反本法规定，泄露应当保密的与招标投标活动有关的情况和资料的，或者与招标人、投标人串通损害国家利益、社会公共利益或者其他合法权益的，处五万元以上二十五万元以下的罚款，对单位直接负责的主管人员和其他直接责任人员处单位罚款数额百分之五以上百分之十以下的罚款；有违法所得的，并处没收违法所得；情节严重的，暂停直至取消招标代理资格；构成犯罪的，依法追究刑事责任。给他人造成损失的，依法承担赔偿责任。

　　前款所列行为影响中标结果的，中标无效。

　　第五十一条　招标人以不合理的条件限制或者排斥潜在投标人的，对潜在投标人实行歧视待遇的，强制要求投标人组成联合体共同投标的，或者限制投标人之间竞争的，责令改正，可以处一万元以上五万元以下的罚款。

　　第五十二条　依法必须进行招标的项目的招标人向他人透露以获取招标文件的潜在投标人的名称、数量或者可能影响公平竞争的有关招标投标的其他情况，或者泄露标底的，给予警告，可以并处一万元以上十万元以下的罚款；对单位直接负责的主管人员和其他直接责任人员依法给予处分；构成犯罪的，依法追究刑事责任。

　　前款所列行为影响中标结果的，中标无效。

　　第五十三条　投标人相互串通投标或者与招标人串通投标的，投标人以向招标人或者评标委员会成员行贿的手段谋取中标的，中标无效，处中标项目金额千分之五以上千分之十以下的罚款，对单位直接负责的主管人员和其他直接责任人员处单位罚款数额百分之五以上百分之十以下的罚款；有违法所得的，并处没收违法所得；情节严重的，取消其一年至二年内参加依法必须进行招标的项目的投标资格并予以公告，直至由工商行政管理机关吊销营业执照；构成犯罪的，依法追究刑事责任。给他人造成损失的，依法承担赔偿责任。

　　第五十四条　投标人以他人名义投标或者以其他方式弄虚作假，骗取中标的，中标无效；给招标人造成损失的，依法承担赔偿责任；构成犯罪的，依法追究刑事责任。

　　依法必须进行招标的项目的投标人有前款所列行为尚未构成犯罪的，处中标项目金额千分之五以上千分之十以下的罚款，对单位直接负责的主管人员和其他责任人员处单位罚款数额百分之五以上百分之十以下的罚款；有违法所得的，并处没收违法所得；情节严重的，取消其一年至三年内参加依法必须进行招标的项目的招标资格并予以公告，直至由工商行政管理机关吊销营业执照。

　　第五十五条　依法必须进行招标的项目，招标人违反本法规定，与投标人就招标价格、投标方案等实质性内容进行谈判的，给予警告，对单位直接负责的主管人员和其他直接责任人员依法给予处分。

　　第五十六条　评标委员会成员收到招标人的财物或者其他好处的，评标委员会成员或者参加评标的有关工作人员向他人透露对投标文件的评审和比较、中标候选人的推荐以及与评标有关的其他情况的，给予警告，没收收到的财物，可以并处三千元以上五万元以下的罚款，对有所列违法行为的评标委员会成员取消担任评标委员会成员的资格，不得参加任何依法必须进行招标的项目的评标；构成犯罪的，依法追究刑事责任。

　　第五十七条　招标人在评标委员会依法推荐的中标候选人以外确定中标人的，依法必须进行招标的项目在所有投标被评标委员会否决后自行确定中标人的，中标无效。责令改正，可以处中标项目金额千分之五以上千分之十以下的罚款；对单位直接负责的主管人员和其他直接责任人员依法给予处分。

　　第五十八条　中标人将项目转让给他人的，将中标项目肢解后分别转让给他人的，违反本法规定将中标项目的部分主体、关键性工作分包给他人的，或者分包人再次分包的，转让、分包无效，处转让、分包项目金额千分之五以上千分之十以下的罚款；有违法所得的，并处没收违法所的；可以责令停业整顿；情节严重的，由工商管理机关吊销营业执照。

　　第五十九条　招标人与中标人不按照招标文件和中标文件的投标文件订立合同，或者招标人、中标人订立背离合同实质性内容的协议的，责令改正；可以处中标项目金额千分之五以上千分之十以下的罚款。

第六十条　中标人不履行与招标人订立的合同的，履约保证金给予退还，给招标人造成的损失超过履约保证金额的，还应当对部分予以赔偿；没有提交履约保证金的，应当对招标人的损失承担赔偿责任。

中标人不按照与招标人订立的合同履行义务，情节严重的，取消其二年至五年内参加依法必须进行招标的项目的投标资格并予以公告，直至由工商行政管理机关吊销营业执照。

因不可抗力不能履行合同的，不适用前两款规定。

第六十一条　本章规定的行政处罚，由国务院规定的有关行政监督部门决定。本法已对实施行政处罚的机关做出规定的除外。

第六十二条　任何单位违反本法规定，限制或者排斥本地区、本系统以外的法人或者其他组织参加投标的，为招标人指定招标代理机构的，强制招标人委托招标代理机构办理招标事宜的，或者以其他方式干涉招标投标活动的，责令改正；对单位直接负责的主管人员和其他直接责任人员依法给予警告、记过、记大过的处分，情节较严重的，依法给予降级、撤职、开除的处分。

个人利用职权进行前款违法行为的，依照前款规定追究责任。

第六十三条　对招标投标活动依法负责有行政监督职责的国家机关工作人员徇私舞弊、滥用职权或者玩忽职守，构成犯罪的，依法追究刑事责任；不构成犯罪的，依法给予行政处分。

第六十四条　依法必须进行招标的项目违反本法规定，中标无效的，应当依照本法规定的中标条件从其余人中重新确定中标人或者依照本法重新进行招标。

第六章　附　　则

第六十五章　招标人和其他利害关系人认为招标投标活动不符合本法有关规定的，有权向招标人提出异议或者依法向有关行政监督部门投诉。

第六十六章　涉及国家安全、国家秘密、抢险救灾或者属于利用扶贫资金实行以工代赈、需要使用农民工等特殊情况，不适宜进行招标的项目，按照国家有关规定可以不进行招标。

第六十七条　使用国际组织或者外国政府贷款、援助资金的项目进行招标，贷款方、资金提供方对招标投标的具体条件和程序有不同规定的，可以适用其规定，但违背中华人民共和国的社会公共利益的除外。

第六十八条　本法自 2000 年 1 月 1 日起实施。

参 考 文 献

[1] 刘元芳，李兆亮．建设工程招标投标实用指南 [M]．北京：中国建材工业出版社，2006．

[2] 刘伊生．建筑工程招投标与合同管理 [M]．北京：北方交通大学出版社，2002．

[3] 史商于，陈茂明．工程招投标与合同管理 [M]．北京：科学出版社，2004．

[4] 许高峰．国际招投标理论与实务 [M]．北京：人民交通出版社，1999．

[5] 李启明．土木工程合同管理 [M]．南京：东南大学出版社，2002．

[6] 周学军．工程项目投标招标策略与案例 [M]．济南：山东科学技术出版社，2002．

[7] 苟伯让．建设工程合同管理与索赔 [M]．北京：机械工业出版社，2004．

[8] 梅阳春，周辉霞．建设工程招投标及合同管理 [M]．武汉：武汉大学出版社，2004．

[9] 朱永祥，陈茂明．工程招投标与合同管理 [M]．武汉：武汉理工大学出版社，2004．

[10] 卢谦．建设工程招投标及合同管理 [M]．北京：中国水利水电出版社，2003．

[11] 刘钦．工程招投标与合同管理 [M]．北京：高等教育出版社，2005．

[12] 朱永强，陈茂明．工程招投标与合同管理 [M]．武汉：武汉理工大学出版社，2005．

[13] 中国建设监理协会．建设工程合同管理 [M]．北京：知识出版社，2003．

[14] 佘立中．建设工程合同管理 [M]．广州：华南理工大学出版社，2004．

[15] 注册咨询工程师考试教材编写委员会．工程项目组织与管理 [M]．北京：中国计划出版社，2003．

[16] 全国造价工程师培训教材编写委员会．工程造价案例分析 [M]．北京：中国城市出版社，2001．

[17] 全国造价工程师培训教材编写委员会．工程造价案例分析 [M]．北京：中国城市出版社，2004．

[18] 迟晓明．工程造价案例分析 [M]．北京：机械工业出版社，2005．

[19] 刘小平．建筑工程项目管理 [M]．北京：高等教育出版社，2004．

高职高专房地产类专业实用教材系列
高职高专精品课系列

课程名称	书号	书名、作者及出版时间	定价
居住区规划	978-7-111-42613-4	居住区规划（第2版）（"十二五"职业教育国家规划教材）（苏德利）（2013年）	35
房地产投资分析	978-7-111-39877-6	房地产投资分析（第2版）（高群）（2012年）	30
房地产市场营销	978-7-111-47268-1	房地产市场营销实务（第3版）（栾淑梅）（2014年）	35
房地产开发	978-7-111-24092-1	房地产开发（张国栋）（2008年）	28
房地产经营与管理	978-7-111-46876-9	房地产开发与经营实务（第3版）（陈林杰）（2014年）	35
房地产经济学	978-7-111-43526-6	房地产经济学（第2版）（高群）（2013年）	29
房地产经纪	978-7-111-48117-1	房地产经纪实务（第2版）（陈林杰）（2014年）	35
房地产估价	978-7-111-32793-6	房地产估价（第2版）（左静）（2011年）	31
房地产估价	即将出版	房地产估价（第3版）（左静）（2015年）	30
房地产法规	978-7-111-43942-4	房地产法规（第3版）（"十二五"职业教育国家规划教材）（王照雯）（2013年）	25
建筑工程造价	978-7-111-46883-7	建筑工程造价（第2版）（孙久艳）（2014年）	35
建筑工程概论	978-7-111-40497-2	房屋建筑学（第2版）（徐春波）（2013年）	35
建筑材料	978-7-111-42753-7	建筑材料（丁以喜）（2013年）	39
建设工程招投标与合同管理	978-7-111-30875-1	建设工程招投标与合同管理实务（第2版）（高群）（2010年）	29
工程监理	978-7-111-38643-8	建设工程监理（王照雯）（2012年）	35
工商管理类专业综合实训	978-7-111-21236-2	工商管理类专业综合实训教程：工商模拟市场实训（精品课）（阚雅玲）（2007年）	22
职业规划	978-7-111-26991-5	职业规划与成功素质训练（精品课）（阚雅玲）（2009年）	34
网络金融	978-7-111-46435-8	网络金融（第3版）（张劲松）（2014年）	35
统计学学习指导	978-7-111-22168-5	应用统计学习指导（精品课）（孙炎）（2007年）	19
统计学	978-7-111-47018-2	应用统计学（第2版）（精品课）（"十二五"职业教育国家规划教材）（孙炎）（2014年）	35
市场营销学（营销管理）	978-7-111-37474-9	市场营销基础与实务（精品课）（肖红）（2012年）	36
管理信息系统	978-7-111-23032-8	管理信息系统（精品课）（郑春瑛）（2008年）	28